鸿图造价 编

跟着施工蓝图学造价之装饰装修工程

含视频

化学工业出版社
·北京·

内容简介

本书依据《建筑工程建筑面积计算规范》(GB/T 50353—2013)、《房屋建筑与装饰工程工程量计算规范》(GB 50854—2013)进行工程量的计算和分析。全书对一套完整的施工蓝图从基本的识图到算量,再到组价计价进行了深入的分析和讲解,从前到后,一气呵成,真正实现了对一个案例把装饰装修工程造价讲透彻、讲明白、讲清晰,做到学会一个案例就能明白造价的流程和精髓。本书内容共有9章,包括工程造价的构成,建筑装饰施工图识读,广联达BIM算量软件基本设置,广联达BIM算量软件绘图,天棚、门窗绘制,油漆、涂料、裱糊绘制,其他绘制,广联达GCCP软件计价,某食堂、宿舍装修计量与计价等内容。

本书可供土木工程、建筑装饰工程、工程造价、工程管理、工程经济等相关专业人员学习使用,也可作为大中专学校、职业技能培训学校工程管理、工程造价专业及工程类相关专业的快速培训教材或教学参考书。

图书在版编目(CIP)数据

跟着施工蓝图学造价之装饰装修工程:含视频/鸿图造价编.—北京:化学工业出版社,2021.6

ISBN 978-7-122-38978-7

Ⅰ.①跟… Ⅱ.①鸿… Ⅲ.①建筑装饰-工程造价 Ⅳ.①TU723.3

中国版本图书馆CIP数据核字(2021)第071267号

责任编辑:彭明兰　　文字编辑:刘厚鹏
责任校对:杜杏然　　装帧设计:史利平

出版发行:化学工业出版社(北京市东城区青年湖南街13号　邮政编码100011)
印　　装:大厂聚鑫印刷有限责任公司
787mm×1092mm　1/16　印张13　字数318千字　2021年8月北京第1版第1次印刷

购书咨询:010-64518888　　售后服务:010-64518899
网　　址:http://www.cip.com.cn
凡购买本书,如有缺损质量问题,本社销售中心负责调换。

定　　价:58.00元

版权所有　违者必究

前言

工程造价是一项细致的工作，而且它涉及的知识面也比较广。随着建筑行业的不断发展，“工程造价”这个词已经被越来越多的企业和个人所关注。之所以备受关注是因为工程的造价将直接影响到企业投资的成功与否和个人的基本收益，而且全国各大高校多数都单独设置有工程造价专业，由此可见工程造价的重要性。在实际的工程中，经常会看见“蓝图”，图纸整体都是蓝色，非常好看。一般来说设计院先出来的是送审图，这本图纸相当于是初稿，用来设计答疑和征求意见，待意见统一后设计院就会出正式的施工蓝图，就是常说的施工图。

施工招标需要全套施工蓝图，因为投标单位必须根据全套施工蓝图，全面了解投标内容、工程范围、施工难易程度；投标单位根据施工蓝图做预算，对比招标的工程量清单，检查是否有漏项，以便确定投标报价；同时根据全套施工蓝图，可以预见工程中可能发生的措施费及其他费用，从而预估工程中可能发生的风险费用，以便确定投标报价。

本书采用“施工蓝图”进行“学习思路导引”实战，从基本的识图到算量再到组价计价都采用同一套完整的图纸。其中算量分别进行了两种方式的计算，一种是在软件中进行操作及计算，一种是传统的手工算量，两者前后呼应，检验算量的准确性。有了算量，接下来就是组价与计价，进而形成一套完整的预算书，从前到后，一气呵成，真正通过一个案例把造价讲透彻、讲明白、讲清晰，做到学会一个案例就能明白造价的流程和精髓。

为了丰富本书的学习内容，提高读者学习兴趣，改变传统的学习方法，对书中相应的知识点配以视频讲解，对疑难点和重要点进行详细讲解，通过清晰的视频画面，使读者身临其境，从而达到学习事半功倍的效果。

与同类书相比，本书按照施工蓝图造价预算的过程，有序进行讲解，以求最大程度上为读者提供有价值的学习资料，本书与同类书相比具有的显著特点如下。

① 通过施工蓝图，从前到后，从识图到算量到计价进行全面讲解，除了书上展示的内容，还设置有配套资源。

② 采用最新“广联达 BIM 土建计量平台”进行讲解，全流程的提示，读者可跟着流程提示巧妙自学。

③ 配有定额计价全套表格，清单计价方法总结，融会贯通，学起来不再吃力。

④ 视频讲解，三维立体图、二维平面图、钢筋立体图，土建建模相结合，一书在手，轻松学造价。

⑤ 提供网络图书答疑服务，为读者提供切实的保障。

本书由鸿图造价编，杨霖华、张广伟、赵小云负责主要编写工作，参与编写的有高军、王文利、刘伟杰、魏宝庆、曲冬、陈楠、卢慧鹏、宋永正、李玉静、吕军伟、王本祖、陈天卿、王利、刘同、李永旺、张玉萍、冯刘东、马秀慧、崔晓敏、杨新义、王勇、徐从来、王毅、盖振海、冯永强、任海亮、伏永波、张文立、张中锋、张家威、张萧榆、张铮、张塔、赵杰、刘建国。

本书在编写过程中，得到了许多同行的支持与帮助，在此一并表示感谢。由于编者水平有限和时间紧迫，书中难免有不妥之处，望广大读者批评指正。为了和读者进一步互动，本系列书将提供在线答疑服务。如有疑问，可发邮件至 zjyjr1503@ 163. com 或是申请加入 QQ 群 909591943 与编者联系。

编者

2021 年 3 月

目录

第1章 工程造价的构成

1.1 建设项目总投资及工程造价

1.1.1 建设项目总投资

1.1.1.1 建设项目总投资的概念

建设项目总投资是指为完成工程项目建设，在建设期（预计或实际）投入的全部费用总和。

1.1.1.2 建设项目总投资的分类

建设项目总投资按用途可分为生产性建设项目总投资和非生产性建设项目总投资。生产性建设项目总投资包括建设投资（含固定资产投资、无形资产投资、递延资产投资等）、建设期借款利息和铺底流动资金三部分。而非生产性建设项目总投资只有固定资产投资，不包括流动资产投资。我国现行的建设项目总投资构成如图1-1所示。

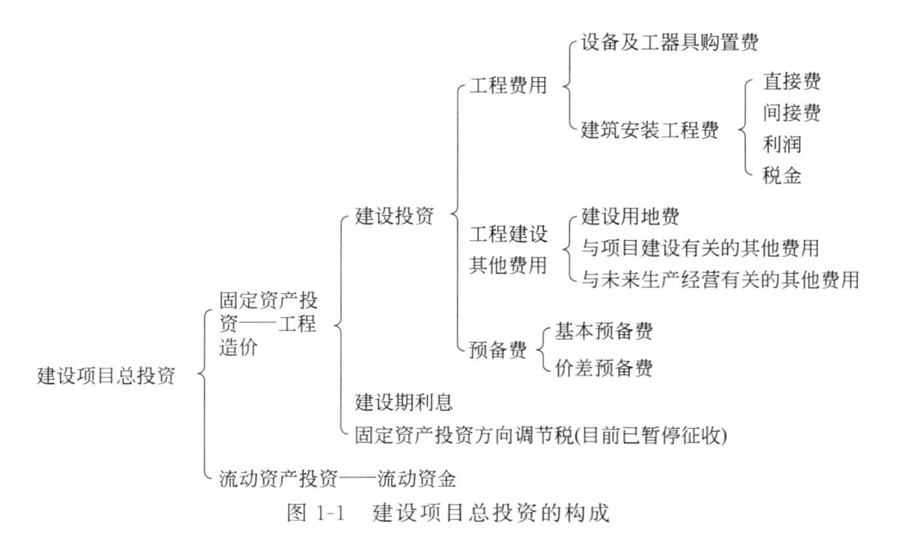

图1-1 建设项目总投资的构成

(1) 固定资产投资

固定资产投资包括：建设投资和建设期利息。

建设投资包括：工程费用、工程建设其他费用、预备费。

其中其他费用包括：项目实施费用——可行性研究费用、其他有关费用；项目实施期间发生的费用——土地征用费、设计费、生产准备费、职工培训费。

预备费：基本预备费、价差预备费。

（2）流动资产投资

流动资产投资是指项目投产前预先垫付，在投产后的经营过程中购买原材料、燃料动力、备品备件，支付工资和其他费用以及被在产品、半成品和其存货占用的周转资金。在生产经营活动中流动资产以现金、各种存款、存货、应收及预付款项等流动资产形态出现。

1.1.2 建筑安装工程费

建筑安装工程费的划分主要有按构成要素划分和按造价形式划分两种。

1.1.2.1 按构成要素划分

按构成要素划分有人工费、材料费、施工机具使用费、企业管理费、规费、利润、税金等。

（1）人工费

人工费是指按工资总额构成规定，支付给从事建筑安装工程施工的生产工人和附属生产单位工人的各项费用。内容包括以下几项。

① 计时工资或计件工资　是指按计时工资标准和工作时间或对已做工作按计件单价支付给个人的劳动报酬。

② 奖金　是指对超额劳动和增收节支支付给个人的劳动报酬，如节约奖、劳动竞赛奖等。

③ 津贴补贴　是指为了补偿职工特殊或额外的劳动消耗和因其他特殊原因支付给个人的津贴，以及为了保证职工工资水平不受物价影响支付给个人的物价补贴，如流动施工津贴、特殊地区施工津贴、高温（寒）作业临时津贴、高空津贴等。

④ 加班加点工资　是指按规定支付的在法定节假日工作的加班工资和在法定日工作时间外延时工作的加点工资。

⑤ 特殊情况下支付的工资　是指根据国家法律、法规和政策规定，因病、工伤、产假、计划生育假、婚丧假、事假、探亲假、定期休假、停工学习、执行国家或社会义务等原因按计时工资标准或计时工资标准的一定比例支付的工资。

（2）材料费

材料费是指施工过程中耗费的原材料、辅助材料、构配件、零件、半成品或成品、工程设备的费用，内容包括以下几项。

① 材料原价　是指材料、工程设备的出厂价格或商家供应价格。

② 运杂费　是指材料、工程设备自来源地运至工地仓库或指定堆放地点所发生的全部费用。

③ 运输损耗费　是指材料在运输装卸过程中不可避免的损耗。

④ 采购及保管费　是指为组织采购、供应和保管材料、工程设备的过程中所需要的各项费用，包括采购费、仓储费、工地保管费、仓储损耗。材料运输损耗率、采购及保管费费率见表1-1。工程设备是指构成或计划构成永久工程部分的机电设备、金属结构设备、仪器装置及其他类似的设备和装置。

表1-1 材料运输损耗率、采购及保管费费率表（除税价格）

序号	材料类别名称	运输损耗率/%		采购及保管费费率/%	
		承包方提运	现场交货	承包方提运	现场交货
1	砖、瓦、砌块	1.74	—	2.41	1.69
2	石灰、砂、石子	2.26	—	3.01	2.11
3	水泥、陶粒、耐火土	1.16	—	1.81	1.27
4	饰面材料、玻璃	2.33	—	2.41	1.69
5	卫生洁具	1.17	—	1.21	0.84
6	灯具、开关、插座	1.17	—	1.21	0.84
7	电缆、配电箱(屏、柜)	—	—	0.84	0.60
8	金属材料、管材	—	—	0.96	0.66
9	其他材料	1.16	—	1.81	1.27

注：1.业主供应材料（简称甲供材）时，甲供材应以除税价格计入相应的综合单价子目内。
2.材料单价(除税)=(除税原价+材料运杂费)×(1+运输损耗率+采购及保管费率)
或材料单价(除税)=材料供应到现场的价格×(1+采购及保管费率)。
3.业主指定材料供应商并由承包方采购时，双方应依据注2的方法计算，该价格与综合单价材料取定价格的差异应计算材料差价。
4.甲供材到现场，承包方现场保管费可按下列公式计算（该保管费可在税后返还甲供材料费内抵扣）：
现场保管费=供应到现场的材料价格×表1-1中的“现场交货”费率。

（3）施工机具使用费

施工机具使用费是指施工作业所发生的施工机械、仪器仪表使用费或其租赁费。

① 施工机械使用费　是指以施工机械台班耗用量乘以施工机械台班单价表示，施工机械台班单价应由下列七项费用组成。

a.折旧费：是指施工机械在规定的使用年限内，陆续收回其原值的费用。

b.大修理费：是指施工机械按规定的大修理间隔台班进行必要的大修理，以恢复其正常功能所需的费用。

c.经常修理费：是指施工机械除大修理以外的各级保养和临时故障排除所需的费用。包括为保障机械正常运转所需替换设备与随机配备工具附具的摊销和维护费用，机械运转中日常保养所需润滑与擦拭的材料费用及机械停滞期间的维护和保养费用等。

d.安拆费及场外运费：是指施工机械（大型机械除外）在现场进行安装与拆卸所需的人工、材料、机械和试运转费用以及机械辅助设施的折旧、搭设、拆除等费用；场外运费指施工机械整体或分体自停放地点运至施工现场或由一施工地点运至另一施工地点的运输、装卸、辅助材料及架线等费用。

e.人工费：是指机上司机（司炉）和其他操作人员的人工费。

f.燃料动力费：是指施工机械在运转作业中所消耗的各种燃料及水、电等。

g.税费：是指施工机械按照国家规定应缴纳的车船使用税、保险费及年检费等。

② 仪器仪表使用费　是指工程施工所需使用的仪器仪表的摊销及维修费用。

（4）企业管理费

企业管理费是指建筑安装企业组织施工生产和经营管理所需的费用。内容包括以下几项。

① 管理人员工资　是指按规定支付给管理人员的计时工资、奖金、津贴补贴、加班加点工资及特殊情况下支付的工资等。

② 办公费　是指企业管理办公用的文具、纸张、账表、印刷、邮电、书报、办公软件、现场监控、会议、水电、烧水和集体取暖降温（包括现场临时宿舍取暖降温）等费用。

③ 差旅交通费　是指职工因公出差、调动工作的差旅费、住勤补助费，市内交通费和误餐补助费，职工探亲路费，劳动力招募费，职工退休、退职一次性路费，工伤人员就医路费，工地转移费以及管理部门使用的交通工具的油料、燃料等费用。

④ 固定资产使用费　是指管理和试验部门及附属生产单位使用的属于固定资产的房屋、设备、仪器等的折旧、大修、维修或租赁费。

⑤ 工具用具使用费　是指企业施工生产和管理使用的不属于固定资产的工具、器具、家具、交通工具和检验、试验、测绘、消防用具等的购置、维修和摊销费。

⑥ 劳动保险和职工福利费　是指由企业支付的职工退职金、按规定支付给离休干部的经费，集体福利费、夏季防暑降温、冬季取暖补贴、上下班交通补贴等。

⑦ 劳动保护费　是指企业按规定发放的劳动保护用品的支出，如工作服、手套、防暑降温饮料以及在有碍身体健康的环境中施工的保健费用等。

⑧ 检验试验费　是指施工企业按照有关标准规定，对建筑以及材料、构件和建筑安装物进行一般鉴定、检查所发生的费用，包括自设试验室进行试验所耗用的材料等费用。不包括新结构、新材料的试验费，对构件做破坏性试验及其他特殊要求检验试验的费用和建设单位委托检测机构进行检测的费用，对此类检测发生的费用，由建设单位在工程建设其他费用中列支。但对施工企业提供的具有合格证明的材料进行检测不合格的，该检测费用由施工企业支付。

⑨ 工会经费　是指企业按《工会法》规定的全部职工工资总额比例计提的工会经费。

⑩ 职工教育经费　是指按职工工资总额的规定比例计提，企业为职工进行专业技术和职业技能培训，专业技术人员继续教育、职工职业技能鉴定、职业资格认定以及根据需要对职工进行各类文化教育所发生的费用。

⑪ 财产保险费　是指施工管理用财产、车辆等的保险费用。

⑫ 财务费　是指企业为施工生产筹集资金或提供预付款担保、履约担保、职工工资支付担保等所发生的各种费用。

⑬ 税金　是指企业按规定缴纳的房产税、车船使用税、土地使用税、印花税等。

⑭ 工程项目附加税费　是指国家税法规定的应计入建筑安装工程造价内的城市维护建设税、教育费附加以及地方教育附加。

⑮ 其他　包括技术转让费、技术开发费、投标费、业务招待费、绿化费、广告费、公证费、法律顾问费、审计费、咨询费、保险费等。

（5）规费

规费是指按国家法律、法规规定，由省级政府和省级有关权力部门规定必须交纳或计取的费用，包括以下几项。

① 社会保险费

a. 养老保险费：是指企业按照规定标准为职工缴纳的基本养老保险费。

b. 失业保险费：是指企业按照规定标准为职工缴纳的失业保险费。

c. 医疗保险费：是指企业按照规定标准为职工缴纳的基本医疗保险费。

d. 生育保险费：是指企业按照规定标准为职工缴纳的生育保险费。

e. 工伤保险费：是指企业按照规定标准为职工缴纳的工伤保险费。

② 住房公积金　是指企业按规定标准为职工缴纳的住房公积金。

③ 其他应列而未列入的规费，按实际发生计取。

（6）利润

利润是指施工企业完成所承包工程获得的盈利。

（7）税金

税金是指国家税法规定的应计入建筑安装工程造价内的增值税销项税额。

1.1.2.2　按造价形式划分

按工程造价形式划分有分部分项工程费、措施项目费、其他项目费、规费、税金等。

（1）分部分项工程费

分部分项工程费主要有人工费、材料费、施工机具使用费、企业管理费、利润等。与按构成要素划分的建筑安装工程费中的人工费、材料费、施工机具使用费、企业管理费、利润一致。

（2）措施项目费

措施项目费是指为完成建设工程施工，发生于该工程施工前和施工过程中的技术、生活、安全、环境保护等方面的费用。内容包括以下几项。

① 安全文明施工费　按照国家现行的建筑施工安全、施工现场环境与卫生标准和有关规定，购置和更新施工安全防护用具及设施、改善安全生产条件和作业环境及因施工现场扬尘污染防治标准提高所需要的费用。

a. 环境保护费：是指施工现场为达到环保部门要求所需要的各项费用。

b. 文明施工费：是指施工现场文明施工所需要的各项费用。

c. 安全施工费：是指施工现场安全施工所需要的各项费用。

d. 临时设施费：是指施工企业为进行建设工程施工所必须搭设的生活和生产用的临时建筑物、构筑物和其他临时设施费用，包括临时设施的搭设、维修、拆除、清理费或摊销费等。

e. 扬尘污染防治增加费：是根据实际情况，施工现场扬尘污染防治标准提高所需增加的费用。

② 单价类措施费　是指计价定额中规定的，在施工过程中可以计量的措施项目。内容包括以下几项。

a. 脚手架费：是指施工需要的各种脚手架搭、拆、运输费用及脚手架购置费的摊销（或租赁）费用。

b. 垂直运输费：垂直运输工作内容，包括单位工程在合理工期内完成全部工程项目所需要的垂直运输机械台班，不包括机械的场外往返运输，一次安拆及路基铺垫和轨道铺拆等的费用。檐高3.6m以内的单层建筑，不计算垂直运输机械台班。

c. 超高增加费：建筑物超高增加人工、机械定额适用于单层建筑物檐口高度超过20m，多层建筑物超过6层的项目。

d. 大型机械设备进出场及安拆费：是指机械整体或分体自停放场地运至施工现场或由一个施工地点运至另一个施工地点，所发生的机械进出场运输和转移费用，以及机械在施工现场进行安装、拆卸所需的人工费、材料费、机械费、试运转费和安装所需的辅助设施的费用。

e. 施工排水及井点降水费。

f. 其他。

③ 其他措施费（费率类） 是指计价定额中规定的，在施工过程中不可计量的措施项目。内容包括以下几项。

a. 夜间施工增加费：是指因夜间施工所发生的夜班补助费、夜间施工降效、夜间施工照明设备摊销及照明用电等费用。

b. 二次搬运费：是指因施工场地条件限制而发生的材料、构配件、半成品等一次运输不能到达堆放地点，必须进行二次或多次搬运所发生的费用。

c. 冬雨季施工增加费：是指在冬雨季施工需增加的临时设施、防滑、排除雨雪，人工及施工机械效率降低等费用。

其中夜间施工增加费占定额其他措施费比例为25%，二次搬运费占定额其他措施费比例为50%，冬雨季施工增加费占定额其他措施费比例为25%。

（3）其他项目费

① 暂列金额 是指建设单位在工程量清单中暂定并包括在工程合同价款中的一笔款项。用于施工合同签订时尚未确定或者不可预见的所需材料、工程设备、服务的采购，施工中可能发生的工程变更、合同约定调整因素出现时的工程价款调整以及发生的索赔、现场签证确认等的费用。

② 计日工 是指在施工过程中，施工企业完成建设单位提出的施工图纸以外的零星项目或工作所需的费用。

③ 总承包服务费 是指总承包人为配合、协调建设单位进行的专业工程发包，对建设单位自行采购的材料、工程设备等进行保管以及施工现场管理、竣工资料汇总整理等服务所需的费用。

④ 其他项目。

（4）规费

规费是指按国家法律、法规规定，由省级政府和省级有关权力部门规定必须交纳或计取的费用。包括以下几项。

① 社会保险费

a. 养老保险费：是指企业按照规定标准为职工缴纳的基本养老保险费。

b. 失业保险费：是指企业按照规定标准为职工缴纳的失业保险费。

c. 医疗保险费：是指企业按照规定标准为职工缴纳的基本医疗保险费。

d. 生育保险费：是指企业按照规定标准为职工缴纳的生育保险费。

e. 工伤保险费：是指企业按照规定标准为职工缴纳的工伤保险费。

② 住房公积金 是指企业按规定标准为职工缴纳的住房公积金。

③ 工程排污费 是指按规定缴纳的施工现场工程排污费。（2018年停征）

④ 其他应列而未列入的规费，按实际发生计取。

（5）税金

税金是指国家税法规定的应计入建筑安装工程造价内的增值税销项税额。

1.1.3　装饰装修工程造价组成

装饰装修工程有前期装饰和后期装饰之分。前期装饰是指在房屋建筑工程的主体结构完成后，按照建筑、结构设计图纸的要求，对有关工程部位（墙柱面、楼地面、顶棚）和构配件的表面以及有关空间进行装修的一个分部工程。通常称之为“一般装修”或称之为“粗装修”。后期装饰是指在建筑工程交付给使用者以后，根据业主（用户）的具体要求，对新建房屋或旧房屋进行再次装修的工程内容。一般称它为“高级装饰工程”或“精装修”，目前社会上泛称的装饰工程即指后期装饰工程。装饰工程把美学与建筑融合为一体，形成新型的“建筑装饰工程技术专业”。对于从属这种专业的工程，通称为装饰装修工程。

装饰装修工程造价组成如图 1-2 所示。

图 1-2　装饰装修工程造价组成

装饰装修工程造价计价程序主要有一般计税方法和简易计税方法两种。

工程造价计价程序表（一般计税方法）见表 1-2。

表 1-2　工程造价计价程序表（一般计税方法）

序号	费用名称	计算公式	备注
1	分部分项工程费	[1.2]+[1.3]+[1.4]+[1.5]+[1.6]+[1.7]	
1.1	其中:综合工日	定额基价分析	
1.2	定额人工费	定额基价分析	
1.3	定额材料费	定额基价分析	
1.4	定额机械费	定额基价分析	
1.5	定额管理费	定额基价分析	
1.6	定额利润	定额基价分析	
1.7	调差	[1.7.1]+[1.7.2]+[1.7.3]+[1.7.4]	
1.7.1	人工费差价		
1.7.2	材料费差价		不含税调差
1.7.3	机械费差价		
1.7.4	管理费差价		按规定调差
2	措施项目费	[2.2]+[2.3]+[2.4]	

续表

序号	费用名称	计算公式	备注
2.1	其中:综合工日	定额基价分析	
2.2	安全文明施工费	定额基价分析	不可竞争费
2.3	单价类措施费	[2.3.1]+[2.3.2]+[2.3.3]+[2.3.4]+[2.3.5]+[2.3.6]	
2.3.1	定额人工费	定额基价分析	
2.3.2	定额材料费	定额基价分析	
2.3.3	定额机械费	定额基价分析	
2.3.4	定额管理费	定额基价分析	
2.3.5	定额利润	定额基价分析	
2.3.6	调差	[2.3.6.1]+[2.3.6.2]+[2.3.6.3]+[2.3.6.4]	
2.3.6.1	人工费差价		
2.3.6.2	材料费差价		不含税调差
2.3.6.3	机械费差价		
2.3.6.4	管理费差价		按规定调差
2.4	其他措施费(费率类)	[2.4.1]+[2.4.2]	
2.4.1	其他措施费(费率类)	定额基价分析	
2.4.2	其他(费率类)		按约定
3	措施项目	[3.1]+[3.2]+[3.3]+[3.4]+[3.5]	
3.1	暂列金额		按约定
3.2	专业工程暂估价		按约定
3.3	计日工		按约定
3.4	总承包服务费	业主分包专业工程造价×费率	按约定
3.5	其他		按约定
4	规费	[4.1]+[4.2]+[4.3]	不可竞争费
4.1	定额规费	定额基价分析	
4.2	工程排污费		据实计取
4.3	其他		
5	不含税工程造价	[1]+[2]+[3]+[4]	
6	增值税	[5]×9%	一般计税方法
7	含税工程造价	[5]+[6]	

工程造价计价程序表（简易计税方法）见表1-3。

表1-3 工程造价计价程序表（简易计税方法）

序号	费用名称	计算公式	备注
1	分部分项工程费	[1.2]+[1.3]+[1.4]+[1.5]+[1.6]+[1.7]	
1.1	其中:综合工日	定额基价分析	

续表

序号	费用名称	计算公式	备注
1.2	定额人工费	定额基价分析	
1.3	定额材料费	定额基价分析	
1.4	定额机械费	定额基价分析/(1－11.34%)	
1.5	定额管理费	定额基价分析/(1－5.13%)	
1.6	定额利润	定额基价分析	
1.7	调差	[1.7.1]+[1.7.2]+[1.7.3]+[1.7.4]	
1.7.1	人工费差价		
1.7.2	材料费差价		含税价调差
1.7.3	机械费差价		
1.7.4	管理费差价	管理费差价/(1－5.13%)	按规定调差
2	措施项目费	[2.2]+[2.3]+[2.4]	
2.1	其中:综合工日	定额基价分析	
2.2	安全文明施工费	定额基价分析	不可竞争费
2.3	单价类措施费	[2.3.1]+[2.3.2]+[2.3.3]+[2.3.4]+[2.3.5]+[2.3.6]	
2.3.1	定额人工费	定额基价分析	
2.3.2	定额材料费	定额基价分析	
2.3.3	定额机械费	定额基价分析/(1－11.34%)	
2.3.4	定额管理费	定额基价分析/(1－5.13%)	
2.3.5	定额利润	定额基价分析	
2.3.6	调差	[2.3.6.1]+[2.3.6.2]+[2.3.6.3]+[2.3.6.4]	
2.3.6.1	人工费差价		
2.3.6.2	材料费差价		含税价调差
2.3.6.3	机械费差价		含税价调差
2.3.6.4	管理费差价	管理费差价/(1－5.13%)	按规定调差
2.4	其他措施费(费率类)	[2.4.1]+[2.4.2]	
2.4.1	其他措施费(费率类)	定额基价分析	
2.4.2	其他(费率类)		按约定
3	措施项目	[3.1]+[3.2]+[3.3]+[3.4]+[3.5]	
3.1	暂列金额		按约定
3.2	专业工程暂估价		按约定
3.3	计日工		按约定
3.4	总承包服务费	业主分包专业工程造价×费率	按约定
3.5	其他		按约定
4	规费	[4.1]+[4.2]+[4.3]	不可竞争费

续表

序号	费用名称	计算公式	备注
4.1	定额规费	定额基价分析	
4.2	工程排污费		据实计取
4.3	其他		
5	不含税工程造价	[1]+[2]+[3]+[4]	
6	增值税	[5]×[3%/(1+3%)]	简易计税方法
7	含税工程造价	[5]+[6]	

1.2 施工图预算

1.2.1 施工图预算的概念及作用

1.2.1.1 施工图预算的概念

建筑装饰装修工程施工图预算是依据施工图纸、预算定额、取费标准等基础资料编制出来的确定建筑装饰装修工程建设费用的文件，它是设计文件的组成部分。

1.2.1.2 施工图预算的作用

① 建筑装饰装修工程施工图预算是施工图设计阶段合理确定和有效控制工程造价的重要依据。

② 建筑装饰装修工程施工图预算是签订建设工程施工合同的重要依据。

③ 建筑装饰装修工程施工图预算是办理工程财务拨款、工程贷款和工程结算的依据。

④ 建筑装饰装修工程施工图预算是施工单位进行人工和材料准备、编制施工进度计划、控制工程成本的依据。

⑤ 建筑装饰装修工程施工图预算是落实或调整年度进度计划和投资计划的依据。

⑥ 建筑装饰装修工程施工图预算是施工企业降低工程成本、实行经济核算的依据。

1.2.2 施工图预算的编制依据与原则

1.2.2.1 施工图预算的编制依据

① 建筑装饰装修工程的施工图纸。

② 现行预算定额或地区单位估价表。

③ 经过批准的施工组织设计或施工方案。

④ 地区取费标准（或间接费定额）和有关动态调价文件。

⑤ 工程的施工合同（或协议书）、招标文件。

⑥ 最新市场材料价格。

⑦ 预算工作手册。

⑧ 有关部门批准的拟建工程概算文件。

1.2.2.2　施工图预算的编制原则

施工图预算是施工企业与建设单位结算工程价款等经济活动的主要依据，是一项工程量大，政策性、技术性和时效性强的工作。编制时必须遵循以下原则：

① 合法性原则；

② 市场性原则；

③ 真实性原则。

1.2.3　施工图预算的编制表现形式

1.2.3.1　定额计价模式下施工图预算的编制表现形式

定额计价模式下施工图预算的编制表现形式有工料单价法和实物法两种。

（1）工料单价法

分部分项工程量的单价为直接费。直接费以人工、材料、机械的消耗量及其相应价格确定。间接费、利润、税金按照有关规定另行计算。

其中直接工程费的计算公式为：

$$单位工程直接工程费=\sum(分部分项工程量\times预算定额基价)$$

这种编制方法便于技术经济分析，是常用的一种编制方法。

（2）实物法

为方便调整人工、材料、机械台班单价，适应建筑市场价格波动的情况，引入实物法编制施工图预算。

实物法编制施工图预算中主要的计算公式是：

单位工程预算直接工程费$=\sum$(工程量$\times$人工预算定额用量$\times$当时当地工日单价)$+\sum$(工程量$\times$材料预算定额用量$\times$当时当地材料预算单价)$+\sum$(工程量$\times$施工机械台班预算定额用量$\times$当时当地机械台班单价)

实物法与工料单价法相比，仅计算预算直接费方法不同。

1.2.3.2　清单计价模式下施工图预算的编制表现形式

清单计价模式下施工图预算的编制表现形式有综合单价法。

分部分项工程综合单价为全费用单价，是指与某一计价定额分项工程相对应的综合单价，它等于该分项工程的人工费、材料费、机械台班费合计后，再加管理费、利润并考虑风险因素。

计算公式为：

分部分项工程量清单项目综合单价$=(\sum$清单项目所含分项工程量$\times$分项工程综合单价$)/$清单项目工程量

一般定额计价模式下施工图预算编制常用工料单价法，清单计价模式下施工图预算编制用综合单价法。

1.2.4　施工图预算的编制步骤

1.2.4.1　工料单价法编制施工图预算步骤

① 收集、熟悉编制施工图预算的有关资料。

② 确定和排列工程预算项目（简称列项）。

③ 计算工程量。

④ 套用预算定额基价进行基价换算。

⑤ 计算直接工程费。

⑥ 计取各项费用。

⑦ 进行工料分析。

⑧ 编制说明、填写封面、装订成册。

1.2.4.2 实物法编制施工图预算步骤

实物法编制施工图预算的首尾步骤与工料单价法相同，二者最大的区别在于中间的步骤，也就是计算人工费、材料费和施工机械使用费及汇总三者费用之和的方法不同。

① 收集、熟悉编制施工图预算的有关资料。

② 确定和排列工程预算项目（简称列项）。

③ 计算工程量。

④ 套用相应预算人工、材料、机械台班定额用量。

⑤ 汇总单位工程所需各类人工工日、材料和机械台班的消耗量。

⑥ 用当时当地的各类人工、材料和机械台班的实际预算单价分别乘以相应的人工、材料和机械台班的消耗量，并汇总得出单位工程的人工费、材料费和机械使用费。

⑦ 计算出直接工程费、措施费及直接费、间接费、利润、税金。

⑧ 汇总出工程造价。

⑨ 进行工料分析。

⑩ 编制说明、填写封面、装订成册。

1.2.4.3 综合单价法编制施工图预算步骤

① 熟悉图纸和招标文件。

② 了解施工现场的有关情况。

③ 划分项目、确定分部分项清单项目名称、编码（主体项目）。

④ 确定分部分项清单项目拟综合的工程内容。

⑤ 计算分部分项清单主体项目工程量。

⑥ 计算综合单价并编制清单（分部分项工程量清单、措施项目清单、其他项目清单）。

⑦ 计算规费及税金。

⑧ 汇总各项费用计算工程造价。

⑨ 复核、编写总说明。

⑩ 装订（见清单规范中标准格式）。

1.2.5 工料分析及价差调整

1.2.5.1 工料分析

（1）工料分析的概念

工料分析就是按各个分部分项工程项目，根据定额中的定额人工消耗量和材料消耗量分别乘以各个分部分项工程的实际工程量，求出各个分部分项工程的各工种用工的数量和各种材料的数量，然后按不同工种、材料品种和规格分别汇总合计，从而反映出单位工程中全部分项工程的人工和各种材料的预算用量，以满足各项生产和管理工作的需要。

(2) 工料分析的作用

施工图预算工料分析是建筑企业管理中必不可少的技术资料，主要供企业内部使用。

① 在施工管理中为单位工程的分部分项工程项目提供人工、材料的预算用量。

② 生产计划部门根据它编制施工计划，安排生产，统计完成工作量。

③ 劳资部门依据它组织、调配劳动力，编制工资计划。

④ 材料部门要根据它编制材料供应计划，储备材料，安排加工订货。

⑤ 财务部门要依据它进行财务成本核算进行经济分析。

1.2.5.2 价差调整应用

价差包括人工价差、材料价差、机械台班价差。

(1) 材料价差产生的主要因素

① 国家政策因素　国家政策、法规的改变将会对市场产生巨大的影响。这种因体制发生变化而产生的材料价格的变化，即为“制差”。

② 地区因素　预算定额估价表编制所在地的材料预算价格与同一时期执行该定额的不同地区的材料价格差异，即为“地差”。

③ 时间因素　定额估价表编制年度定额材料预算价格与项目实施年度执行材料价格的差异，即为“时差”。

④ 供求因素　即市场采购材料因产、供、销系统变化而引起的市场价格变化形成的价差，即为“势差”。

⑤ 地方部门文件因素　由于地方产业结构调整引起的部分材料价格的变化而产生的价差，即为“地方差”。

建筑材料价格的变动，形成了不同的市场价。在工程实践中，施工企业正是从这个变动市场中直接获得建筑产品所需的原材料，其形成的产品是动态价格下的产物。动态的价格需要有一个与之相应的动态管理，只有这样才能既维护国家和建设单位利益，又保护施工企业合法权益，使建设工程朝着计划、有序、持续的方向推进。

(2) 建筑工程材料价差调整的方法

在工程实践中，建设工程材料价差调整通常采用以下三种方法。

① 单项材料价差调整法　计算公式为：

单项材料价差调整额＝∑[(材料市场价－预算定额中材料单价)×单位工程某种材料消耗量]

单位工程材料价差调整额＝∑各单项材料价差调整额

② 综合系数调差法　此法是直接采用当地工程造价管理部门测算的综合调差系数，调整工程材料价差的一种方法，计算公式为：

单位工程综合材料价差调整额＝单位工程定额材料费(定额直接工程费)×综合调差系数

③ 价格指数调整法　计算公式为：

某种材料的价格指数＝该种材料当期预算价÷该种材料定额中的取定价

某种材料的价差指数＝该种材料的价格指数－1

第2章

建筑装饰施工图识读

2.1 建筑装饰施工图的基础知识

2.1.1 认识房屋建筑的组成

建筑物虽然种类繁多、形式千差万别，而且在使用要求、空间组合、外形处理、结构形式、构造方式、规模大小等方面存在着种种不同，但都可以视为由基础、墙或柱、楼地面、楼梯、屋顶、门窗等主要部分组成，另外还有其他一些配件和设施，如阳台、雨篷、通风道、烟道、垃圾道、壁橱等。

2.1.1.1 房屋建筑的组成

(1) 房屋建筑的主要组成部分

① 基础　建筑最下部的承重构件，承担建筑的全部荷载，并下传给地基。

② 墙体和柱　墙体是建筑物的承重和围护构件，在框架承重结构中，柱是主要的竖向承重构件。

③ 屋顶　是建筑顶部的承重和围护构件，一般由屋面、保温（隔热）层和承重结构三部分组成。

④ 楼地层　是楼房建筑中的水平承重构件，包括底层地面和中间的楼板层。

⑤ 楼梯　楼房建筑的垂直交通设施，供人们平时上下和紧急疏散时使用。

⑥ 门窗　门主要用做内外交通联系及分隔房间，窗的主要作用是采光和通风，门窗属于非承重构件。

(2) 房屋建筑的次要组成部分

① 阳台　是建筑物室内的延伸，是居住者呼吸新鲜空气、晾晒衣物、摆放盆栽的场所，其设计需要兼顾实用与美观的原则。

② 雨篷　设置在建筑物进出口上部的遮雨、遮阳篷。建筑物入口处和顶层阳台上部用以遮挡雨水和保护外门免受雨水浸蚀的水平构件。

③ 通风道　通风道是通风管道的简称，是工业与民用建筑的通风与空调工程用金属或非金属管道。

④ 烟道　烟道是废气和烟雾排放的管状装置，住宅烟道是指用于排除厨房烟气或卫生间废气的竖向管道制品，也称排风道、通风道、住宅排气道。

⑤ 垃圾道　垃圾道由垃圾管道（砖砌或预制）、垃圾斗、排气道口、垃圾出灰口等组

成。垃圾管道要求内壁光滑。垃圾管道可设于墙内或附于墙内。

⑥ 壁橱　又称内嵌壁柜，是指住宅套内与墙壁结合而成的落地或悬挂贮藏空间。壁柜，是指在墙体上留出空间而成的橱。

2. 1. 1. 2　房屋建筑结构的组成

是指根据房屋的梁、柱、墙等主要承重构件的建筑材料划分类别。建筑结构有六种类别：钢结构，钢、钢筋混凝土结构，钢筋混凝土结构，混合结构，砖木结构，其他结构。

① 钢结构　承重的主要结构是用钢材料建造的，包括悬索结构，如钢铁厂房、大型体育场等。

② 钢、钢筋混凝土结构　承重的主要结构是用钢、钢筋混凝土建造，如一幢房屋一部分梁、柱采用钢制构架，一部分梁、柱采用钢筋混凝土构架建造。

③ 钢筋混凝土结构　承重的主要结构是用钢筋混凝土建造，包括薄壳结构，大模板现浇结构及使用滑模升板等先进施工方法施工的钢筋混凝土结构。

④ 混合结构　承重的主要结构是用钢筋混凝土和砖木建造。如一幢房屋的梁是钢筋混凝土制成，以砖墙为承重墙，或者梁是木材制造，柱是钢筋混凝土建造的。用预制钢筋混凝土小梁薄板为混合二等，其他的为混合一等。

⑤ 砖木结构　承重的主要结构是用砖、木材建造的，如一幢房屋是木屋架、砖墙、木柱。房屋两侧（指一排或一幢下同）山墙和前沿横墙厚度为一砖以上的为砖水一等；房屋两侧山墙为一砖以上，前沿横墙厚度为半砖、板壁、假墙或其他单墙，厢房山墙厚度为一砖，厢房前沿墙和正房前沿墙不足一砖的为砖木二等；房屋两侧山墙以木架承重，用半砖墙或其他假墙填充，或者以砖墙、木屋架、瓦屋面、竹桁条组成的为砖木三等。

⑥ 其他结构　凡不属于上述结构的房屋建筑结构均归入此类。

2. 1. 2　建筑装饰工程施工图的内容、特点及编排顺序

2. 1. 2. 1　建筑装饰工程施工图的内容

施工图在室内装修施工中是不可缺少的重要技术文件，包括平面图、顶平面图、立面图、剖面图、节点图、家具图和水电图等，图中除了标明各部位尺寸外，还有各种装修材料的施工方法。

（1）平面图

平面图是将建筑室内空间，经过门窗洞口沿水平方向切开，移去上面部分所得到的水平剖面图。图中应将建筑墙体、门窗、室内家具及其摆放物品清楚地表现出来，主要表现内容有三大类：建筑结构及尺寸；装修布局和装修结构以及尺寸关系；室内家具与其他陈设物品的安放位置及尺寸关系。

（2）顶平面图

顶平面图是将建筑物室内的吊顶棚面向地面投影，而得到的投影视图。主要表现内容有：顶棚装修造型式样与尺寸；所用的材料的品种与规格；灯具式样、规格及位置；空调风口位置、消防报警系统及音响系统的位置；吊顶剖面图的剖切位置和剖切面编号等。

（3）立面图

立面图是建筑物室内墙面与物体的正立投影图。它主要表现内容有：建筑室内各墙身、墙面以及各种设置的相关尺寸、相关位置；墙面造型的式样及所需材料与工艺要求；墙面与

吊顶的衔接收口方式；门、窗、隔墙、装修隔断物等设施的高度尺寸和安装尺寸；墙面所用的设备的位置尺寸、规格尺寸；建筑结构与装修结构的连接方式、衔接方法、相关尺寸。

（4）剖面图与节点图

剖面图是将装修面整个剖切或局部剖切，以表达其内部结构的视图。节点图是将两个或多个装修面的交汇点，按垂直或水平方向切开，并以放大形式绘出的视图。主要表现的内容有：装修面或装修形体本身的结构形式；材料情况与主要支承物体的互相关系；装修构件或配件局部的详细尺寸、做法及施工要求；装修结构与建筑结构之间详细的衔接尺寸与连接形式；装修面之间的收口、收边材料与尺寸；装修面上的设备安装方式或固定方法；装修面与设备间的收口收边方式等。

（5）家具图和水电图

家具配置一般是购买成品，因此可不必画出设计图。若需画出，它主要包括立体图、组装图、节点图。水、电施工在室内装修中也常由专业队伍或专业人员进行，水电图主要包括给排水施工图、电气施工图等。

2.1.2.2 建筑装饰工程施工图的特点

① 施工图中的各图样主要是用正投影法绘制的。

② 装饰施工图涉及的面广。

③ 装饰施工图的比例较大。

④ 装饰施工图的图例没有统一的标准，有时须加文字注释。

⑤ 标准定型化设计少。

⑥ 装饰施工图细腻、生动。

2.1.2.3 建筑装饰工程施工图的编排顺序

① 封面、图纸目录。

② 建筑设计说明。

③ 材料做法表。

④ 房面用料表（室内装修表）。

⑤ 门窗明细表（门窗详图统计）。

⑥ 地下室平面图。

⑦ 每层平面图。

⑧ 屋顶平面图。

⑨ 立面图（东南西北）。

⑩ 剖面图 1—1，剖面图 2—2，剖面图 3—3 等。

⑪ 平面节点详图（核心筒等）。

⑫ 立面节点详图（做法放大）。

⑬ 剖面节点详图。

⑭ 楼梯详图。

⑮ 电梯井道、机房、地坑详图。

⑯ 卫生间详图。

⑰ 设备房详图（水泵、变配电室、水箱间、冷冻机房、直燃机房、空调机房等）。

⑱ 吊顶平面详图。

⑲ 其他详图（地下防水、室内外台阶）。

⑳ 门窗详图。

㉑ 防火分区图等。

2.1.3 编制建筑装饰设计总说明

2.1.3.1 工程概况

① 本工程建筑名称：A28＃楼。

② 本工程建设地点：具体位置见总平面图。

③ 建设单位：某公司。

④ 本工程总建筑面积 7254.28m^2，其中：地下室面积 576.70m^2，商业面积 1758.61m^2，住宅面积 4918.97m^2，建筑基底面积 903.06m^2。

⑤ 建筑层数、层高及高度：地上十一层，地下一层，一至二层为商业网点，三至十一层均为住宅，顶层为阁楼及上人屋面；地下一层为戊类储藏室；一层层高为 3.70m，二层层高为 3.60m，其他层层高均为 3.0m，建筑高度为 35.75m，室内外高差为 0.30m。

2.1.3.2 设计标高

① 本工程±0.000 相当于绝对标高，见总平面标注。

② 各层标注标高为完成面标高（建筑面标高）。

③ 本工程标高以 m 为单位，总平面尺寸以 m 为单位，其他尺寸以 mm 为单位。

2.1.3.3 外装修工程

① 立面颜色详立面图。外墙粉刷面层需掺入聚丙烯抗裂纤维。

② 用 1∶2 水泥砂浆在檐口板、阳台、雨篷及窗台等部位，迎水面抹出 1%泛水，背水面抹出滴水槽。

③ 外装修选用的各项材料其材质、规格、颜色等，均由施工单位提供样板，经建设和设计单位确认后进行封样，并据此验收。

2.1.3.4 内装修工程

① 内装修工程执行《建筑内部装修设计防火规范》（GB 50222—2017），楼地面部分执行《建筑地面设计规范》（GB 50037—2013）。

② 卫生间的楼面应低于同层楼面 20mm，防水层上翻 150mm，卫生间、厨房设施详水施。

③ 阳台及楼梯间的楼面应低于同层楼面 30mm。

④ 楼地面构造交接处和地坪高度变化处，除图中另有注明者外均平齐门扇开启面处。

⑤ 卫生间楼地面均做防水层，并做 0.5%坡度坡向地漏，地漏周围 1m 范围内坡度为 1%。

⑥ 根据《民用建筑工程室内环境污染控制规程》（DB11/T 1445—2017）规定，该区域室内装修还需满足：

a. 室内装修所采用的木质材料，严禁采用沥青、煤焦油类防腐、防潮处理剂；

b. 本工程中所采用的阻燃剂、混凝土外加剂氨释放量不应大于 0.10%，测定方法应符合《混凝土外加剂中释放氨的限量》（GB 18588—2001）的规定。

2.1.3.5 油漆涂料工程

① 内木门油漆选用米黄色，做法为12YJ1涂101。

② 室内各项露明金属件的油漆为刷防锈漆两遍后再做同室外部位相同颜色的调和漆，做法为12YJ1涂202。

③ 所有室外金属管件均应先做防锈处理，选用12YJ1涂203，需刷防锈漆（或红丹）两遍，颜色详效果图。

④ 各项油漆均由施工单位制作样板。经确认后方可进行施工。

2.1.3.6 安全防护措施

① 公共楼梯不锈钢扶手、栏杆，扶手高1100mm，栏杆净距110mm，踏步前起算，水平段栏杆长度大于500mm时，栏杆高度1100mm。

② 窗台高度低于0.9m均设窗护栏，栏杆及扶手同公共楼梯，竖向栏杆间净跑不大于110mm。

③ 临空栏杆安全措施：栏杆应能承受荷载规范规定的水平荷载，栏杆高度1.1m；栏杆距楼面0.1m高度内不得留空。

2.1.3.7 隔声设计

空气声隔声量：楼板大于等于51dB，分户墙大于等于45dB，外窗大于等于30dB，外门大于等于25dB。

2.1.3.8 消防设计

（1）总图防火设计

本工程为高层居住建筑，与相邻建筑的防火满足规范总平面设计。根据需要在建筑物周围设有消防车道，消防车道宽5m，消防车道转弯半径$R \geqslant 12$m，荷载按≥30t计算。建筑物间距及消防车道的位置另详见总平面布置图。

（2）建筑防火设计

① 本建筑耐火等级为二级。地下部分耐火等级为一级，地下室分为两个防火区；一二层商业网点每间为一个防火分区，各设两个直通室外的出口。

② 开向楼梯间的户门均为乙级防火门，楼梯宽度和疏散距离符合《建筑设计防火规范》（GB 50016—2014）（2018年版）规定。

③ 外墙保温材料的燃烧性能不低于B2级，当采用B2级保温材料时，每三层沿楼板位置设置宽度不小于300mm的A级保温材料的水平防火隔离带。屋顶的保温材料燃烧性能不低于B2级；屋顶与外墙交界处、屋顶开口部位四周的保温层，应采用宽度不小于500mm的A级保温材料设置水平防火隔离带。

④ 屋顶防水层或可燃保温材料用不燃材料进行覆盖。

⑤ 防火门窗：防火门窗应采用消防部门认可的合格产品；双扇平开防火门安装闭门器和顺序器；地下室采用钢制防火门、其余楼层采用木制防火门，疏散防火门应设闭门器，地下室设备用房均为甲级防火门，管道井检修门设丙级防火门，门槛高度150mm，防火墙上防火门为甲级防火门，可自行关闭。

2.1.3.9 节能设计

（1）居住部分

① 根据《河南省居住建筑节能设计标准（寒冷地区65%+）》（DBJ 41/062—2017）规

定，本工程住宅部分为住宅类建筑，围护结构需采取节能措施，并进行耗热量指标验算。

② 体型系数：0.29；窗墙比：东向0.37，西向0.35，北向0.42。

③ 本建筑外墙外保温选用TF无机保温砂浆外墙保温构造，采用40mm厚无机保温砂浆。

④ 外窗采用普通中空玻璃塑钢窗，空气层9mm厚。建筑物外门选用电子防盗对讲门，入户门为成品保温防盗门。

（2）公建部分

① 根据《河南省公共建筑节能设计标准》（DBJ41/T 075—2016），本工程商业网点部分属于公共建筑，围护结构需采取节能措施。

② 体型系数：0.24；窗墙比：东向0.37，西向0.17。

③ 本建筑外墙外保温选用12YJ3-1D型机械固定单面钢丝网架夹心聚苯板外墙外保温构造，屋面采用50mm厚挤塑聚苯乙烯泡沫塑料板；外墙采用40mm厚无机保温砂浆。

④ 屋顶为不透明屋顶。

2.1.4 建筑装饰制图国家标准

2.1.4.1 图纸幅面规格与图纸编排顺序

（1）图纸幅面

① 图幅即图纸幅面，指图纸的尺寸大小，以幅面代号A0、A1、A2、A3、A4区分。

② 图纸幅面及图框尺寸，应符合表2-1的规定及图2-1、图2-2的格式。

表2-1　幅面及图框尺寸　单位：mm

尺寸代号	A0	A1	A2	A3	A4
$b \times l$	841×1189	594×841	420×594	297×420	210×297
a	35	35	35	30	25
c	10	10	10	10	10

注：b为幅面短边尺寸，l为幅面长边尺寸，c为图框线与幅面线间宽度，a为图框线与装订边间宽度。

③ 需要缩微后存档或复制的图纸，图框四边均应具有位于图幅长边，短边中点的对中标志，如图2-1所示，并应在下图框线的外侧，绘制一段长100mm标尺，其分隔为10mm。对中标志的线宽宜采用大于或等于0.5mm绘制，标尺线的线宽宜采用0.25mm的实线绘制，如图2-2所示。

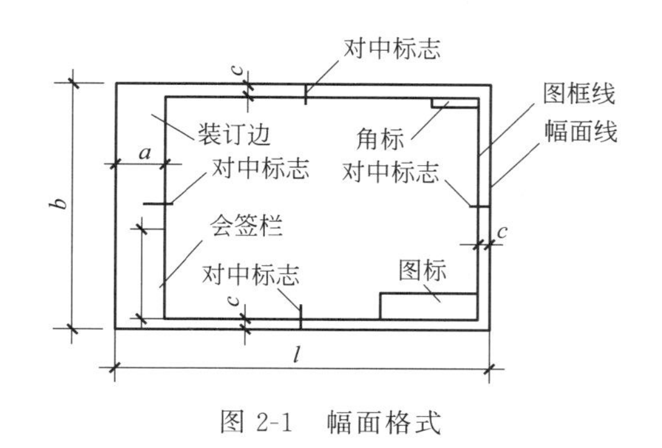

图2-1　幅面格式

图2-2　对中标志及标尺（单位：mm）

④ 图幅的短边不得加长。长边加长的长度，图幅 A0，A2，A4 应为 150mm 的整倍数；图幅 A1、A3 应为 210mm 的整倍数。

⑤ 建筑装饰装修设计中，各专业所使用的图纸，一般不宜多于两种幅面。

(2) 标题栏与会签栏

① 标题栏是设计图纸中表示设计情况的栏目。标题栏又称图标，标题栏的内容包括：工程名称、设计单位名称、图纸内容、项目负责人、设计总负责人、设计、制图、校对、审核、审定、项目编号、图号、比例、日期等。

② 图框是界定图纸内容的线框，包括：图框线、幅面线、装订线、标题栏以及对中标志。

③ 图纸的标题栏、会签栏及装订边的位置，可参照下列形式。

a. 横式使用的图纸，应按图 2-3 的形式布置。

b. 立式使用的图纸，应按图 2-4 的形式布置。

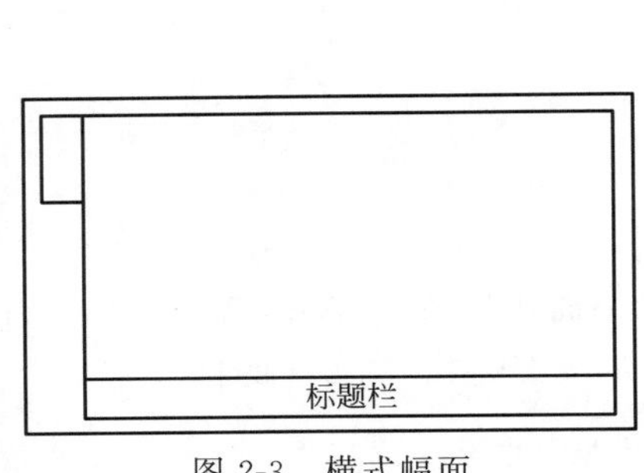

图 2-3　横式幅面

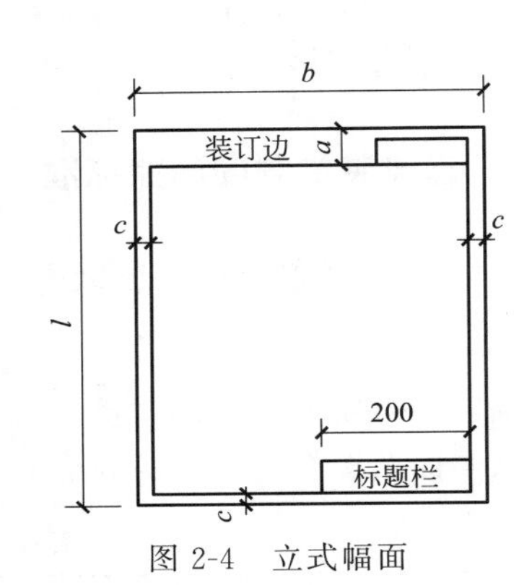

图 2-4　立式幅面

④ 标题栏应按图 2-5 所示，根据工程需要选择确定其尺寸、格式及分区。签字区应包含实名列和签名列。涉外工程的标题栏内，各项主要内容的中文下方应附有译文，设计单位的上方或左方，应加“中华人民共和国”字样。标题栏的放置位置主要有以下三种。

a. 在图框右下角。

b. 在图框的右侧并竖排标题栏内容。

c. 在图框的下部并横排标题栏内容。

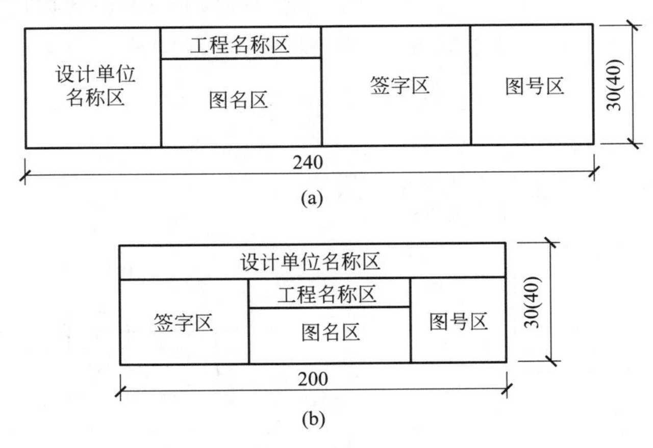

图 2-5　标题栏

⑤ 会签栏应按图 2-6 的格式绘制，其尺寸应为 100mm×20mm，栏内应填写会签人员所代表的专业、姓名、日期（年、月、日）；一个会签栏不够时，可另加一个，两个会签栏应并列；不需会签的图纸可不设会签栏。

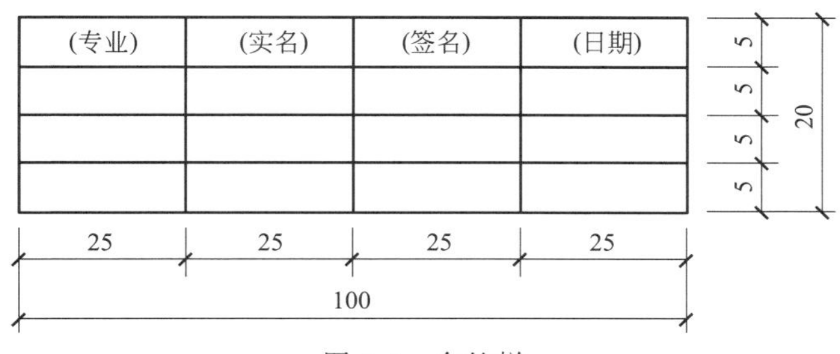

图 2-6　会签栏

（3）图纸编排顺序

① 当建筑装饰装修工程含设备设计时，图纸的编排顺序应按内容的主次关系、逻辑关系有序排列，通常以建筑装饰装修图、电气图、暖通空调图、给排水图等先后为序。标题栏中应含各专业的标注，如“饰施”“电施”“设施”“水施”等。

② 建筑装饰装修工程图一般按图纸目录、设计说明、总平面、平面布置图、顶棚布置图、立面图、大样图的顺序排列。

③ 各楼层平面的排列一般按自下而上的顺序排列，某一层的各局部的平面一般按主次区域和内容的逻辑关系排列，立面的表示应按所在空间的方位或内容的区别表示。

2.1.4.2　图线

① 图线指制图中用以表示工程设计内容的规范线条，它由线型和线宽两个基础元素组成。

② 线型有：标准实线、细实线、中实线、粗实线、折断线、点划线、虚线等，见表 2-2。

表 2-2　图线名称、线型、宽度

名称		线型	线宽	一般用途
实线	粗		b	主要可见轮廓线
	中		$0.5b$	可见轮廓线
	细		$0.25b$	可见轮廓线、图例线
虚线	粗		b	按各有关专业制图标准
	中		$0.5b$	不可见轮廓线
	细		$0.25b$	不可见轮廓线、图例线
单点长划线	粗		b	按各有关专业制图标准
	中		$0.5b$	按各有关专业制图标准
	细		$0.25b$	中心线、对等线等
双点长划线	粗		b	按各有关专业制图标准
	中		$0.5b$	按各有关专业制图标准
	细		$0.25b$	假想轮廓线、成形前原始轮廓线

续表

名称		线型	线宽	一般用途
折断线			0.25b	断开界线
波浪线			0.25b	断开界线

③ 图线的宽度 b，宜从下列线宽系列中选取：1.4mm、1.0mm、0.7mm、0.5mm。

每个图样，应根据复杂程度与比例大小，先选定基本线宽 b，再选用表 2-3 中相应的线宽组合。

表 2-3 线宽组合

线宽类别	线宽系列/mm			
b	1.4	1.0	0.7	0.5
0.7b	1.0	0.7	0.5	0.35
0.5b	0.7	0.5	0.35	0.25
0.25b	0.35	0.25	0.18(0.2)	0.13(0.15)

注：1. 需要微缩的图纸，不宜采用 0.18mm 及更细的线宽。
2. 同一张图纸内，各个不同线宽中的细线，可统一采用较细的线宽组的细线。
3. 括号内的数值为可替代的宽度。

④ 工程建设制图，应选用表 2-2 所示的图线。

⑤ 同一张图纸内，相同比例的各图样，应选用相同的线宽组。

⑥ 图纸的图框和标题栏线，可采用表 2-4 所示的线宽。

表 2-4 图框线、标题栏线的宽度 单位：mm

幅面代号	图框线	标题栏外框线	标题栏分格线、会签栏线
A0、A1	1.4	0.7	0.35
A2、A3、A4	1.0	0.7	0.35

⑦ 相互平行的图线，其间隙不宜小于其中的粗线宽度，且不宜小于 0.7mm。

⑧ 虚线、单点长划线的线段长度和间隔，宜各自相等。

⑨ 当在较小图形中绘制单点长划线有困难时，可用实线代替。

⑩ 单点长划线的两端，不应是点。点划线与点划线交接或点划线与其他图线交接时，应是线段交接。

⑪ 虚线与虚线交接或虚线与其他图线交接时，应是线段交接。虚线为实线的延长线时不得与实线连接。

⑫ 图线不得与文字、数字或符号重叠、混淆，不可避免时，应首先保证文字等的清晰。

2.1.4.3 比例

① 图样的比例，应为图形与实物相对应的线性尺寸之比。比例的大小，是指其比值的大小，如 1∶50 大于 1∶100。

② 比例的符号为“∶”，比例应以阿拉伯数字表示，如 1∶2、1∶10、1∶100 等。

③ 比例宜注写在图名的右侧，字的基准线应取平；比例的字高宜比图名的字高小一号或二号，如图 2-7 所示。

平面图　1:50　　平面图　1:100　　⑤ 1:30

图 2-7　比例的注写

④ 优先用表 2-5 中的常用比例。

表 2-5　绘图所用的比例

种　类	比　例
常用比例	1∶1、1∶2、1∶5、1∶10、1∶20、1∶30、1∶50、1∶100、1∶150、1∶200、1∶500、1∶1000、1∶2000
可用比例	1∶3、1∶4、1∶6、1∶15、1∶25、1∶40、1∶60、1∶80、1∶250、1∶300、1∶400、1∶600、1∶5000、1∶10000、1∶20000、1∶50000、1∶100000、1∶200000

⑤ 根据建筑装饰装修工程的不同阶段及施工图的内容不同，绘制比例常用设置见表 2-6。

表 2-6　绘制比例常用设置

比例	用途	具体应用
1∶200 1∶150 1∶50	方案阶段的总平面图	平面布置图 顶棚平面布置图
1∶60 1∶50 1∶30	局部平面施工图 局部平面施工图 居室平面施工图	平面布置图 顶棚平面布置图
1∶50 1∶30 1∶20	一般的立面施工图 较繁复的立面施工图 特别繁复的立面施工图	剖面图 立面图
1∶10 1∶5 1∶4 1∶2 1∶1	2m 左右的剖面(如从顶到地的剖面,大型橱柜剖面等) 1m 左右的剖面(如吧台、矮隔断、酒水柜等剖立面) 50～60cm 的剖面(如大型门套的剖面造型) 18cm 左右的剖面(如踢脚、顶角线等线脚大样) 8cm 左右的剖面(如凹槽、勾缝、线脚等大样节点)	节点大样图

⑥ 一般情况下，一个图样应选用一种比例。根据专业制图需要，同一图样可选用两种比例。

⑦ 特殊情况下可以自选比例，也可以绘制出相应的比例尺。

2.1.4.4　符号

(1) 剖切符号

① 剖切符号是表示图样中剖视位置的符号。剖切符号分为用于剖视和断面的两种。

② 剖视的剖切符号应符合下列规定。

a. 剖视的剖切符号应由剖切位置线和投射方向线组成，并应以粗实线绘制。剖切位置线的长度宜为 6～10mm；投射方向线应垂直于剖切位置线，长度应短于剖切位置线，宜为 4～6mm。绘制时，剖视的剖切符号不应与其他图线相接触，如图 2-8 所示。

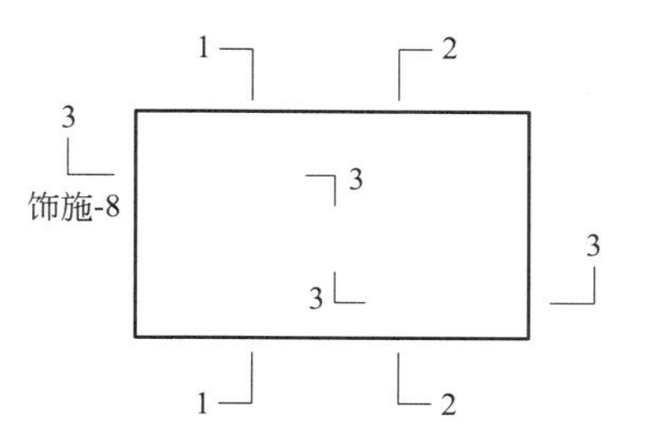

图 2-8　剖视的剖切符号绘制

b. 剖视剖切符号的编号宜采用阿拉伯数字，按顺序由左至右、由下至上连续编排，并应注写在剖视方向线的端部。

c. 需要转折的剖切位置线，应在转角的外侧加注与该符号相同的编号。

d. 建筑装饰装修图的剖面符号应标注在要表示的图样上。

③ 断面的剖切符号应符合下列规定。

a. 断面的剖切符号应只用剖切位置线表示，并应以粗实线绘制，长度宜为 6～10mm。

b. 断面剖切符号的编号宜采用阿拉伯数字，按顺序连续编排，并应注写在剖切位置线的一侧；编号所在的一侧应为该断面的剖视方向。

④ 剖面图或断面图，如与被剖切图样不在同一张图内，可在剖切位置线的另一侧注明其所在图纸的编号，也可以在图上集中说明。

（2）索引符号与详图符号

① 索引符号是指图样中用于引出需要清楚绘制细部图形的符号，以方便绘图及图纸查找，提高制图效率。

② 建筑装饰装修制图中的索引符号可表示图样中某一局部或构件，如图 2-9(a) 所示。也可表示某一平面中立面的所在位置，如图 2-9(b) 所示，索引符号是由直径为 10mm 的圆和水平直径组成，圆及水平直径均应以细实线绘制。室内立面索引符号根据图面比例圆圈直径可选择 8～12mm。索引符号应按以下规定编写。

a. 索引出的详图，如与被索引的详图同在一张图纸内，应在索引符号的上半圆中用阿拉伯数字或字母注明该详图的编号，并在下半圆中间画一段水平细实线，如图 2-9(c) 所示。

b. 索引出的详图，如与被索引的详图不在同一张图纸内，应在索引符号的上半圆中用阿拉伯数字或字母注明该详图的编号，在索引符号的下半圆中用阿拉伯数字或字母注明该详图所在图纸的编号，如图 2-9(d) 所示。数字较多时，可加文字标注。

c. 索引出的详图，如采用标准图，应在索引符号水平直径的延长线上加注该标准图册的编号，如图 2-9(e) 所示。

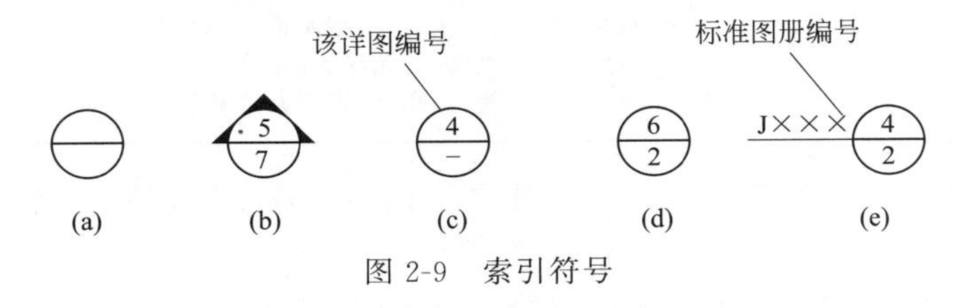

图 2-9 索引符号

③ 索引符号如用于索引剖视详图，应在被剖切部位绘制剖切位置线，并以引出线引出索引符号，引出线所在的一侧应为投射方向。索引符号的编写如图 2-10 所示。

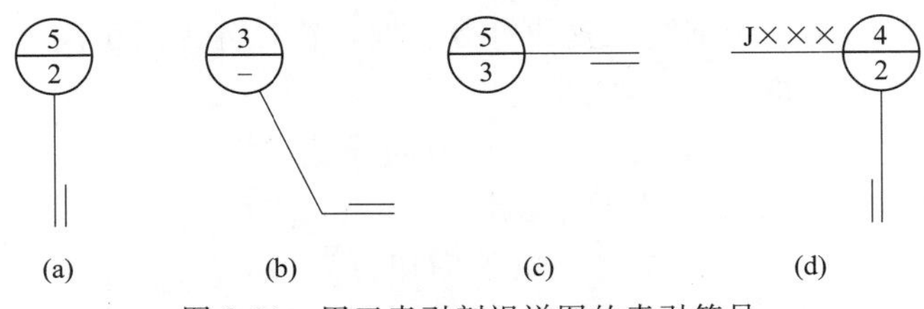

图 2-10 用于索引剖视详图的索引符号

④ 索引符号如用于索引立面图，立面图投视方向应用三角形所指方向表示。三角形方向随立面投视方向而变，索引符号编写同③条的规定，但圆中水平直线、数字及字母不变方向如图 2-11 所示。

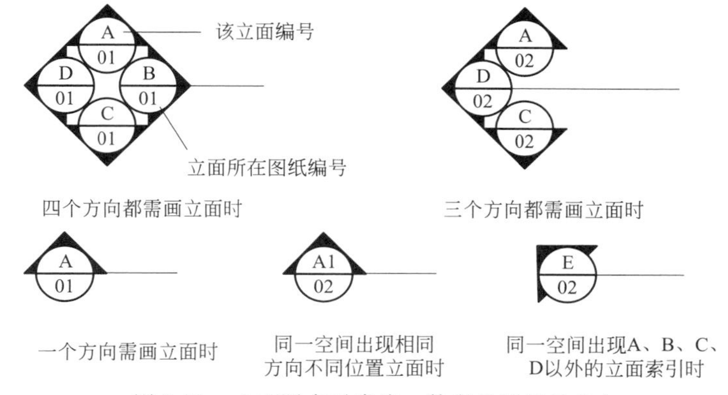

图 2-11　立面图水平直线、数字及字母的方向

a. 在平面图中，进行平面及立面索引符号标注，应注明房间名称并在标注上表示出代表立面投影的A、B、C、D等各方向，其索引点的位置应为立面图的视点位置；A、B、C、D等各方向应按顺时针方向排列，当出现同方向、不同视点的立面索引时，应以A1、B1、C1、D1等表示以示区别，以此类推，如图2-12所示。

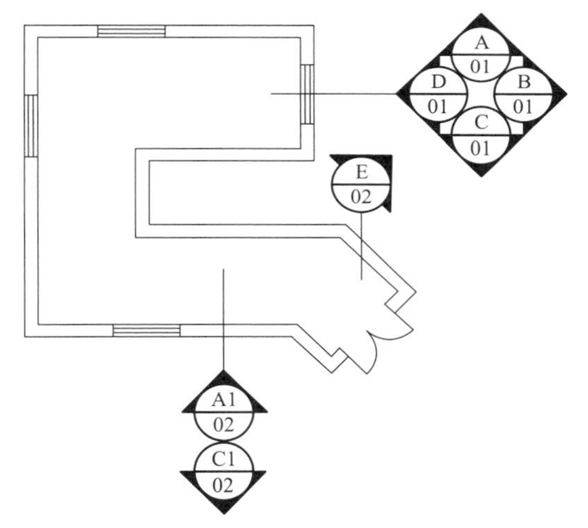

图 2-12　立面图的视点位置

b. 平面图中A、B、C、D等方向所对应的立面，一般按直接正投影法绘制。

c. 在平面上表示立面索引符号示例，如图2-13所示。

⑤ 索引符号如用于图样中某一局部大样图索引，应以引出圈将需被放样的大样图范围完整地圈出，并以引出线引出索引符号。范围较小的引出圈以圆形细虚线绘制，范围较大的引出圈以有弧角的矩形细虚线绘制，索引符号的编写同③条的规定，如图2-14所示。

⑥ 详图的位置和编号，应以详图符号表示。详图符号的圆应以直径为14mm粗实线绘制。详图应按下列规定编号：

a. 详图与被索引的图样在同一张图纸内时，应在详图符号内用阿拉伯数字或字母注明详图的编号，如图2-15所示。

b. 详图与被索引的图样不在同一张图纸内，应用细实线在详图符号内画一水平直径，在上半圆中注明详图编号，在下半圆中注明被索引的图纸的编号，如图2-16所示。

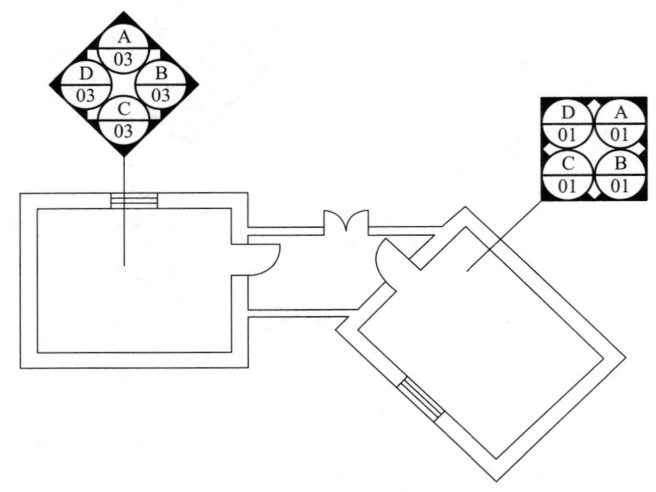

图 2-13 立面索引符号示例

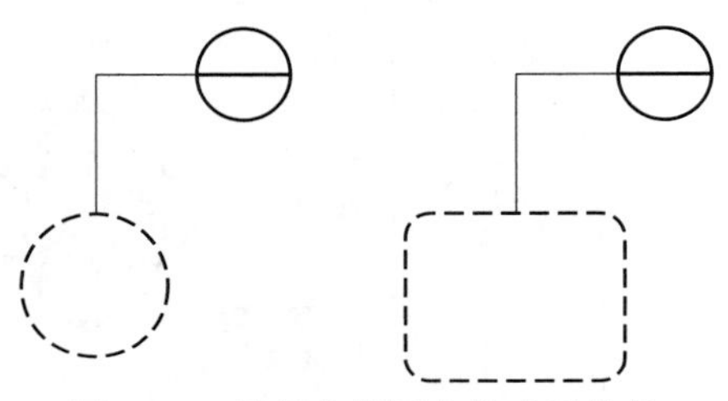

图 2-14 局部大样图中的索引符号

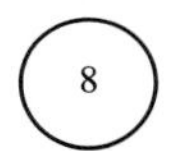

图 2-15 与被索引图样在同一张图纸内的详图符号

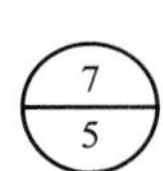

图 2-16 与被索引图样不在同一张图纸内的详图符号

（3）引出线

① 引出线应以细实线绘制，宜采用水平方向的直线，与水平方向成 30°、45°、60°、90° 的直线，或经上述角度再折为水平线。文字说明宜注写在水平线的上方，如图 2-17(a) 所示；或注写在水平线的上方和下方，如图 2-17(b) 所示；也可注写在水平线的端部，如图 2-17(c) 所示；多行文字的排列可取在起始或结束位置排起，索引详图的引出线，应与水平直径相连接或对准索引符号的圆心，如图 2-17(d) 所示。

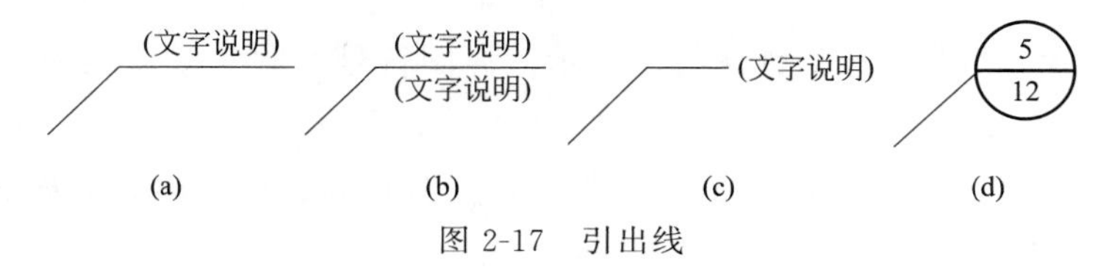

图 2-17 引出线

② 同时引出几个相同内容的引出线，宜互相平行，如图 2-18(a) 所示，也可画成集中

于一点的放射线，如图 2-18(b) 所示。

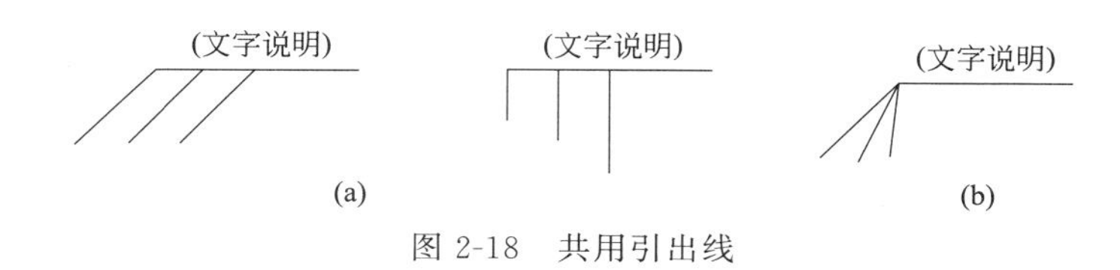

图 2-18　共用引出线

③ 多层构造或多层管道共用引出线，应通过被引出的各层。文字说明宜注写在水平线的上方，如图 2-19(a) 所示；或注写在水平线的端部，如图 2-19(b) 所示，说明的顺序应由上至下，并应与被说明的层次相互一致；如层次为横向排序，则由上至下的说明顺序应与从左至右的层次相互一致，如图 2-19(c)、图 2-19(d) 所示。

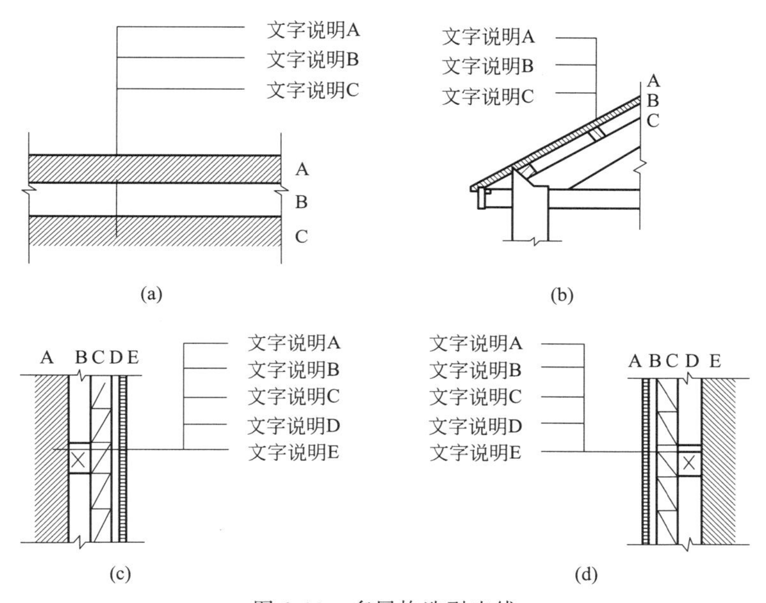

图 2-19　多层构造引出线

(4) 其他符号

① 对称符号由对称线和两端的两对平行线组成。对称线用细单点长划线绘制；平行线用细实线绘制，其长度宜为 6～10mm，每对的间距宜为 2～3mm；对称线垂直平分于两对平行线，两端超出平行线宜为 2～3mm，如图 2-20 所示。

② 连接符号应以折断线表示需连接的部位。两部位相距过远时，折断线两端靠图样一侧应注明大写拉丁字母表示连接编号。两个被连接的图样必须用相同的字母编号，如图 2-21 所示。

图 2-20　对称符号

③ 指北针的形状宜如图 2-22 所示，其圆的直径宜为 24mm，用细实线绘制；指针尾部的宽度宜为 3mm，指针头部应注“北”或“N”字。需用较大直径绘制指北针时，指针尾部宽度宜为直径的 1/8，图 2-22 为指北针的基本画法。指北针应绘制在建筑装饰装修平面图上，并放在明显位置，所指的方向应与建筑平面图一致。

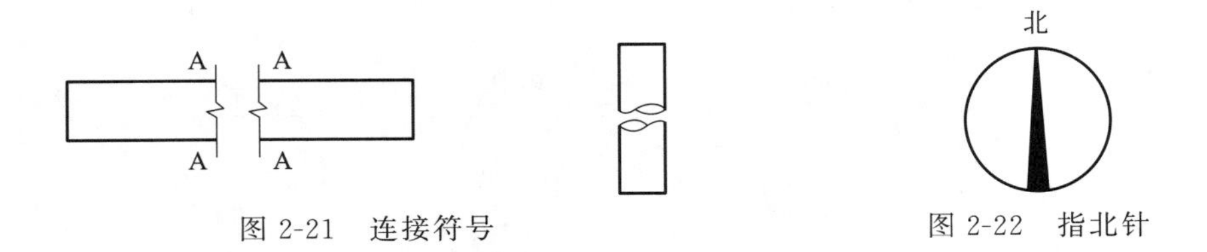

图 2-21　连接符号　　　　图 2-22　指北针

2.1.4.5　定位轴线

① 定位轴线是表示柱网、墙体位置的符号。

② 定位轴线一般应编号，编号应注写在轴线端部的圆内。圆应用细实线绘制，直径为8～10mm。定位轴线圆的圆心，应在定位轴线的延长线上或延长线的折线上。定位轴线应用细单点长划线绘制。

③ 平面图上定位轴线的编号，宜标注在图样的下方与左侧。横向编号应用阿拉伯数字，从左至右顺序编写，竖向编号应用大写拉丁字母，从下至上顺序编写，如图 2-23 所示。

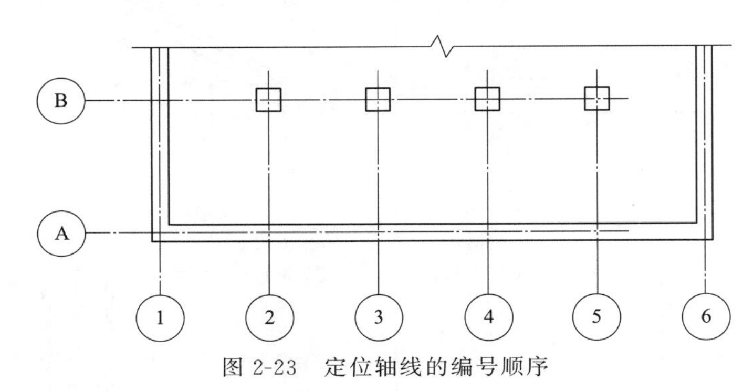

图 2-23　定位轴线的编号顺序

④ 拉丁字母的 I、O、Z 不得用做轴线编号。如字母数量不够使用，可增用双字母或单字母加数字注脚，如 AA、BA、……、YA 或 A1、B1、……、Y1。

⑤ 组合较复杂的平面图中定位轴线也可以采用分区编号，编号的注写形式应为“分区号-该分区编号”。分区号采用阿拉伯数字或大写拉丁字母表示，如图 2-24 所示。

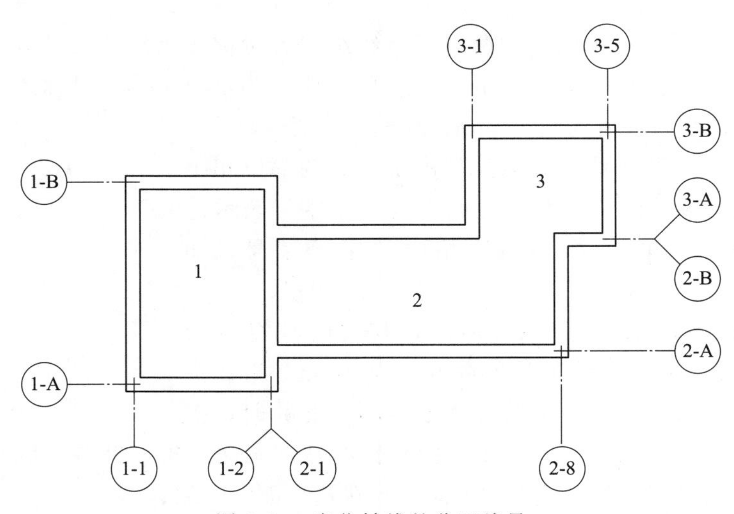

图 2-24　定位轴线的分区编号

⑥ 附加定位轴线的编号，应以分数形式表示，并应按下列规定编写。

a. 两根轴线间的附加轴线，应以分母表示前一轴线的编号，分子表示附加轴线的编号，编号宜用阿拉伯数字顺序编写，如图 2-25(a) 所示。

b. 1 号轴线或 A 号轴线之前的附加轴线的分母应以 01 或 0A 表示，如图 2-25(b) 所示。

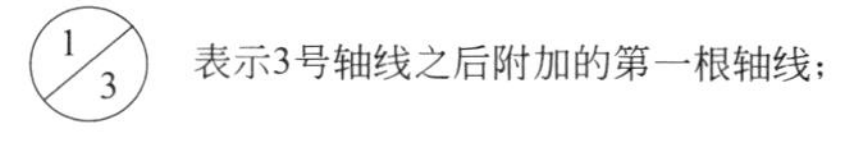

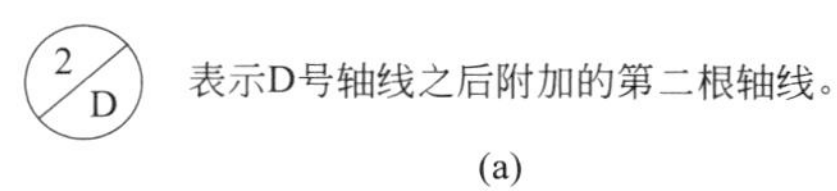

(a)

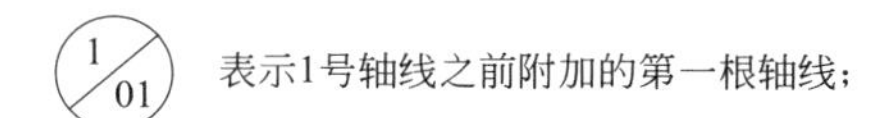

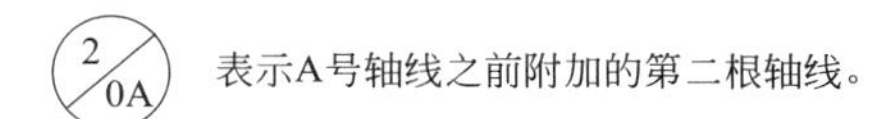

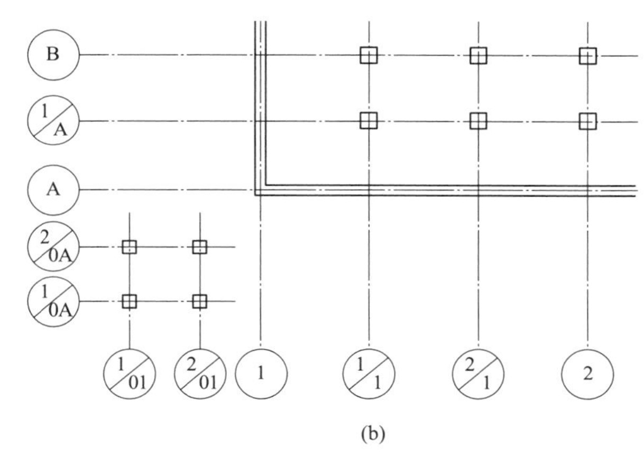

(b)

图 2-25　两根轴线间的附加轴线

⑦ 一个详图适用于几根轴线时，应同时注明各有关轴线的编号，如图 2-26 所示。

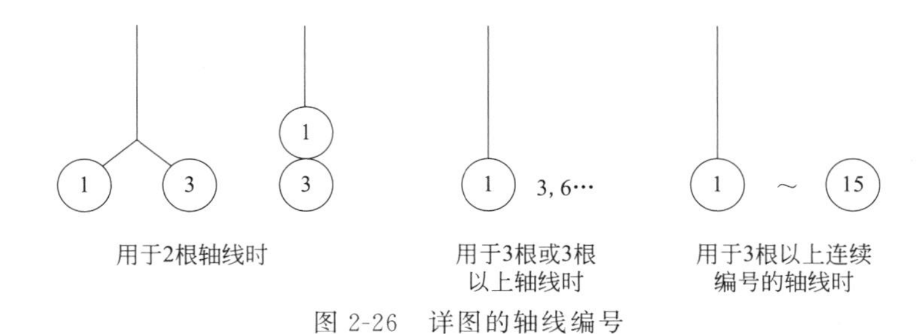

图 2-26　详图的轴线编号

⑧ 通用详图中的定位轴线，应只画圆，不注写轴线编号。

⑨ 圆形平面图中定位轴线的编号，其径向轴线宜用阿拉伯数字表示，从左下角开始，按逆时针顺序编写；其圆周轴线宜用大写拉丁字母表示，从外向内顺序编写，如图 2-27 所示。

⑩ 折线形平面图中定位轴线的编号可按图 2-28 所示的形式编写。

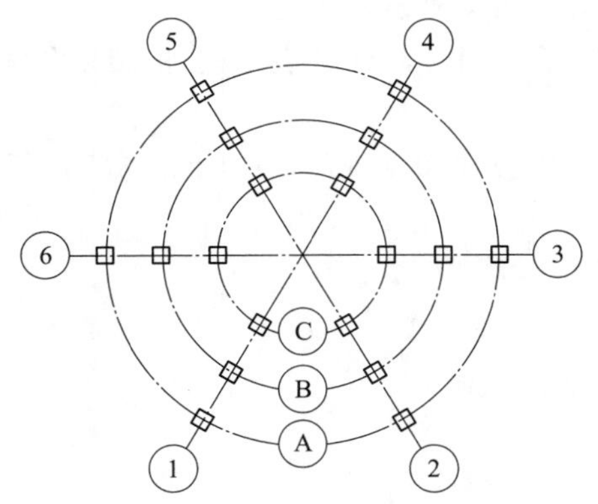

图 2-27　圆形平面定位轴线的编号

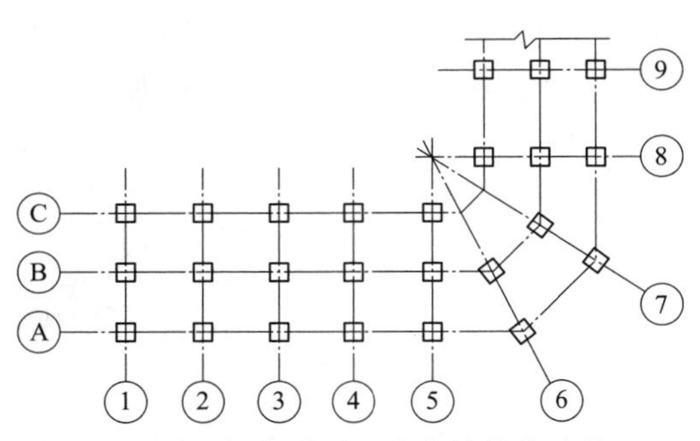

图 2-28　折线形平面定位轴线的编号

2.1.4.6　尺寸标注

(1) 尺寸界线、尺寸线及尺寸起止符号

① 图样上的尺寸，包括尺寸界线、尺寸线、尺寸起止符号和尺寸数字，如图 2-29 所示。

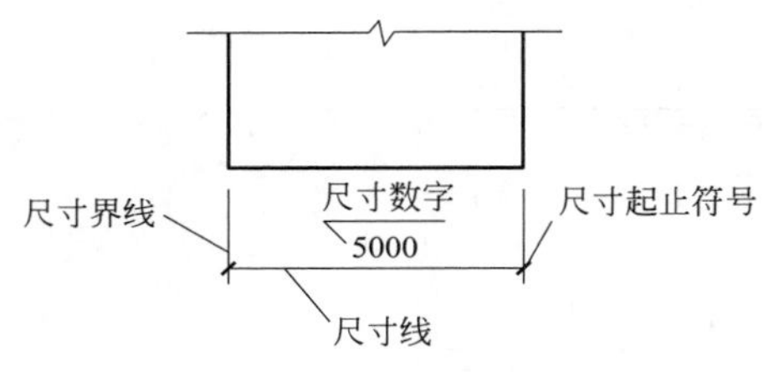

图 2-29　尺寸界线、尺寸线及尺寸起止符号和尺寸数字

② 尺寸界线应用细实线绘制，一般应与被注长度垂直，其一端应离开图样轮廓线不小于 2mm，另一端宜超出尺寸线 2～3mm。图样轮廓线可用作尺寸界线，如图 2-30 所示。

③ 尺寸线应用细实线绘制，应与被注长度平行。图样本身的任何图线均不得用作尺寸线。

④ 尺寸起止符号一般用中粗斜短线绘制，其倾斜方向应与尺寸界线成顺时针 45°角，长度宜为 2～3mm；也可用圆点绘制。半径、直径、角度及弧长的尺寸起止符号，宜用箭头表示，如图 2-31 所示。

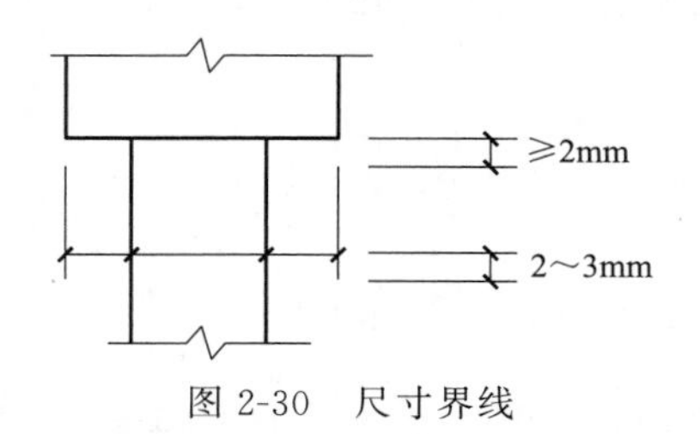

图 2-30　尺寸界线

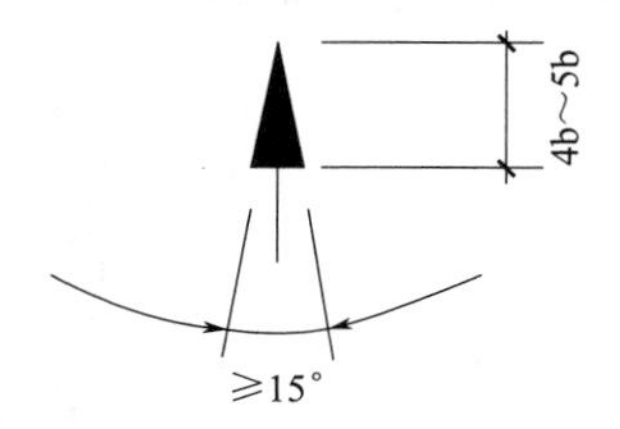

图 2-31　箭头尺寸起止符号

(2) 尺寸数字

① 图样上的尺寸，应以尺寸数字为准，不得从图上直接量取。

② 图样上的尺寸单位，除标高及总平面图以米为单位表示外，其他必须以毫米为单位表示。

③ 尺寸数字的方向，应按图 2-32(a) 所示的规定注写。若尺寸数字在 30°斜线区内，宜按图 2-32(b) 所示的形式注写。

④ 尺寸数字一般应依据其方向注写在靠近尺寸线的上方中部或尺寸线的中部。如没有

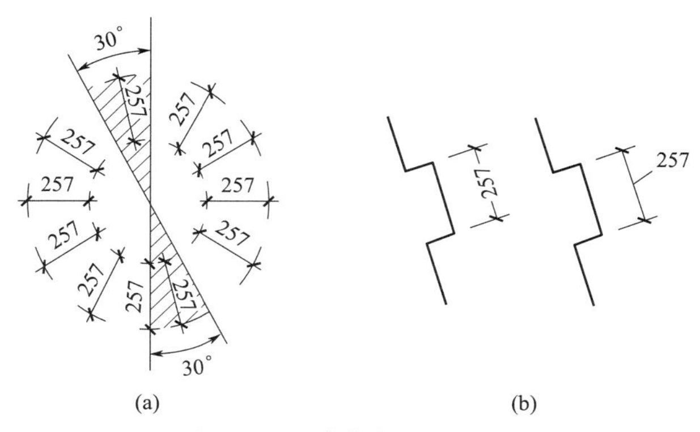

图 2-32 尺寸数字的注写方向

足够的注写位置，最外边的尺寸数字可注写在尺寸界线的外侧，中间相邻的尺寸数字可错开注写，如图 2-33 所示。

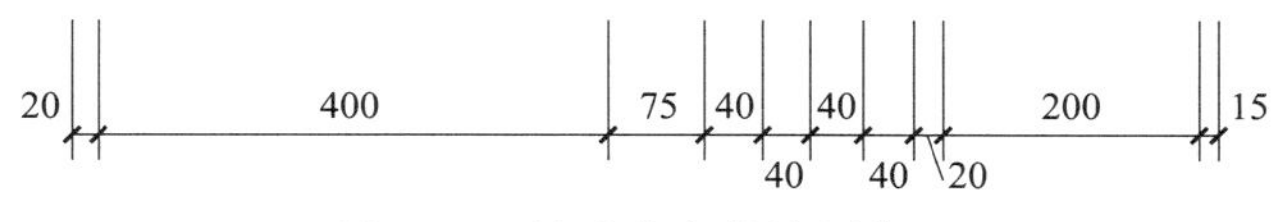

图 2-33 尺寸数字的注写位置

(3) 尺寸的排列与布置

① 尺寸宜标注在图样轮廓以外，不宜与图线、文字及符号等相交，如图 2-34 所示。

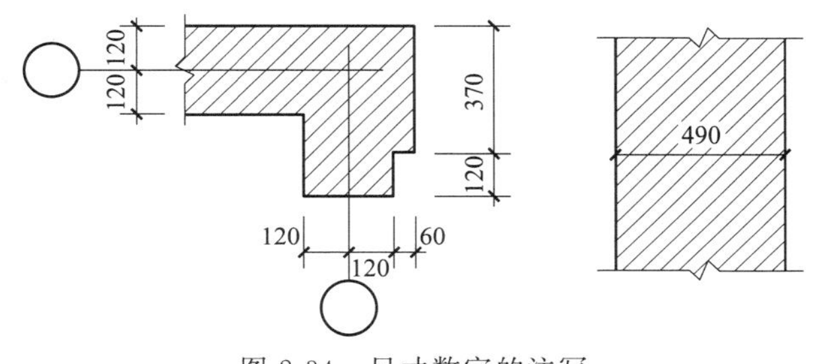

图 2-34 尺寸数字的注写

② 互相平行的尺寸线，应从被注写的图样轮廓线由近向远整齐排列，较小尺寸应离轮廓线较近，较大尺寸应离轮廓线较远。

③ 图样轮廓线以外的尺寸界线，距图样最外轮廓之间的距离，不宜小于 10mm。平行排列的尺寸线的间距，宜为 7～10mm，并应保持一致。

④ 总尺寸的尺寸界线应靠近所指部位，中间的分尺寸界线可稍短，但其长度应相等。

⑤ 尺寸分为总尺寸、定位尺寸、细部尺寸三种。绘图时，应根据设计深度和图纸用途确定所需注写的尺寸。

⑥ 建筑装饰装修平面图中楼地面、阳台、平台、窗台、地台、家具等处的高度尺寸及标高，宜按下列规定注写：

a. 平面图及其详图注写完成面标高；

b. 立面图、剖面图及其详图注写完成面标高及高度方向的尺寸；

c. 标注建筑装饰装修平面图各部位的定位尺寸时，注写与其最邻近的轴线间的尺寸；标注建筑装饰装修剖面各部位的定位尺寸时，注写其所在层次内的尺寸；

d. 建筑装饰装修图中连续等距重复的构配件等，当不易标明定位尺寸时，可在总尺寸的控制下，定位尺寸不用数值而用“均分”或“EQ”字样表示，如图 2-35 所示。

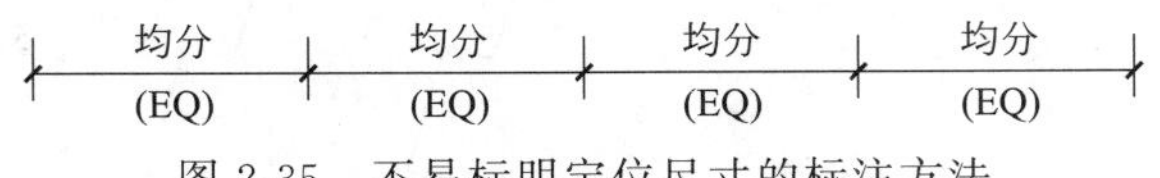

图 2-35　不易标明定位尺寸的标注方法

(4) 半径、直径、球的尺寸标注

① 半径的尺寸线应一端从圆心开始，另一端画箭头指向圆弧。半径数字前应加注半径符号“*R*”，如图 2-36 所示。

② 较小圆弧的半径，可按图 2-37 所示的形式标注。

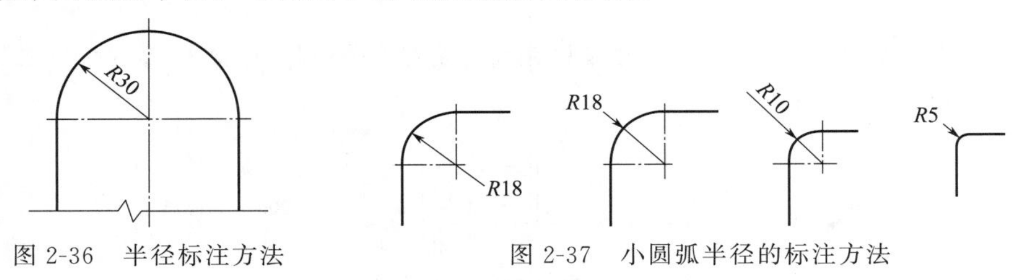

图 2-36　半径标注方法　　图 2-37　小圆弧半径的标注方法

③ 较大圆弧的半径，可按图 2-38 所示的形式标注。

④ 标注圆的直径尺寸时，直径数字前应加直径符号。因圆内标注的尺寸线应通过圆，两端画箭头指至圆弧，如图 2-39 所示。

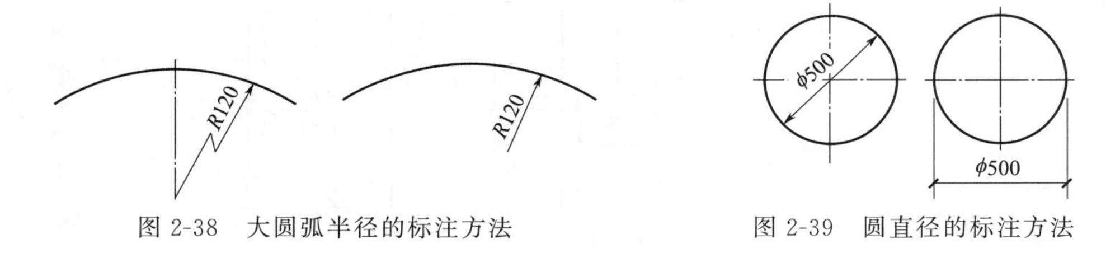

图 2-38　大圆弧半径的标注方法　　图 2-39　圆直径的标注方法

⑤ 较小圆的直径尺寸，可标注在圆外，如图 2-40 所示。

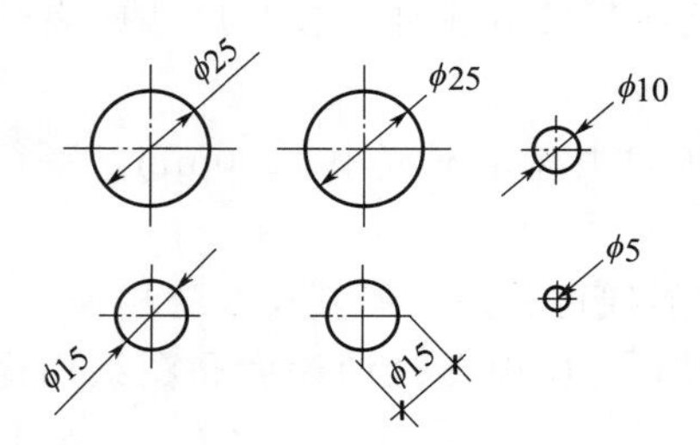

图 2-40　小圆直径的标注方法

⑥ 标注球的半径尺寸时，应在尺寸前加注符号“SR”。标注球的直径尺寸时，应在尺寸数字前加注符号“S”。注写方法与圆弧半径和圆直径的尺寸标注方法相同。

(5) 角度、弧度、弧长的标注

① 角度的尺寸线应以圆弧表示。该圆弧的圆心应是该角的顶角，角的两条边为尺寸界线。起止符号应以箭头表示，如没有足够位置画箭头，可用圆点代替，角度数字应按水平方向注写，如图 2-41 所示。

② 标注圆弧的弧长时，尺寸线应以与该圆弧同心的圆弧线表示，尺寸界线应垂直于该圆弧的弦，起止符号用箭头表示，弧长数字上方应加注圆弧符号“⌒”，如图 2-42 所示。

③ 标注圆弧的弦长时，尺寸线应以平行于该弦的直线表示，尺寸界线应垂直于该弦，

起止符号用中粗斜短线表示，如图 2-43 所示。

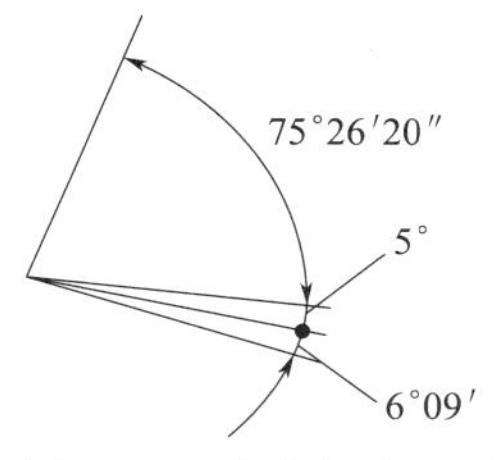

图 2-41　角度标注方法

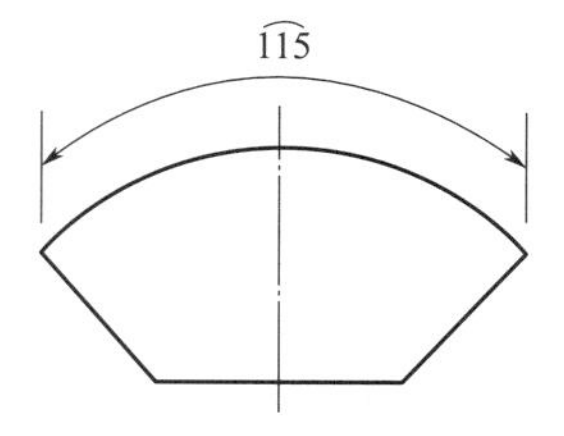

图 2-42　圆弧符号的标注

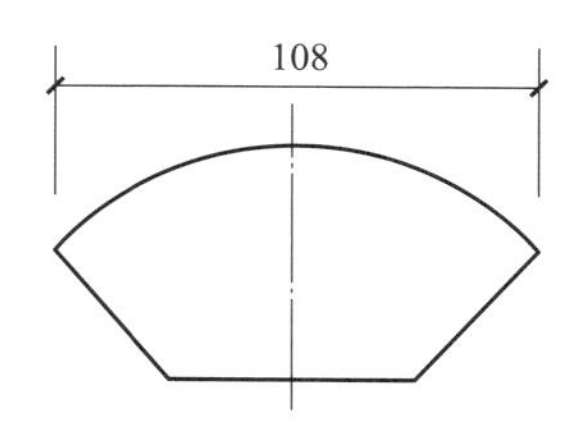

图 2-43　弦长标注方法

(6) 尺寸的简化标注

① 连续排列的等长尺寸可采用“间距数乘间距尺寸”的形式标注，如图 2-44 所示。

② 两个相似图形可仅绘制一个。未示出图形的尺寸数字可用括号表示，如图 2-44 所示。如有数个相似图形，当尺寸数值各不相同时，可用字母表示，其尺寸数值应在图中适当位置列表示出。

③ 倒角尺寸可按图 2-45(a) 标注，当倒角为 45°时，也可按图 2-45(b) 所示标注。

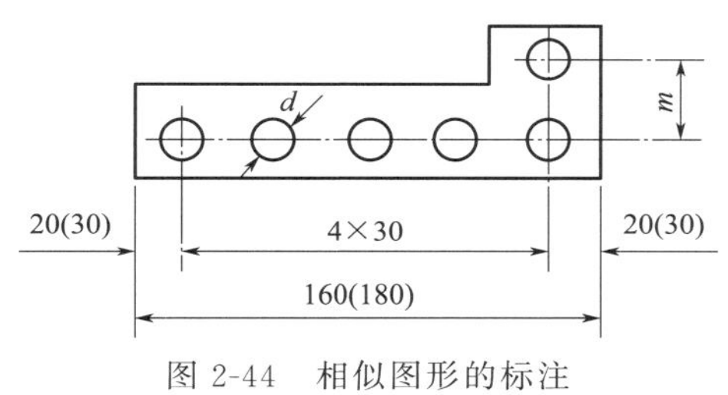

图 2-44　相似图形的标注

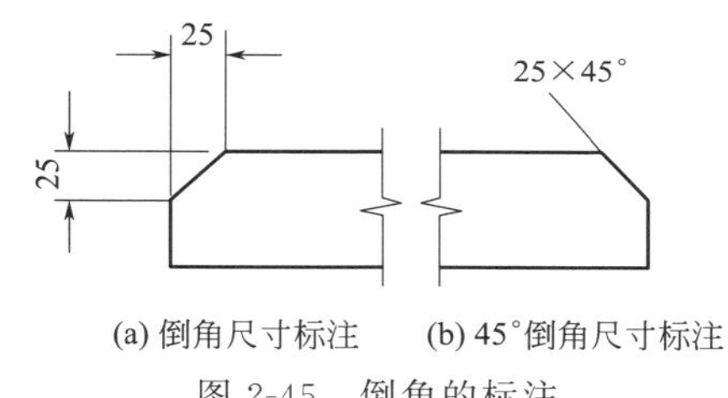

图 2-45　倒角的标注

④ 标高符号应采用细实线绘制的等腰三角形表示。顶角应指至被注的高度，顶角向上、向下均可。标高数字宜标注在三角形的右边。负标高应冠以“－”号，正标高（包括零标高）数字前不应冠以“＋”号。当图形复杂时，也可采用引出线形式标注，如图 2-46 所示。

⑤ 当坡度值较小时，坡度的标注宜用百分率表示，并应标注坡度符号。坡度符号应由细实线、单边箭头以及在其上标注百分数组成。坡度符号的箭头应指向下坡。当坡度值较大时，坡度的标注宜用比例的形式表示，例如 1∶n，如图 2-47 所示。

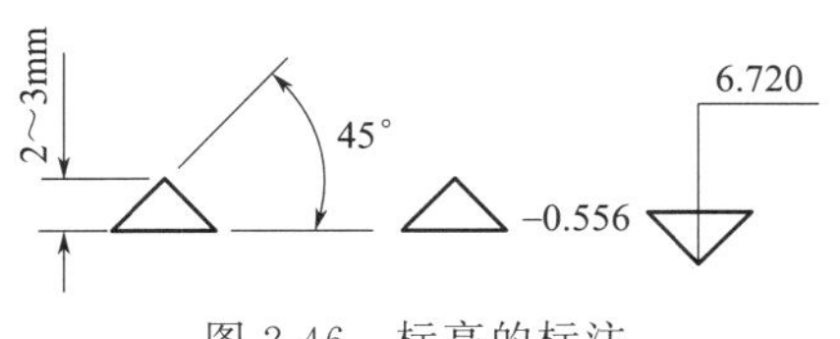

图 2-46　标高的标注

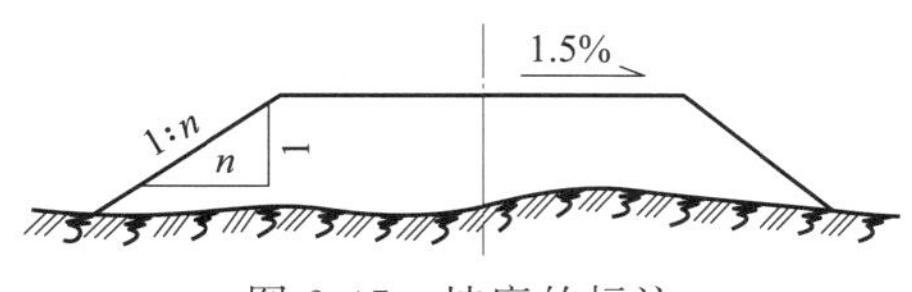

图 2-47　坡度的标注

⑥ 水位符号应由数条上长下短的细实线及标高符号组成。细实线间的间距宜为 1mm。如图 2-48 所示。

(7) 标高

① 在建筑装饰装修设计制图中，表示高度的符号称“标高”。

② 标高符号应以细实线绘制的直角等腰三角形表示，如图 2-49(a) 所示，如标注位置

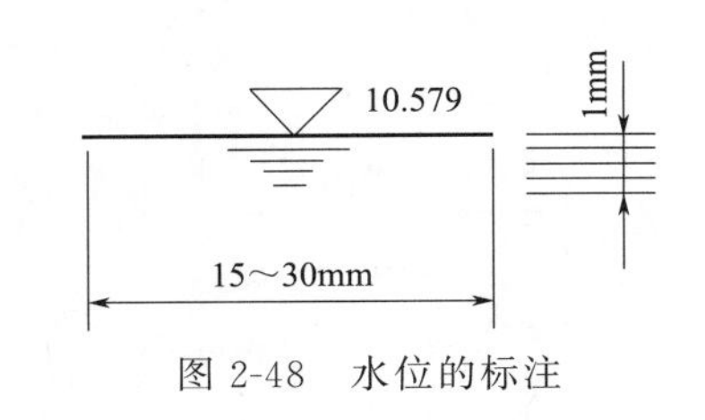

图 2-48　水位的标注

不够，也可按图 2-49（b）所示形式绘制。标高符号的具体画法如图 2-49(c)、图 2-49(d) 所示。

③ 在建筑装饰装修中宜取本楼层室内装饰地坪完成面为＋0.000。正数标高不注“＋”，负数标高应注“－”，例如 3.000、－0.600。

④ 在图样的同一位置需表示几个不同标高时，标高数字可按图 2-50 所示的形式注写。

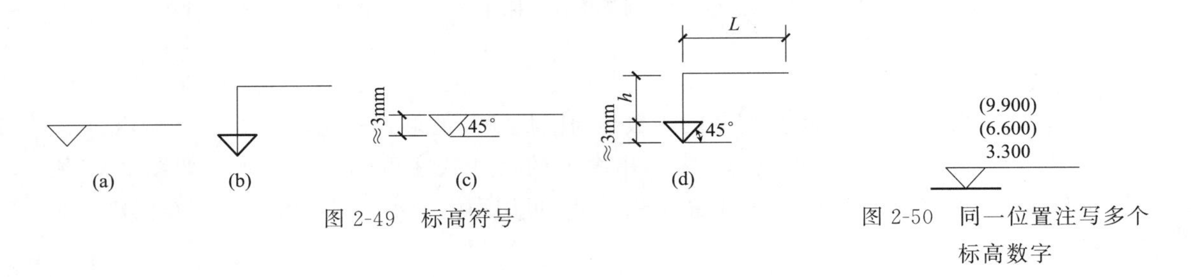

图 2-49　标高符号

图 2-50　同一位置注写多个标高数字

2.2　施工平面装饰图

2.2.1　总平面定位图

总平面定位图是按一般规定比例绘制，表示建筑物、构筑物的方位、间距以及道路网、绿化、竖向布置和基地临界情况等；表示整个建筑基地的总体布局，具体表达新建房屋的位置、朝向以及周围环境（原有建筑、交通道路、绿化、地形等）基本情况的图样。本工程 A28＃楼总平面定位图，如图 2-51 所示。

2.2.1.1　图样的比例、图例以及文字说明

该图所用比例为 1∶500，如图 2-52 所示。图 2-51 中用阴影部分画出了新建建筑的外轮廓。用实线画出了已建建筑，用虚线画出规划建筑。

2.2.1.2　新建建筑的位置和朝向等

新建建筑的位置可根据原有建筑定位，由图可知，该建筑与已建建筑 27 号楼相连，与拟建建筑 29 号楼相邻。室内标高±0.00，相当于绝对标高 100m，室外地坪标高 99.7m，建筑总长 56.68m，总宽 14.9m。

2.2.2　楼地面（地面）装饰图

扫码看视频

楼地面装饰识图

楼地面是指建筑物首层、地下层及各楼层的总称，是围合室内空间的基面，通过其基面、边界限定了空间的平面范围，是日常生活、工作、学习中接触最频繁的部位，也是建筑物直接承受荷载，经常受撞击、摩擦、洗刷的部位。

2.2.2.1　楼地面装饰图的图示内容

① 楼地面装饰图的基本内容。

② 室内楼地面材料选用、颜色与分格尺寸以及地面标高等。

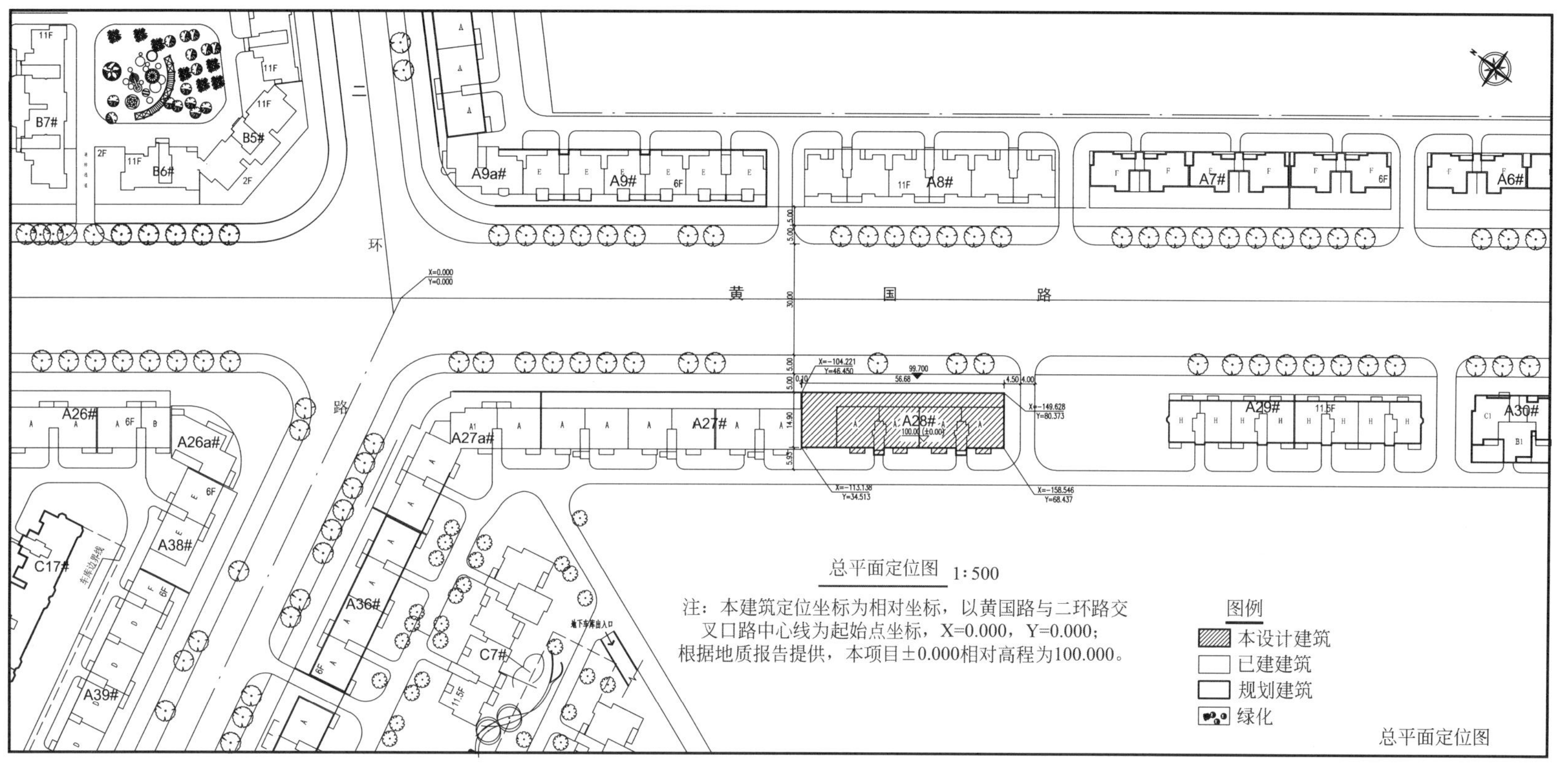

图 2-51 A28＃楼总平面定位图

总平面定位图 1:500

注：本建筑定位坐标为相对坐标，以黄国路与二环路交叉口路中心线为起始点坐标，X=0.000，Y=0.000；
根据地质报告提供，本项目±0.000相对高程为100.000。

图 2-52 图比例

③ 楼地面拼花造型。

④ 索引符号、图名以及必要的说明。

2.2.2.2 A28# 楼的楼地面（地面）装饰图的识图内容

本工程 A28＃楼的三层楼地面（地面）装饰图，如图 2-53 所示。

(1) 图名、比例、标高

图名为 A28＃楼三层楼地面（地面）装饰图；比例为 1∶100；标高为 7.300m；建筑面积为 527.96m²，如图 2-54 所示。

(2) 轴线

图中横向轴线为①～㉔，纵向轴线为Ⓐ～Ⓖ。轴线总长为 56680mm，总宽为 15600mm。

(3) 楼地面构造

A28＃楼的楼地面（地面）构造图，如图 2-55 所示。

① 基层承受面层传来的荷载，因此，要求基层应坚固、稳定。

② 垫层是承受和传递面层荷载的结构层，分刚性和柔性两类。

③ 面层是楼地面的最上层，是供人们生活、生产或工作直接接触的结构层次，也是地面承受各种物理化学作用的表面层。根据不同的使用要求，面层的构造各不相同，但都应具有一定的强度、耐久性、舒适性及装饰性。无论何种构造的面层都应具有耐磨、不起尘、平整、防水、有一定弹性和吸热少的性能。

④ 楼面的结构层是楼板。

(4) 楼地面（地面）室内装修做法

A28＃楼的楼地面（地面）室内装修做法如表 2-7 所示。

表 2-7 室内装修做法表

名称		索引	应用部位	备注
楼面	水泥砂浆楼面	12YJ1 楼 101	楼梯间	
	陶瓷地砖防水楼面	12YJ1 楼 201	卫生间	面层拉毛
	水泥砂浆楼面	12YJ1 楼 101	除以上外的所有房间及阁楼层通道	面层拉毛
地面	水泥砂浆地面	12YJ1 地 101	楼梯间	
	陶瓷地砖防水地面	12YJ1 地 201	卫生间	面层拉毛
	水泥砂浆地面	12YJ1 地 201	除以上外的所有房间	面层拉毛

① 由表 2-7 可以看出，水泥砂浆楼（地）面均用于楼梯间；陶瓷地砖防水楼（地）面均用于卫生间；水泥砂浆楼面用于除楼梯间及卫生间以外的所有房间及阁楼层通道；水泥砂浆地面用于除楼梯间及卫生间以外的所有房间。

② 陶瓷地砖防水楼（地）面和水泥砂浆楼（地）面均面层拉毛。

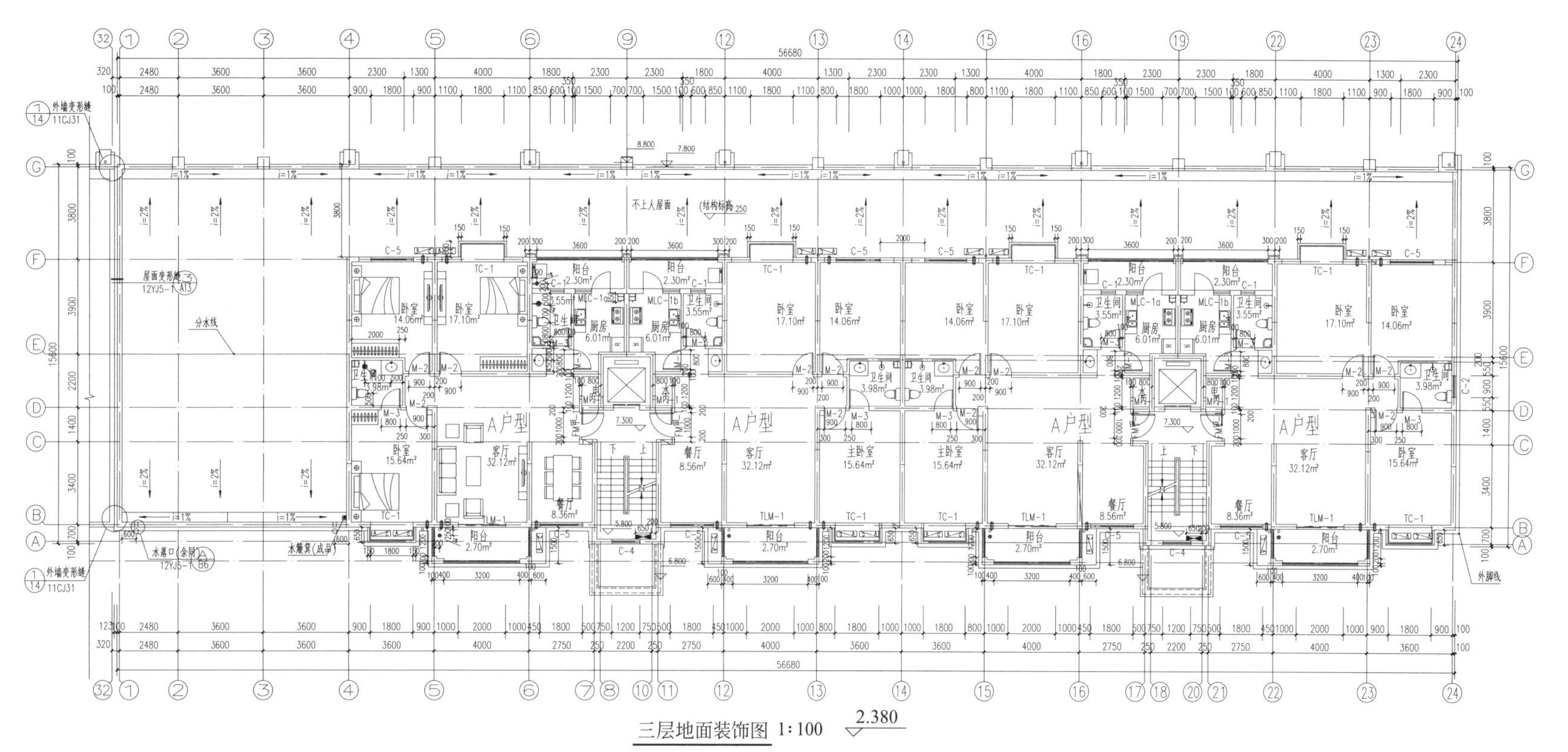

图 2-53　A28#楼三层楼地面（地面）装饰图

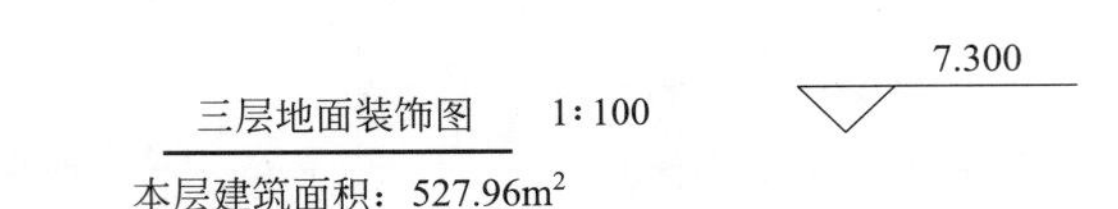

图 2-54 三层楼地面（地面）装饰图的图名、比例、标高

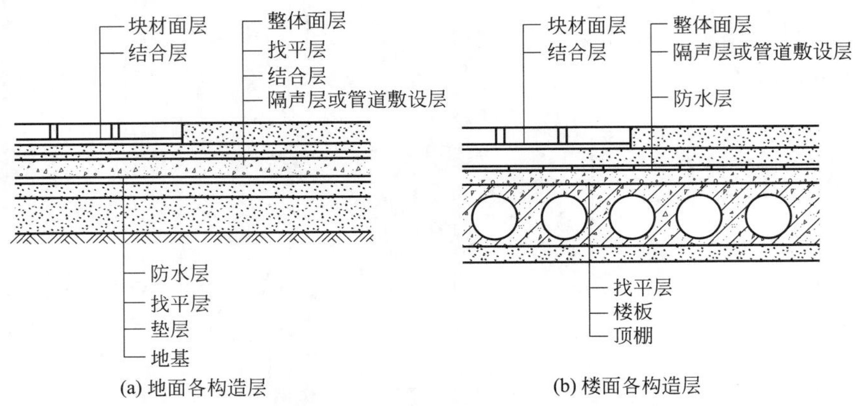

图 2-55 A28＃楼的楼地面（地面）构造图

2.2.3 平面装饰布置图

平面装饰布置图识图

平面装饰布置图是指在装饰工程中对整个三维空间中对底面的一种方案以图解形式表达出来的图纸。也可以理解为：相对平面在图纸上的一个剖切投影，它应包括建筑物、功能分区、设备等。

2.2.3.1 平面装饰布置图的图示内容

① 建筑平面图的基本内容，如：墙柱与定位轴线、房间布局与名称、门窗位置及编号、门的开启方向等。

② 室内楼（地）面标高。

③ 室内固定家具、活动家具、家用电器等的位置。

④ 装饰陈设、绿化美化等位置及图例符号。

⑤ 室内立面图的内视投影符号（按顺时针从上至下在圆圈中编号）。

⑥ 室内现场制作家具的定型、定位尺寸。

⑦ 房屋外围尺寸及轴线编号等。

⑧ 索引符号、图名及必要的说明等。

2.2.3.2 平面装饰布置图的识读

① 先浏览平面装饰布置图中各房间的功能布局、图样比例等，了解图中基本内容。

② 注意各功能区域的平面尺寸、地面标高、家具及陈设等的布局。

③ 理解平面装饰布置图中的内视符号。

④ 识读平面装饰布置图中的详细尺寸。

2.2.3.3 A28# 楼平面装饰布置图的识图内容

本工程 A28＃楼四～十层平面装饰布置图，如图 2-56 所示。

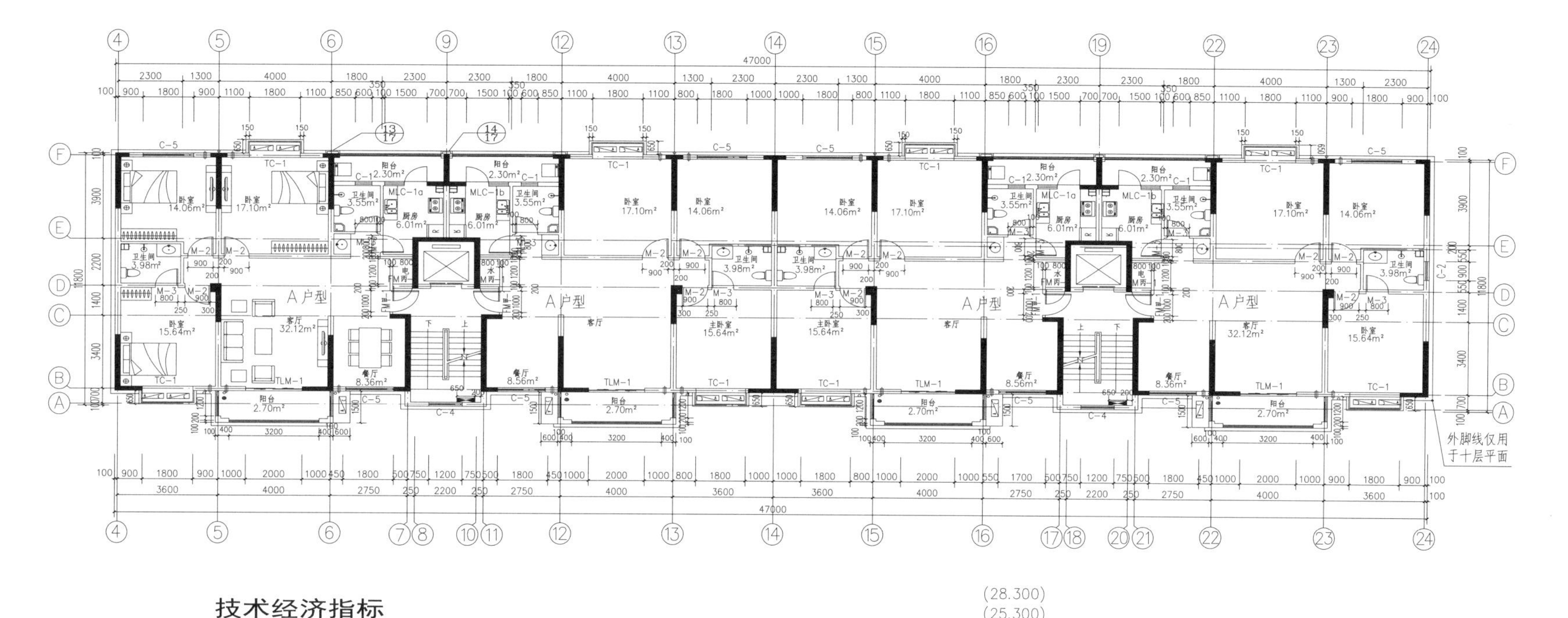

技术经济指标

套型编号	A户型
套型户型	三室两厅一卫
套内使用面积	100.82m²
套型阳台面积	5.00m²(1/2阳台面积)
套型总建筑面积	139.43m²
标准层总使用面积	403.28m²(不含阳台)
标准层总建筑面积	527.96m²(1/2阳台面积)
计算比值	0.75

(28.300)
(25.300)
(22.300)
(19.300)
(16.300)
(13.300)
10.300

四～十层平面装饰布置图 1:100

本层建筑面积：527.96m²

楼梯大样图详建施－15、16

厨卫大样图，阳台大样图详建施－16

客厅空调中心线洞距地300mm，距最近墙边200mm

卧室空调中心线洞距地2200mm，距最近墙边200mm

注：消火栓栓口距完成地面1.10米。

图2-56 A28#楼四～十层平面装饰布置图

（1）图名、比例、标高

图名为四～十层平面装饰布置图；比例为 1：100；标高依次为 10.300m、13.300m、16.300m、19.300m、22.300m、25.300m、28.300m；每层建筑面积为 527.96m^2，如图 2-57 所示。

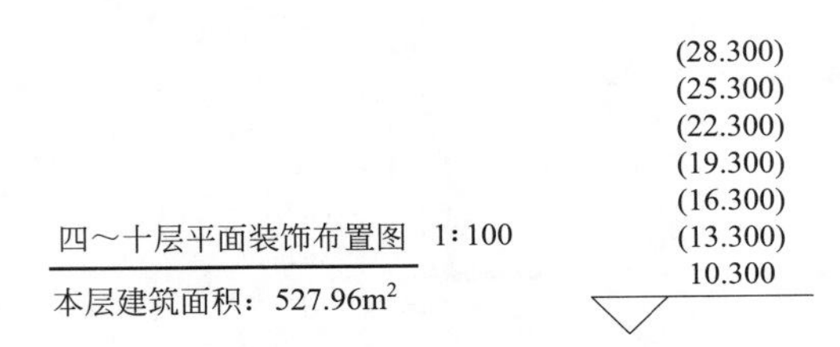

图 2-57　四～十层平面装饰布置图的图名、比例、标高

（2）轴线

图 2-56 中横向轴线为④～㉔，纵向轴线为Ⓐ～Ⓕ。轴线总长为 47000mm，总宽为 11800mm。

（3）A 户型图识读

四～十层的 A 户型图如图 2-58 所示。

① 从图 2-58 中可以看出，该户型为一梯两户，三室两厅两卫，方向朝南。每户设置有三个卧室（其中一个带独立卫生间）、一个客厅、一个餐厅、两个卫生间、公共电梯及楼梯。

② 图 2-58 左户的西北向卧室面积为 14.06m^2，室内设有一张床、两个床头柜、一套衣柜、一台电视机。东北向卧室面积为 17.10m^2，室内设有一张床、两个床头柜、一套衣柜、一台电视机。西南向卧室面积为 15.64m^2，室内设有一张床、两个床头柜、一套衣柜，室外设有空调外机；独立卫生间的面积为 3.98m^2，设有马桶、淋浴、洗手台、洗涤池。客厅面积为 32.12m^2，设有一套沙发、一台茶几、一台电视机。客厅连接阳台，阳台面积为 2.70m^2，地面设有漏水孔。餐厅面积为 8.36m^2，设有餐桌和餐椅。卫生间的面积为 3.55m^2，设有马桶、淋浴、洗手台、洗涤池。厨房的面积为 6.01m^2，设有燃气灶、洗菜池、置物柜。

2.2.4 天花板（顶棚）装饰图

天花板（顶棚）是表示建筑物室内顶部表面的地方。在室内设计中，天花板可以通过写画、油漆美化室内环境及安装吊灯、光管、吊扇、开天窗、装空调，具有改变室内照明及空气流通的效用。本工程 A28＃楼的天花板（顶棚）装饰图，如图 2-59 所示。

2.2.4.1 图示内容

① 建筑平面及门窗洞口。

② 室内（外）顶棚的造型、尺寸、做法和说明。

③ 室内（外）顶棚灯具符号及具体位置。

④ 室内各种顶棚的完成面标高。

⑤ 与顶棚相接的家具、设备的位置及尺寸。

⑥ 窗帘及窗帘盒、窗帘帷幕板等。

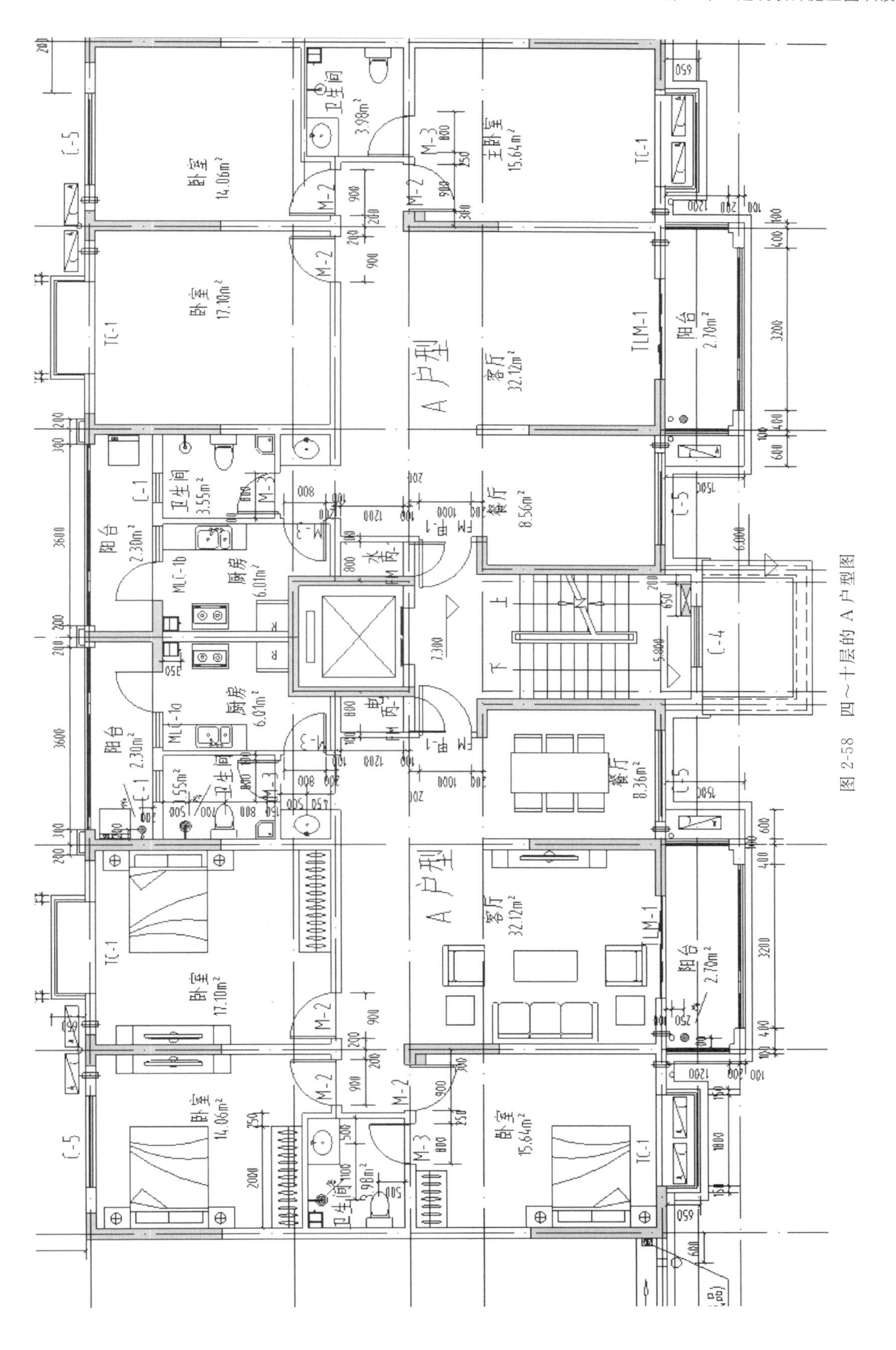

图2-58　四～十层的A户型图

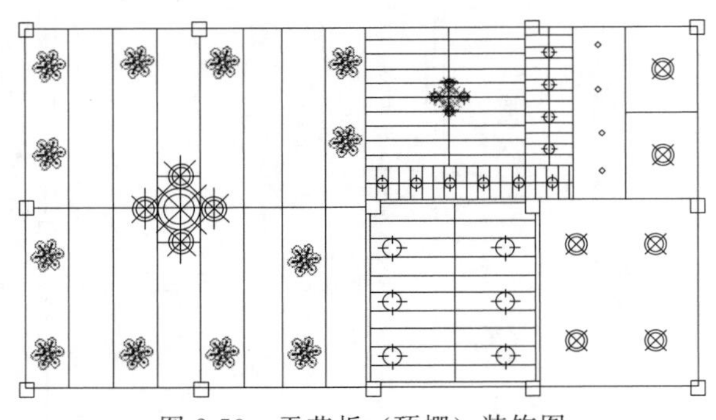

图 2-59　天花板（顶棚）装饰图

⑦ 空调风口位置、消防自动报警系统及与吊顶有关的音频、视频设备的平面布置形式及安装位置。

⑧ 图外标注开间、进深、总长、总宽等尺寸。

⑨ 索引符号、说明文字、图名及比例等。

2.2.4.2　装饰图识读

① 在识读顶棚装饰图前，应了解顶棚所在房间平面布置图的基本情况。

② 识读顶棚造型、灯具布置及其底面标高；顶棚造型是顶棚设计中的重要内容；顶棚有直接顶棚和悬吊顶棚（简称吊顶）两种，吊顶又分叠级吊顶和平吊顶两种形式。

③ 明确顶棚尺寸、做法。本工程中顶棚的装饰做法表如表 2-8 所示，由表 2-8 可以看出卫生间的顶棚采用的材料为水泥砂浆，面层拉毛；除了卫生间外所有的顶棚采用的材料为混合砂浆，楼梯间刷乳胶漆，其余面层拉毛。

表 2-8　顶棚的装饰做法

名称		索引	应用部位	备注
顶棚	水泥砂浆顶棚	12YJ1　顶 6	卫生间	面层拉毛
	混合砂浆顶棚	12YJ1　顶 5	除以上外所有顶棚	楼梯间刷乳胶漆,其余面层拉毛

④ 注意图中各窗口有无窗帘及窗帘盒做法，明确其尺寸。

⑤ 识读图中有无与顶棚相接的吊柜、壁柜等家具。

⑥ 识读顶棚平面图中有无顶角线做法。

⑦ 注意室外阳台、雨篷等处的吊顶做法与标高。

扫码看视频

室外装修识图

2.3　建筑立面装饰图

2.3.1　室外装饰

建筑立面室外装饰就是室外装修，即是指房屋室外的装饰，室外装饰工程主要是外墙体装饰，通常用石材、铝塑板、玻璃或外墙涂料根据设计的不同要求施工。本工程 A28＃楼的室外建筑立面装饰图如图 2-60 所示。

图 2-60 A28#楼的室外建筑立面装饰图

识图内容如下。

（1）图名、比例、标高

图名为①～㉔立面装饰图；比例为 1∶120；室外标高－0.300m，建筑总标高为 41.230m。

（2）轴线

图 2-60 中横向轴线为①～㉔，纵向轴线为Ⓐ～Ⓖ。

（3）外墙装饰识图

外墙装饰图例如图 2-61 所示。

① 由图例可以看出，外墙 1 的装饰采用干挂花岗石墙面，颜色为淡黄色。外墙 2 采用外墙面砖，颜色为砖红色。外墙 3 采用的涂料为土黄色。外墙 4 的涂料采用的是浅灰色。其中一二层外墙面使用花岗岩外墙面，保温层厚度为 50mm；三层及以上外墙面、阳台线脚、空调板及飘窗上下板使用涂料涂刷，保温层厚度为 50mm；除以上墙面外的所有外墙面使用面砖外墙面，保温层厚度为 50mm。

② 雨篷如图 2-62 所示。

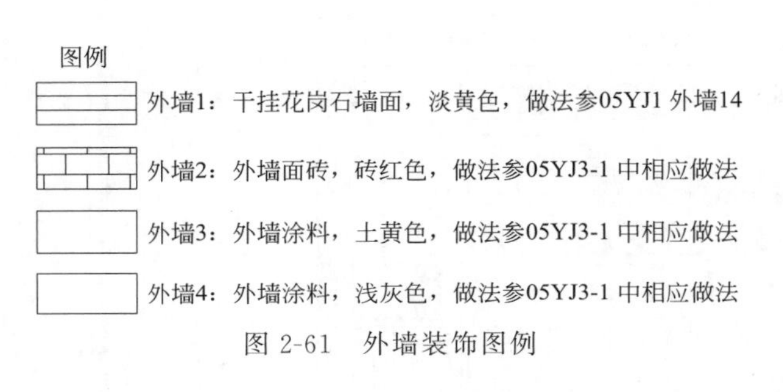

图 2-61 外墙装饰图例

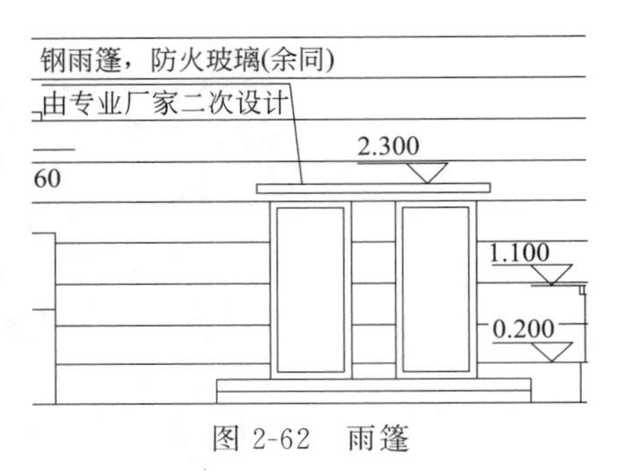

图 2-62 雨篷

由图 2-62 中可以看出，本工程采用钢雨篷，标高为 2.3m，材质为防火玻璃，余同。

③ 二层公共建筑外窗和三层及以上居住建筑外窗如图 2-63 所示。

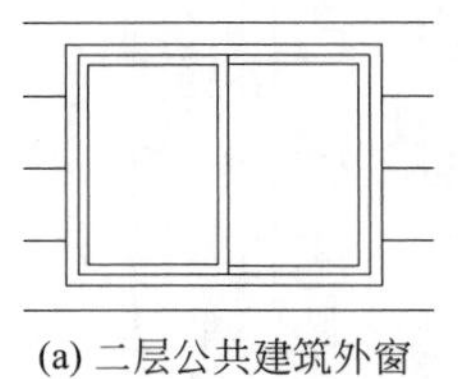

(a) 二层公共建筑外窗

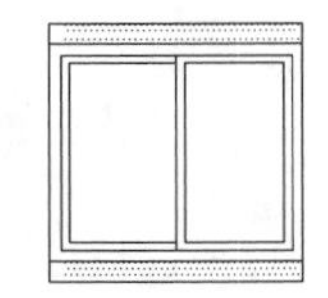

(b) 三层及以上居住建筑外窗

图 2-63 建筑外窗

本工程二层公共建筑外窗和三层及以上居住建筑外窗的平面形式为条式，窗型为单框中空。

2.3.2 室内装饰

室内装饰依附于建筑实体，如空间造型、绿化、装饰、壁画、灯光照明以及各种建筑设施的艺术处理等，统称为室内装修。室内装饰可以改善空间，即再次通过装修，对室内空间进行美化和修饰。

2.3.2.1 室内装饰的识读

① 首先确定要读的室内立面图所在房间位置，按房间顺序识读室内立面图。

② 在平面布置图中按照内视符号的指向，从中选择要读的室内立面图。

③ 在平面布置图中明确该墙面位置有哪些固定家具和室内陈设等，并注意其定形、定位尺寸，做到对所读墙（柱）面布置的家具、陈设等有一个基本的了解。

④ 浏览选定的室内立面图，了解所读立面的装饰形式及其变化。

⑤ 详细识读室内立面图，注意墙面装饰造型及装饰面的尺寸、范围、选材、颜色及相应做法。

⑥ 查看立面标高、其他细部尺寸、索引符号等。

2.3.2.2　某住宅室内电视立面装饰图识读

① 图名为 A28＃楼某住宅室内电视立面装饰图，如图 2-64 所示。

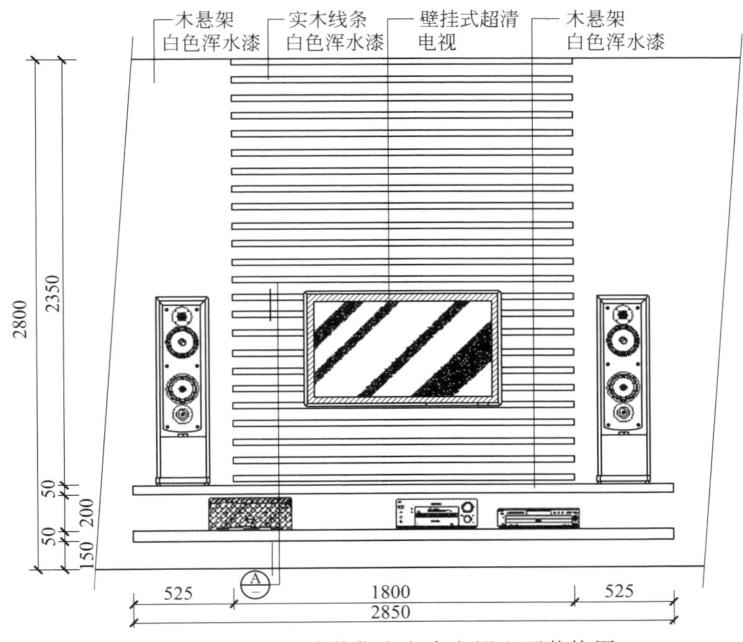

图 2-64　A28＃楼某住宅室内电视立面装饰图

② 由图 2-64 中可以看出，电视放置类型为壁挂式，电视两边均有一个音响；电视机柜放置有 DVD、投影仪、置物箱。

③ 电视墙壁的基层为木基层，表面采用白色浑水漆涂刷；墙面实木线条同样采用白色浑水漆涂刷。

④ 图 2-64 中墙面实木线条的长度为 1800mm，宽度为 2350mm；电视柜的长度为 2850mm。

2.3.2.3　某住宅室内儿童衣柜立面装饰图识读

① 图名为 A28＃楼某住宅室内儿童衣柜立面装饰图，如图 2-65 所示。

② 由图 2-65 中可以看出，图 2-65(a) 为儿童房衣柜立面图，图 2-65(b) 为儿童房衣柜内樘图。

③ 图 2-65(a) 中衣柜上方摆放有儿童玩具，中间衣柜门安装有一面镜子、衣柜上部柜框表面采用黑胡桃饰面、衣柜隔板采用木质材料、衣柜门使用中纤板喷漆、衣柜把手采用不锈钢拉手、衣柜抽屉类型为轨道抽屉；图 2-65(b) 中内樘有不锈钢挂衣杆、木制隔板，隔板上方摆放有衣物和玩具。

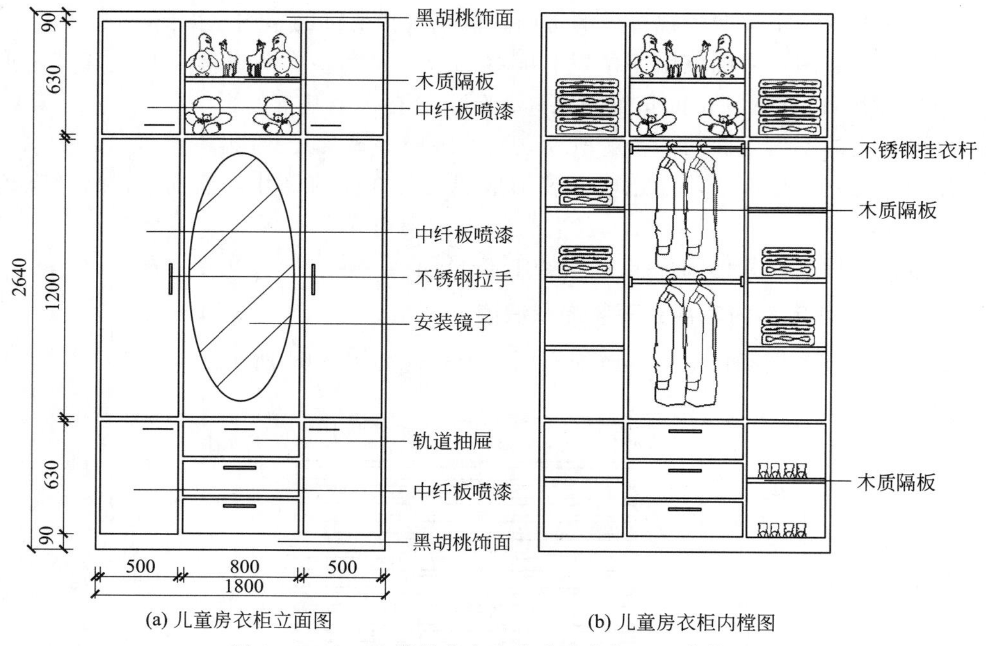

图 2-65　A28＃楼某住宅室内儿童衣柜立面装饰图

2.3.2.4　某室内楼梯装饰剖面图识读

（1）图名为 A28＃楼某层楼梯的 b—b 剖面图，比例为 1∶50，轴线为Ⓑ～Ⓒ，如图 2-66 所示。

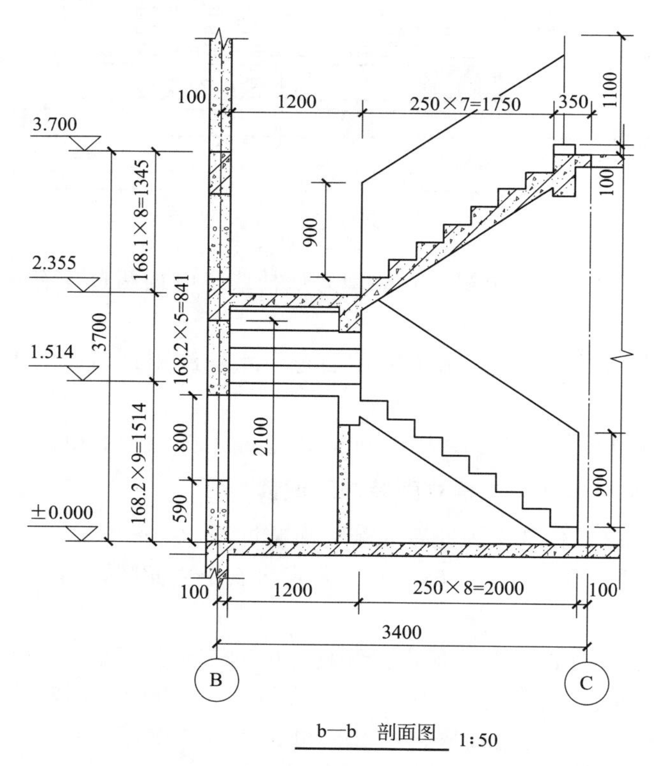

图 2-66　A28＃楼某层楼梯的 b—b 剖面图

（2）由图 2-66 可以看出，该楼梯为双跑楼梯，楼梯整体宽度为 3400mm，标高为 3.700m，楼梯栏杆为 900mm，楼梯踏步宽度为 250mm。

（3）按照室内装修做法表，楼梯间内墙的涂刷采用白色的乳胶漆；楼梯铁栏杆采用银灰色的调和漆；楼梯扶手采用咖啡色的清漆。室内楼梯装修做法表如表 2-9 所示。

表 2-9 室内楼梯装修做法表

名称		索引		应用部位	备注
漆	调和漆	12YJ1	涂 202	所有外露铁件	见说明
	清漆	12YJ1	涂 104	楼梯扶手	咖啡色
	调和漆	12YJ1	涂 101	木门	米黄色
	调和漆	12YJ1	涂 202	楼梯铁栏杆	银灰色
	乳胶漆	12YJ1	涂 304	楼梯间内墙	白色

2.4 建筑装饰剖面图

2.4.1 建筑装饰剖面图的基本内容

建筑装饰剖面图包括以下基本内容。

① 表明建筑装饰剖面基本结构和剖切空间的基本形状，并注出所需的建筑主体结构的有关尺寸和标高。

② 表示装饰面和装饰形体本身的结构形式、材料情况及主要支承构件的相互关系。

③ 表明装饰结构和装饰面上的设备安装方式或固定方法。

④ 表明装饰结构与建筑主体结构之间的衔接尺寸与连接方式。

⑤ 表示室内底层地面、地坑、地沟、各层楼面、顶棚，屋顶（包括檐口、女儿墙、隔热层或保温层、天窗、烟囱、水池等）、门、窗、楼梯、阳台、雨篷、预留洞、墙裙、踢脚板、防潮层、室外地面、散水、排水沟及其他装修等剖切到或能见到的内容。

⑥ 表示建筑室内的空间造型、绿化、装饰、壁画、灯光照明以及家具、灯具、装饰织物、家用电器、日用器皿、卫生洁具、炊具、文具和各种陈设品的摆放位置。

⑦ 表示某些构件、配件局部的详细尺寸、做法及施工要求。

2.4.2 建筑装饰剖面图的识读要点

本工程建筑装饰 1—1 剖面图、2—2 剖面图，如图 2-67 所示。

① 从图 2-67 中可以看出该工程墙、柱的具体位置，以及定位轴线的标注。图 2-67 中 1—1 剖面图和 2—2 剖面图的定位轴线为Ⓖ～Ⓐ。

② 由图 2-67 中可以看出室内各层楼面及地下室、顶棚、屋顶（包括檐口、隔热层或保温层、老虎窗等）、门、窗、楼梯、阳台、雨篷、预留洞、室外地面等其他构件的位置、尺寸和标高。例如地下室的净高为 2700mm＋150mm＝2850mm；第 11 层的雨篷采用木构架，材质为夹胶钢化玻璃。

③ 由 2—2 剖面图可以看出各层楼梯的分布情况，每层的梯段高度为 3000mm，楼层的总体标高为 41.210m。

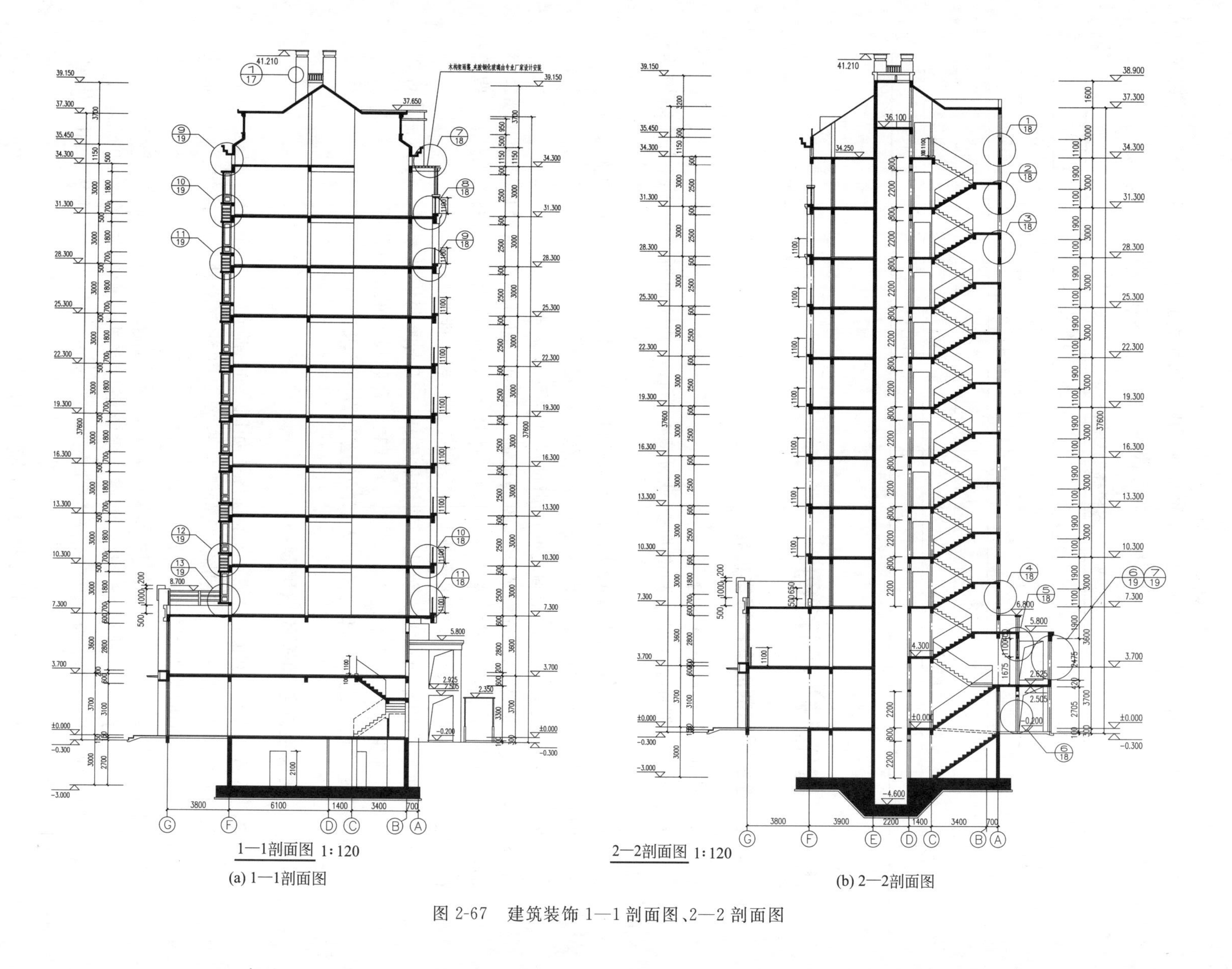

图 2-67 建筑装饰 1—1 剖面图、2—2 剖面图

2.5　局部装饰放大图

2.5.1　餐厅、沙发整体背景大样图

2.5.1.1　餐厅整体背景大样图

A28#楼的某室内餐厅整体背景大样图如图 2-68 所示。

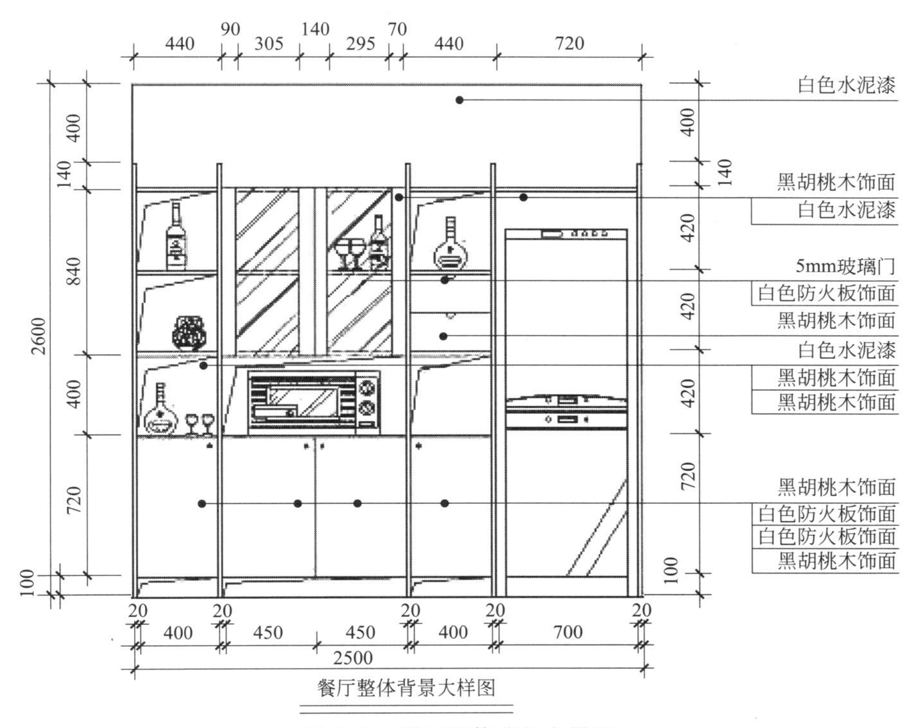

图 2-68　餐厅整体背景大样图

识图内容如下。

(1) 图名、尺寸

图名为餐厅整体背景大样图；该餐厅整体背景的宽为 2500mm，高为 2600mm。

(2) 餐厅整体背景大样图识图

① 由图 2-68 中可以看出，该餐厅的陈列柜上装饰有红酒、高脚杯、花瓶、微波炉等物品。

② 陈列柜的上方墙面采用白色水泥漆涂刷；高脚杯后方墙体采用黑胡桃木饰面，高脚杯前方采用 5mm 厚玻璃门；陈列柜的下方分别采用黑胡桃木饰面和白色防火板饰面。

2.5.1.2　沙发整体背景大样图

A28#楼的某室内沙发整体背景大样图如图 2-69 所示。

识图内容如下。

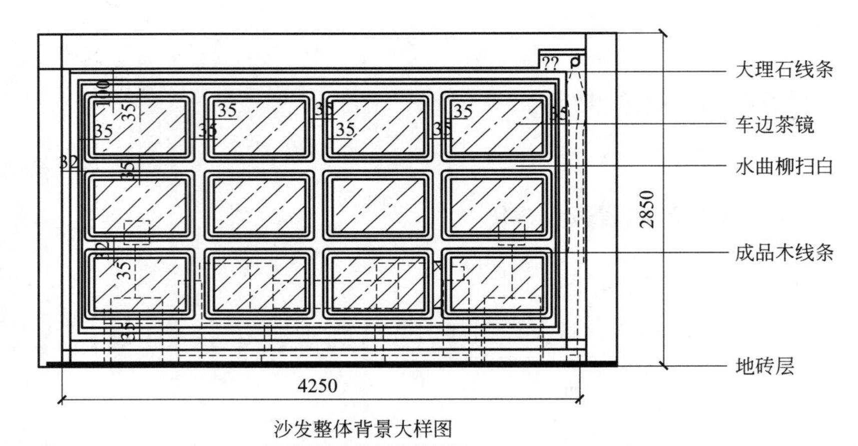

图 2-69　沙发整体背景大样图

（1）图名、尺寸

图名为沙发整体背景大样图；该沙发整体背景的宽为 4250mm，高为 2850mm。

（2）沙发整体背景大样图识图

由图 2-69 中可以看出，沙发整体背景墙外框采用的是大理石线条；装饰镜面采用车边茶镜；镜面之间的接缝板采用的是水曲柳扫白；镜面边框采用成品木线条。

2.5.2　电视背景墙大样图

A28＃楼的某室内电视背景墙大样图如图 2-70 所示。

识图内容如下。

（1）图名、尺寸

图名为电视机背景墙立面图；该电视背景墙的宽为 3365mm。

（2）电视背景墙大样图识图

由图 2-70 中可以看出，电视背景墙的左侧采用乳胶漆刷白并内置冰裂玻璃，电视背景墙的上部采用大理石电视背景；电视柜台面采用大理石台面（其下抽屉刷白）。

2.5.3　橱柜墙大样图

A28＃楼的橱柜墙大样图，如图 2-71 所示。

识图内容如下。

（1）图名、尺寸

图名为橱柜墙大样图，该橱柜墙大样图分为 A 立面和 B 立面两个部分。其中 A 立面宽度为 2760mm，B 立面宽度为 2140mm。

（2）整体橱柜墙大样图识图

由图 2-71 中可以看出，A、B 立面的共同点是台面均采用了人造石台面，橱柜门都是烤漆门。不同之处在于，A 立面左边配有着米桶拉篮，上面配有油烟机，台面下内置消毒柜，右侧配有调味拉篮，A 立面聚集了烹饪的功能。B 立面则配有橱柜和水池，是洗涤区域。

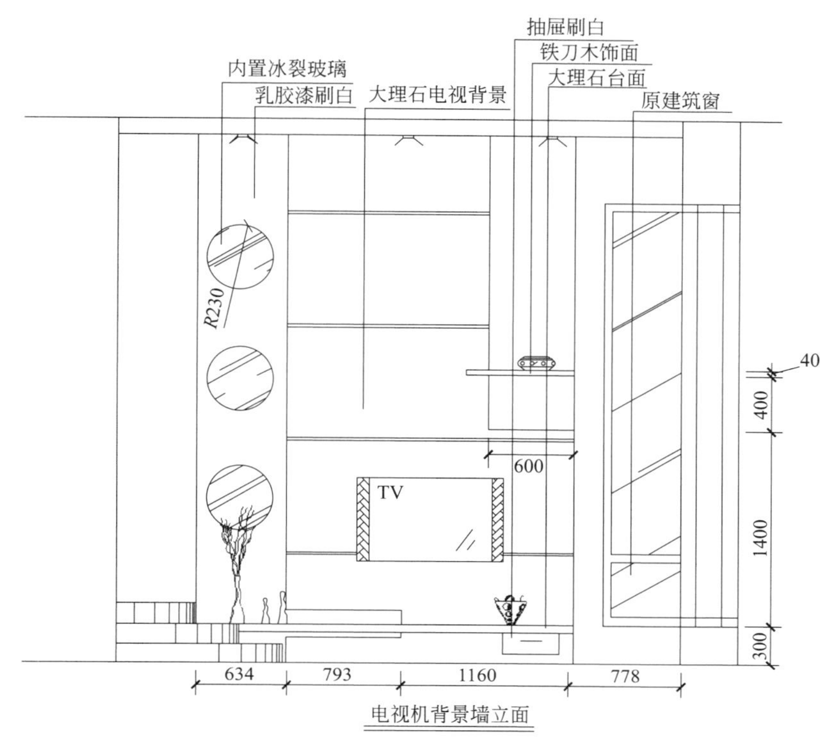

图 2-70　电视机背景墙立面图

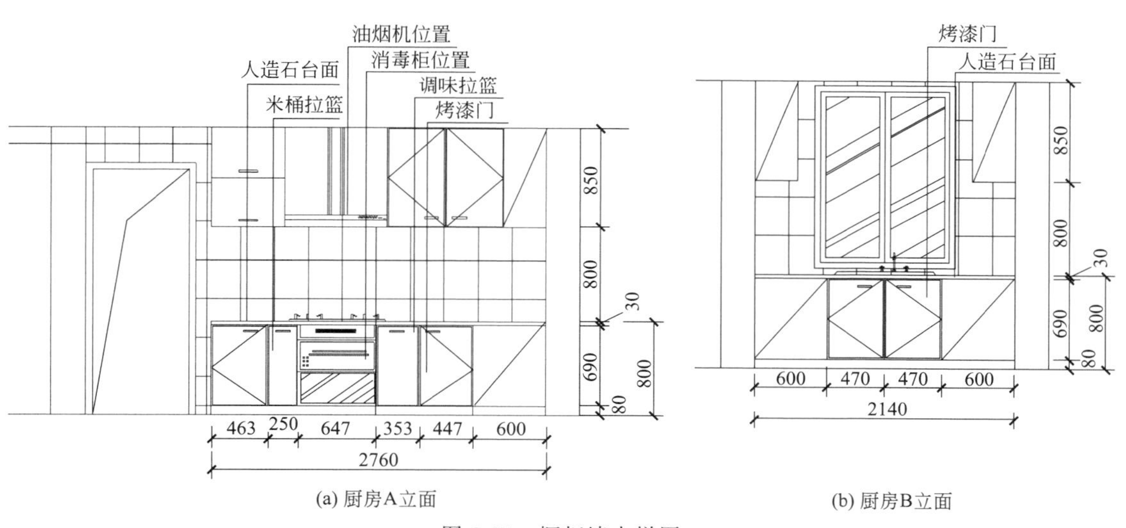

图 2-71　橱柜墙大样图

2.5.4　阳台垭口大样图

A28＃楼的阳台垭口大样图，如图 2-72 所示。

识图内容如下。

(1) 图名、尺寸

图名为阳台垭口大样图，该木质垭口的宽度为 2230mm，高度为 2300mm。

（2） 阳台垭口大样图识图

该阳台垭口大样图的材质采用白色木质垭口。

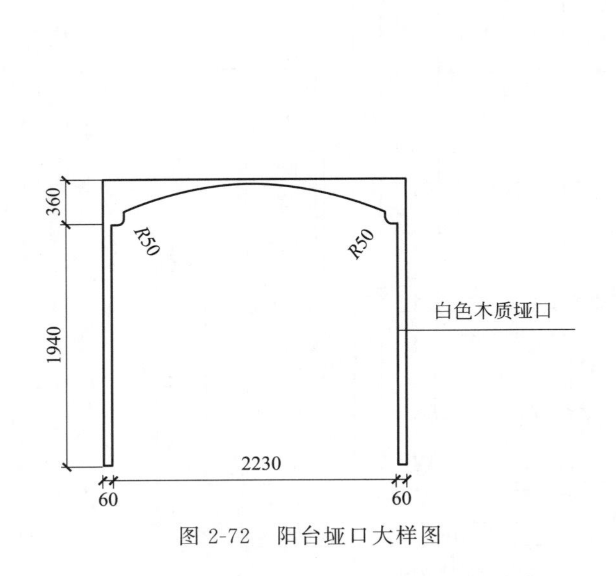

图 2-72　阳台垭口大样图

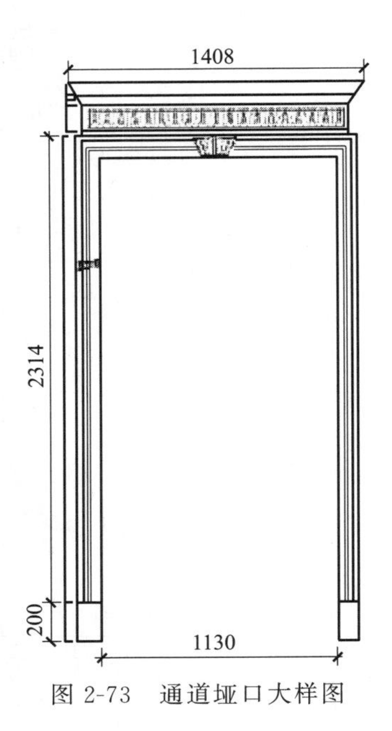

图 2-73　通道垭口大样图

2.5.5　通道垭口大样图

A28＃楼的通道垭口大样图如图 2-73 所示。

识图内容如下。

（1） 图名、尺寸

图名为通道垭口大样图，该通道垭口大样图上部宽为 1408mm，下部净宽为 1130mm，高为 2314mm＋200mm＝2514mm。

（2） 通道垭口大样图识图

该通道垭口大样图的材料采用的是木材，垭口做成平板，起装饰和护墙作用。

2.5.6　玄关 A、 B 大样图

A28＃楼的玄关大样图如图 2-74 所示。

识图内容如下。

（1） 图名、尺寸

图名为玄关大样图，该玄关大样图的整体长为 1560mm，整体高为 2190mm。

（2） 玄关大样图识图

由图 2-74 中可以看出，该玄关的类型为邻接式玄关，采用的是柜式，灵活性大，具有隔断、装饰、收纳等作用。该柜的顶部装饰有内嵌石英射灯；左侧柜中的隔断板采用 8mm 白玻层板，门采用 5mm 白玻柜门；右侧柜门采用木质柜门白色聚酯漆饰面，上下柜门之间的饰面采用木质柜门半亚清漆饰面；柜门拉手的材质为木质；柜的下部饰面采用木质踢脚白色聚酯漆饰面。

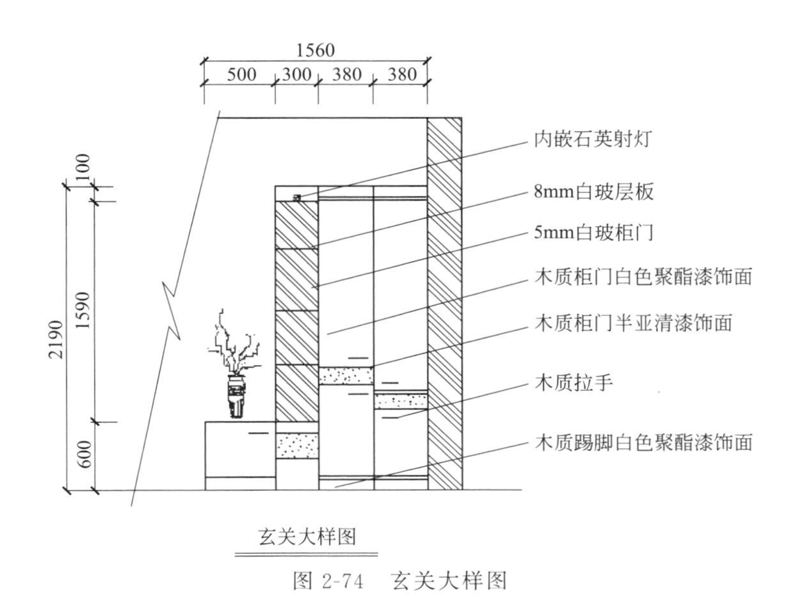

图 2-74　玄关大样图

2.6　装饰详图

2.6.1　装饰节点详图

装饰节点详图是指按照大比例绘制出的一个或多个装饰面的交汇点或构造的连接部位，按垂直和水平方向剖开，并以较大比例绘制出的详图。它是装饰装修工程中最基本和最具体的施工图。

2.6.1.1　装饰节点详图图示内容

扫码看视频

节点图识图

① 装饰形体的建筑做法。

② 造型样式、材料选用、尺寸标高。

③ 所依附的建筑结构材料、连接做法，选用标准图时应加索引。

④ 装饰体基层板材的图示（剖面图或断面图）。

⑤ 装饰面层、胶缝及线角的图示（剖面图或断面图），复杂线角及造型等还应绘制大样图。

⑥ 色彩及做法说明、工艺要求等。

⑦ 索引符号、图名、比例等。

2.6.1.2　一楼门厅装饰节点剖面详图识图

A28＃楼的一楼门厅装饰节点剖面详图如图 2-75 所示。

（1） 图名、轴号、标高

图名为一楼门厅装饰节点剖面详图；横向轴号为Ⓑ，纵向轴号为⑦～⑧；图 2-75 中的标高为 3.700m。

（2） 一楼门厅装饰节点剖面详图识图

由图 2-75 中可以看出，该门厅的外墙为 100mm 厚加气混凝土砌块；雨篷采用防火玻璃雨篷，由专业厂家设计安装；门厅的下部设置有滴水线。

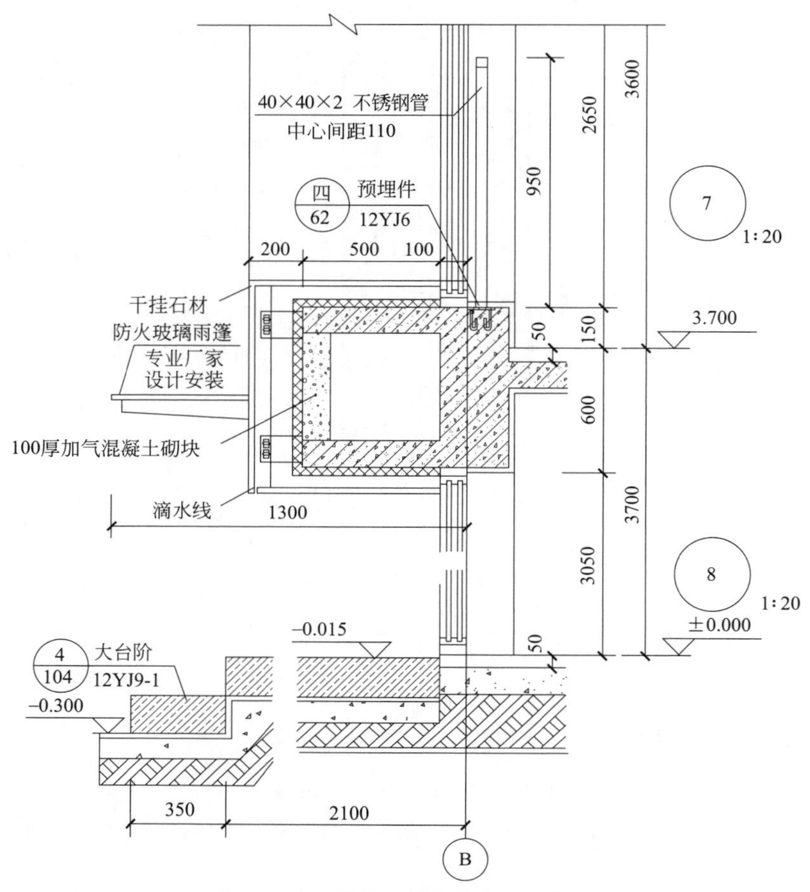

图 2-75　一楼门厅装饰节点剖面详图

2.6.2 装饰构配件详图

装饰构配件种类很多，它包括各种室内配套设置体，还包括一些装饰构配件，如装饰门、门窗套、装饰隔断、花格、楼梯栏板（杆）等。这些配件体和构件受图幅和比例的限制，在基本图中无法精确表达，所以要根据设计意图另行作出比例较大的图样，来详细表明它们的样式、用料、尺寸、做法等，这些图样均为装饰构配件详图。

2.6.2.1 装饰构配件详图图示内容

① 详图符号、图名、比例。

② 构配件的形状、详细构造、层次、详细尺寸和材料图例。

③ 构配件各部分所用材料的品名、规格、色彩以及施工做法要求等。

④ 部分需放大比例详图的索引符号和节点详图。

在阅读装饰构配件详图时，应先看详图符号和图名，弄清从何图案索引而来。阅读时要注意联系被索引图样，并进行核对，检查它们之间在尺寸和构造方法上是否相符。在阅读构配件详图时，首先要了解各部件的装配关系和内部结构，紧紧抓住尺寸、详细做法和工艺要求三个要点。

2.6.2.2　室外楼梯详图

A28＃楼的室外楼梯详图如图 2-76 所示。

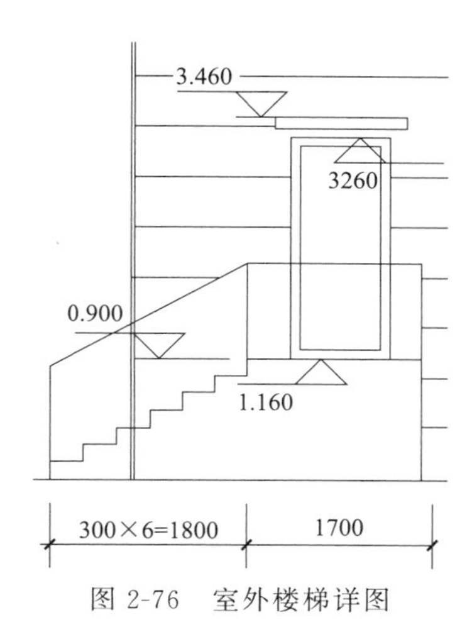

图 2-76　室外楼梯详图

（1）图名

图名为室外楼梯详图。

（2）室外楼梯详图识图

由图 2-76 中可以看出，本工程室外楼梯踏步的总宽度为 300mm×6＝1800mm，楼梯平台的宽度为 1700mm，梯段标高为 0.900m。

第3章

广联达BIM算量软件基本设置

3.1 新建工程

3.1.1 新建工程设置

3.1.1.1 分析结构总说明

软件做工程，首先需要新建工程。在新建工程之前，先分析图纸的结构设计总说明、建筑设计总说明的标准、规范、流程；施工图绘制依据；平法图集编号。本工程采用国家标准图集16G101-1、16G101-2、16G101-3。

这几点说明，直接规定了本工程钢筋构造所依据的图集和规范，软件算量也需要依照此规定。

3.1.1.2 任务实施

① 在分析图纸，了解工程的基本概况之后，启动软件，进入如图3-1所示的界面。

图3-1 新建向导

② 鼠标左键单击欢迎界面上的“新建”，进入新建工程界面，如图3-2所示。工程名称：按工程图纸名称输入，保存时会作为默认的文件名。

计算规则：按照实际情况进行选择，选择好计算规则后，软件默认采用选定的规则进行计算。

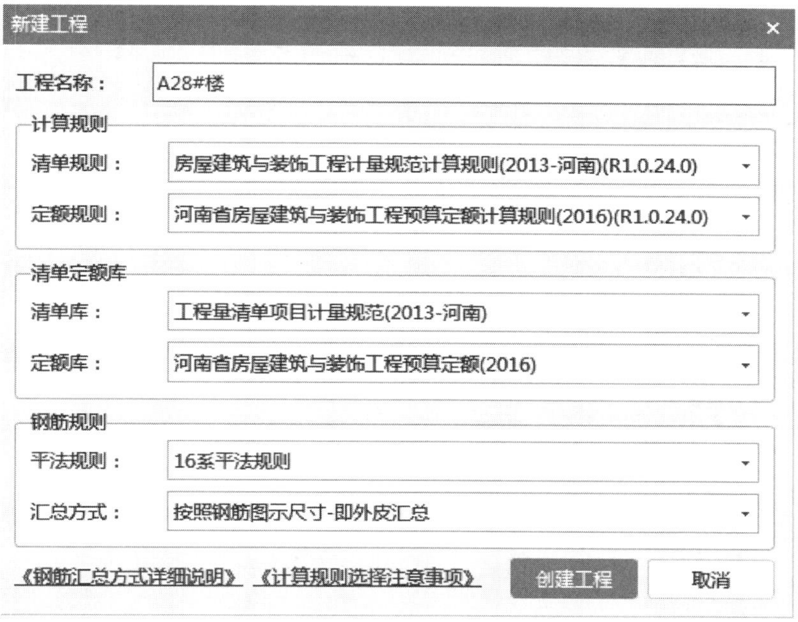

新建工程

工程名称：A28#楼

计算规则

清单规则：房屋建筑与装饰工程计量规范计算规则(2013-河南)(R1.0.24.0)

定额规则：河南省房屋建筑与装饰工程预算定额计算规则(2016)(R1.0.24.0)

清单定额库

清单库：工程量清单项目计量规范(2013-河南)

定额库：河南省房屋建筑与装饰工程预算定额(2016)

钢筋规则

平法规则：16系平法规则

汇总方式：按照钢筋图示尺寸-即外皮汇总

《钢筋汇总方式详细说明》《计算规则选择注意事项》　创建工程　取消

图 3-2　工程名称

清单定额库：按实或按需选择。

③ 单击“创建工程”按钮，进入“工程设置”界面，如图 3-3 所示，新建工程完成。

④ 新建工程完成后，单击“工程信息”，在弹出的工程信息栏中进行工程信息编辑，如图 3-4 所示。

⑤ 单击“计算规则”，会发现在弹出的界面中有黄色和白色两部分，在属性值下黄色区域为不可更改的，因此在步骤②清单定额等一系列信息的选择中一定要慎重，如图 3-5 所示。

图 3-3　工程设置

⑥ 编制信息：编制信息栏目可填写可不填写，根据需求即可，如图 3-6 所示，需要填写时在属性值下进行编辑即可。

⑦ 自定义：可根据需求进行添加或删除属性，点击下方的编辑属性或删除属性即可，如图 3-7 所示。

3.1.2　楼层设置

扫码看视频

楼层设置

新建工程完成后，下一步需要建立工程的楼层体系。从“工程设置”界面切换到“楼层设置”界面，根据结构图纸进行楼层的建立。

楼层设置部分，包括两方面内容，一是楼层的建立，二是各楼层钢筋设置，包括混凝土标号的设置、钢筋锚固和搭接的设置以及各构件保护层的设置，如图 3-8 所示。

工程信息

工程信息 计算规则 编制信息 自定义

	属性名称	属性值
1	⊟ 工程概况:	
2	工程名称:	A28#土建(导出)
3	项目所在地:	
4	详细地址:	
5	建筑类型:	居住建筑
6	建筑用途:	住宅
7	地上层数(层):	
8	地下层数(层):	
9	裙房层数:	
10	建筑面积(m²):	(7526.27)
11	地上面积(m²):	7000.1
12	地下面积(m²):	526.17
13	人防工程:	无人防
14	檐高(m):	35.45
15	结构类型:	剪力墙结构
16	基础形式:	筏形基础
17	⊟ 建筑结构等级参数:	
18	抗震设防类别:	
19	抗震等级:	四级抗震
20	⊟ 地震参数:	
21	设防烈度:	6
22	基本地震加速度（g）:	
23	设计地震分组:	

图 3-4 工程信息

工程信息

工程信息 计算规则 编制信息 自定义

	属性名称	属性值
1	清单规则:	房屋建筑与装饰工程计量规范计算规则(2013-河南)(R1.0.28.1)
2	定额规则:	河南省房屋建筑与装饰工程预算定额计算规则(2016)(R1.0.28.1)
3	平法规则:	16系平法规则
4	清单库:	工程量清单项目计量规范(2013-河南)
5	定额库:	河南省房屋建筑与装饰工程预算定额(2016)
6	钢筋损耗:	不计算损耗
7	钢筋报表:	河南(2016)
8	钢筋汇总方式:	按照钢筋图示尺寸-即外皮汇总

温馨提示:1、软件中所有黄色背景的属性值均不允许修改；白色、绿色、黄色、部分灰色背景的属性值可以修改哦~
2、如果需要修改计算规则，点击【软件左上角的图标】-【导出】-【导出工程】，进行修改规则

图 3-5 计算规则

工程信息

工程信息 计算规则 编制信息 自定义

	属性名称	属性值
1	建设单位:	
2	设计单位:	
3	施工单位:	
4	编制单位:	
5	编制日期:	2020-03-20
6	编制人:	
7	编制人证号:	
8	审核人:	
9	审核人证号:	

图 3-6 编制信息

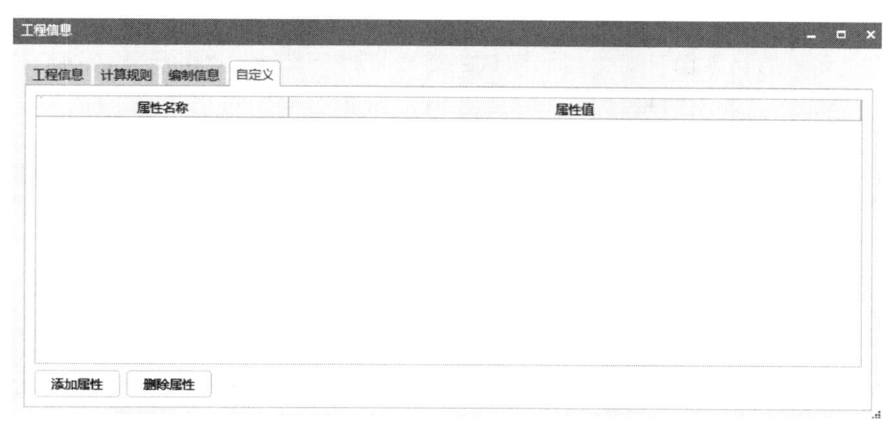

图 3-7　自定义

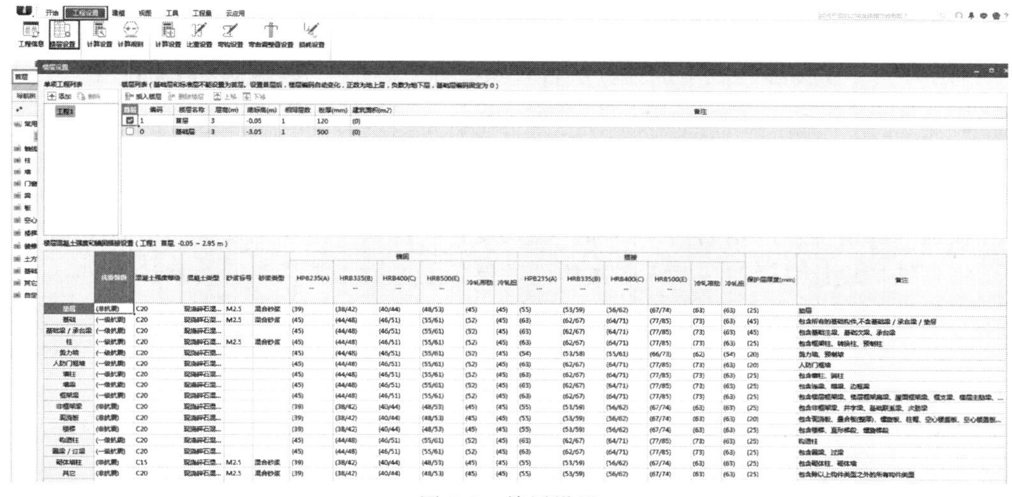

图 3-8　楼层设置

3.1.2.1　建立楼层

在软件中建立楼层时，按照以下原则确定层高和起始位置：

① 基础层底设置为基础常用的底标高，顶标高到位置最高处的基础顶；

② 基础上面一层从基础层顶到该层的结构顶板顶标高；

③ 中间层从层底的结构板顶到本层上部的板顶；

分析图纸建施可以知道，本建筑有基础层、首层、屋面层。

首先在楼层建立区域根据图纸来建立楼层，依据从下到上的顺序。软件默认给出首层和基础层。

说明：

① 首层标记：在楼层列表中的“首层”单元列，可以选择某一层作为首层，勾选后，该层作为首层，相邻楼层的编码自动变化，负的为地下层，正数为地上层，基础层的编码为 0，不可改变；基础层和标准层不能作为首层；

② 首层底标高，是指首层的结构底标高。

3.1.2.2 楼层默认钢筋设置

楼层建立完毕后，下面针对每层的默认钢筋设置进行修改，“楼层默认钢筋设置”用来设置绘图输入部分，新建的构件默认的属性值，如新建框架梁时默认的混凝土标号，如图 3-9 所示。

楼层混凝土强度和锚固搭接设置（A28#土建 阁楼层, 34.80 ~ 36.30 m）

	抗震等级	混凝土强度等级	混凝土类型	砂浆标号	砂浆类型	锚固						搭接						保护层厚度(mm)	备注
						HPB235(A)	HRB335(B)	HRB400(C)	HRB500(E)	冷轧带肋	冷轧扭	HPB235(A)	HRB335(B)	HRB400(C)	HRB500(E)	冷轧带肋	冷轧扭		
垫层	(非抗震)	C15	现浇碎石混...	M2.5	混合砂浆	(39)	(38/42)	(40/44)	(48/53)	(45)	(45)	(55)	(53/59)	(56/62)	(67/74)	(63)	(63)	(25)	垫层
基础	四级抗震	C30	现浇碎石混...	M2.5	混合砂浆	(30)	(29/32)	(35/39)	(43/47)	(35)	(35)	(36)	(35/38)	(42/47)	(52/56)	(42)	(42)	(40)	包含所有的基础构件,不含基础梁 / 承台梁 / 垫层
基础梁 / 承台梁	四级抗震	C30	现浇碎石混...			(30)	(29/32)	(35/39)	(43/47)	(35)	(35)	(42)	(41/45)	(49/55)	(60/66)	(49)	(49)	(40)	包含基础主梁、基础次梁、承台梁
柱	四级抗震	C30	现浇碎石混...	M2.5	混合砂浆	(30)	(29/32)	(35/39)	(43/47)	(35)	(35)	(42)	(41/45)	(49/55)	(60/66)	(49)	(49)	(20)	包含框架柱、转换柱、预制柱
剪力墙	四级抗震	C30	现浇碎石混...			(30)	(29/32)	(35/39)	(43/47)	(35)	(35)	(36)	(35/38)	(42/47)	(52/56)	(42)	(42)	(15)	剪力墙、预制墙
人防门框墙	四级抗震	C30	现浇碎石混...			(30)	(29/32)	(35/39)	(43/47)	(35)	(35)	(42)	(41/45)	(49/55)	(60/66)	(49)	(49)	(15)	人防门框墙
暗柱	四级抗震	C30	现浇碎石混...			(30)	(29/32)	(35/39)	(43/47)	(35)	(35)	(42)	(41/45)	(49/55)	(60/66)	(49)	(49)	20	包含暗柱、约束边缘非阴影区
端柱	四级抗震	C30	现浇碎石混...			(30)	(29/32)	(35/39)	(43/47)	(35)	(35)	(42)	(41/45)	(49/55)	(60/66)	(49)	(49)	(20)	端柱
墙梁	四级抗震	C30	现浇碎石混...			(30)	(29/32)	(35/39)	(43/47)	(35)	(35)	(42)	(41/45)	(49/55)	(60/66)	(49)	(49)	(20)	包含连梁、暗梁、边框梁
框架梁	四级抗震	C30	现浇碎石混...			(30)	(29/32)	(35/39)	(43/47)	(35)	(35)	(42)	(41/45)	(49/55)	(60/66)	(49)	(49)	(20)	包含楼层框架梁、楼层框架扁梁、屋面框架梁、框支梁、
非框架梁	(非抗震)	C30	现浇碎石混...			(30)	(29/32)	(35/39)	(43/47)	(35)	(35)	(42)	(41/45)	(49/55)	(60/66)	(49)	(49)	(20)	包含非框架梁、井字梁、基础联系梁、次肋梁
现浇板	(非抗震)	C30	现浇碎石混...			(30)	(29/32)	(35/39)	(43/47)	(35)	(35)	(42)	(41/45)	(49/55)	(60/66)	(49)	(49)	(15)	包含现浇板、叠合板(整厚)、螺旋板、柱帽、空心楼盖板、
楼梯	(非抗震)	C30	现浇碎石混...			(30)	(29/32)	(35/39)	(43/47)	(35)	(35)	(42)	(41/45)	(49/55)	(60/66)	(49)	(49)	(20)	包含楼梯、直形梯段、螺旋梯段
构造柱	(四级抗震)	C25	现浇碎石混...			(34)	(33/36)	(40/44)	(48/53)	(40)	(40)	(48)	(46/50)	(56/62)	(67/74)	(56)	(56)	(25)	构造柱
圈梁 / 过梁	(四级抗震)	C25	现浇碎石混...			(34)	(33/36)	(40/44)	(48/53)	(40)	(40)	(48)	(46/50)	(56/62)	(67/74)	(56)	(56)	(25)	包含圈梁、过梁
砌体墙柱	(非抗震)	C25	现浇碎石混...	M2.5	混合砂浆	(34)	(33/36)	(40/44)	(48/53)	(40)	(40)	(48)	(46/50)	(56/62)	(67/74)	(56)	(56)	(25)	包含砌体柱、砌体墙
其它	(非抗震)	C25	现浇碎石混...	M2.5	混合砂浆	(34)	(33/36)	(40/44)	(48/53)	(40)	(40)	(48)	(46/50)	(56/62)	(67/74)	(56)	(56)	(25)	包含除以上构件类型之外的所有构件类型
叠合板(预制底板)	(非抗震)	C25	预制碎石混...			(34)	(33/36)	(40/44)	(48/53)	(40)	(40)	(48)	(46/50)	(56/62)	(67/74)	(56)	(56)	(20)	包含叠合板(预制底板)

图 3-9 楼层默认钢筋设置

以首层为例，在楼层列表中选择首层行，然后在下方的“楼层默认钢筋设置”中进行输入和修改。

① 根据实际情况需要修改各构件的抗震等级；软件默认的为工程设置中的抗震等级；

② 根据结构设计总说明中的混凝土标号说明，修改首层的各种构件的混凝土标号；

③ 根据实际情况修改钢筋的锚固和搭接长度；软件默认为规范规定的锚固和搭接长度；

④ 根据结构设计总说明一输入各类构件的保护层厚度，未说明的按默认值即可。

在首层输入相应的数值后，可以使用下方的“复制到其他楼层”命令，把首层的数值复制到参数相同的楼层。本结构中首层到顶层的参数均相同，可以一次性复制到其他几个楼层。

各个楼层的默认钢筋设置修改完成后，就完成了对工程楼层的建立，可以进入绘图输入进行建模计算。

在工程设置部分的计算设置界面，显示了软件内置的平法图集和结构规范的设置，包括计算设置和节点设置。软件默认的初始值是按照平法的要求或者规范规定的内容进行显示，用户可以根据自己的需要，对计算设置和节点设置进行修改，满足不同结构设计的需求。另外箍筋设置、搭接设置和箍筋公式，也是供用户在使用软件时，根据自己的需要进行相应的修改。

3.1.2.3 知识扩展

建楼层的过程按照以下流程进行：

① 对照图纸建立楼层，输入层高等信息；

② 根据需要修改某层“楼层默认钢筋设置”中的抗震等级、混凝土标号、锚固和搭接长度、保护层厚度；

③ 把“楼层默认钢筋设置”中的内容，复制到其他楼层，根据实际情况进行修改。

3.1.3 计算设置

3.1.3.1 计算设置的内容

计算设置部分的内容，是软件内置的规范和图集的显示，包括各类构件计算过程中所用到的参数的设置，直接影响钢筋计算结果。软件中默认的都是规范中规定的数值和工程中最常用的数值，按照图集设计的工程，一般不需要进行修改；在工程特殊需要时，用户可以根据结构施工说明和施工图来对具体的项目进行修改。例如图 3-10 中截取了柱计算设置中的一部分。

计算设置的所有内容，都是按照类似的方式，把规范和图集中的参数和规定放在软件中，并且可以根据需要进行修改的。这样一方面使计算过程更加透明，另一方面也可满足不同的计算需求。除非图纸中特定说明，一般此处不用修改。

计算设置

计算规则　节点设置　箍筋设置　搭接设置　箍筋公式

柱 / 墙柱　剪力墙　人防门框墙　连梁　框架梁　非框架梁　板　叠合板(整厚)　预制柱　预制梁　预制墙　空心楼盖板　主肋梁　次肋梁　基础　基础主梁 / 承台梁　基础次梁　砌体结构　其它

	类型名称	设置值
1	⊟ 公共设置项	
2	柱/墙柱在基础插筋锚固区内的箍筋数量	间距500
3	梁(板)上柱/墙柱在插筋锚固区内的箍筋数量	间距500
4	柱/墙柱第一个箍筋距楼板面的距离	50
5	柱/墙柱箍筋加密区根数计算方式	向上取整+1
6	柱/墙柱箍筋非加密区根数计算方式	向上取整-1
7	柱/墙柱箍筋弯勾角度	135°
8	柱/墙柱纵筋搭接接头错开百分率	50%
9	柱/墙柱搭接部位箍筋加密	是
10	柱/墙柱纵筋错开距离设置	按规范计算
11	柱/墙柱箍筋加密范围包含错开距离	是
12	绑扎搭接范围内的箍筋间距min(5d,100)中，纵筋d的取值	上下层最小直径
13	柱/墙柱螺旋箍筋是否连续通过	是
14	柱/墙柱圆形箍筋的搭接长度	max(lae,300)
15	层间变截面钢筋自动判断	是
16	⊟ 柱	
17	柱纵筋伸入基础锚固形式	全部伸入基底弯折
18	柱基础插筋弯折长度	按规范计算
19	柱基础锚固区只计算外侧箍筋	是
20	抗震柱纵筋露出长度	按规范计算
21	纵筋搭接范围箍筋间距	min(5*d,100)
22	不变截面上柱多出的钢筋锚固	1.2*Lae
23	不变截面下柱多出的钢筋锚固	1.2*Lae
24	非抗震柱纵筋露出长度	按规范计算
25	箍筋加密区设置	按规范计算
26	嵌固部位设置	按设定计算
27	柱纵筋伸入上层预制柱长度	按设定计算

导入规则　导出规则　恢复默认值

图 3-10　柱计算设置

3.1.3.2　节点设置

在节点设置部分，将图集中的节点都放到软件中，供用户选择使用，如图 3-11 所示。

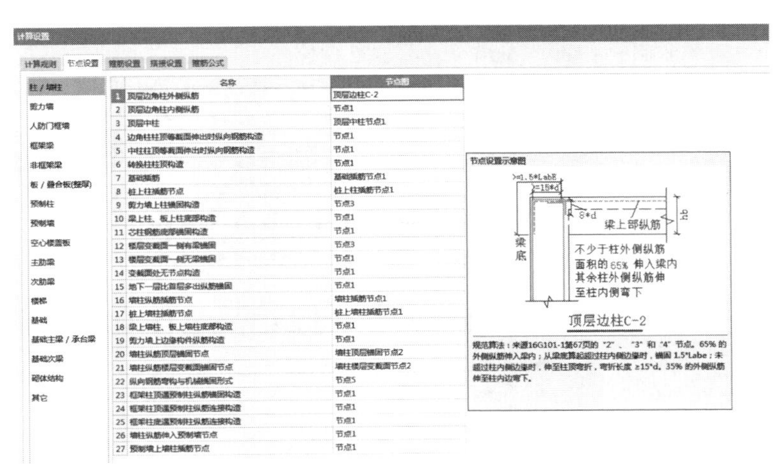

图 3-11　节点设置

以柱的节点中“顶层边角柱外侧纵筋”的节点为例。软件内置了图集中所有的节点形式，默认为最常用的 B 节点。用户在使用软件时，如果图纸是按照最常用的节点形式，就不用再进行选择和设置。如果用户在实际工程中使用的是其他的节点，就可以在这里选择其他的节点进行计算。并且，用户还可以根据实际情况，对节点中的锚固和弯折的参数进行输入，满足其更多的需求。

3.1.3.3 箍筋设置

在箍筋设置部分，软件提供了多种箍筋肢数组合，以供用户在定义构件时使用，如果实际工程中遇到的箍筋肢数未在此提供，也可手动进行添加，如图 3-12 所示。

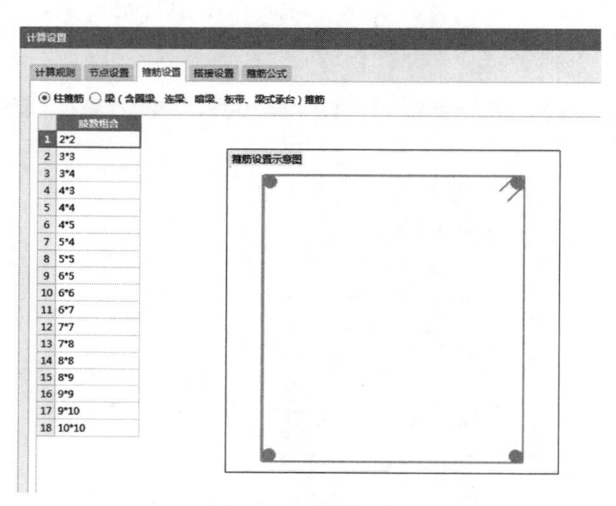

图 3-12 箍筋设置

3.1.3.4 搭接设置

对算量过程中用到的钢筋的搭接形式和定尺长度进行设置时，用户可以根据结构施工图的说明，进行相应的修改。如果没有特殊说明，则按照软件默认的方式进行，软件默认的是常用的方式，如图 3-13 所示。

计算设置

计算规则 节点设置 箍筋设置 搭接设置 箍筋公式

	钢筋直径范围	连接形式								墙柱垂直筋定尺	其余钢筋定尺
		基础	框架梁	非框架梁	柱	板	墙水平筋	墙垂直筋	其它		
1	⊟ HPB235,HPB300										
2	3~10	绑扎	绑扎	绑扎	绑扎	绑扎	绑扎	绑扎	绑扎	12000	12000
3	12~14	绑扎	绑扎	绑扎	绑扎	绑扎	绑扎	绑扎	绑扎	9000	9000
4	16~18	直螺纹连接	直螺纹连接	直螺纹连接	直螺纹连接	直螺纹连接	直螺纹连接	直螺纹连接	直螺纹连接	9000	9000
5	20~32	直螺纹连接	直螺纹连接	直螺纹连接	直螺纹连接	直螺纹连接	直螺纹连接	直螺纹连接	直螺纹连接	9000	9000
6	⊟ HRB335,HRB335E,HRBF335,HRBF335E										
7	3~10	绑扎	绑扎	绑扎	绑扎	绑扎	绑扎	绑扎	绑扎	12000	12000
8	12~14	绑扎	绑扎	绑扎	绑扎	绑扎	绑扎	绑扎	绑扎	9000	9000
9	16~18	直螺纹连接	直螺纹连接	直螺纹连接	直螺纹连接	直螺纹连接	直螺纹连接	直螺纹连接	直螺纹连接	9000	9000
10	20~32	直螺纹连接	直螺纹连接	直螺纹连接	直螺纹连接	直螺纹连接	直螺纹连接	直螺纹连接	直螺纹连接	9000	9000
11	36~50	直螺纹连接	直螺纹连接	直螺纹连接	直螺纹连接	直螺纹连接	直螺纹连接	直螺纹连接	直螺纹连接	9000	9000
12	⊟ HRB400,HRB400E,HRBF400,HRBF400E,RR...										
13	3~10	绑扎	绑扎	绑扎	绑扎	绑扎	绑扎	绑扎	绑扎	12000	12000
14	12~14	绑扎	绑扎	绑扎	绑扎	绑扎	绑扎	绑扎	绑扎	9000	9000
15	16~18	直螺纹连接	直螺纹连接	直螺纹连接	直螺纹连接	直螺纹连接	直螺纹连接	直螺纹连接	直螺纹连接	9000	9000
16	20~50	直螺纹连接	直螺纹连接	直螺纹连接	直螺纹连接	直螺纹连接	直螺纹连接	直螺纹连接	直螺纹连接	9000	9000
17	⊟ 冷轧带肋钢筋										
18	4~12	绑扎	绑扎	绑扎	绑扎	绑扎	绑扎	绑扎	绑扎	12000	12000
19	⊟ 冷轧扭钢筋										
20	6.5~14	绑扎	绑扎	绑扎	绑扎	绑扎	绑扎	绑扎	绑扎	12000	12000

图 3-13 搭接设置

3.1.3.5 箍筋公式

在箍筋公式部分可以查看不同肢数的箍筋的长度计算公式，其一般不需要进行修改，如图 3-14 所示。

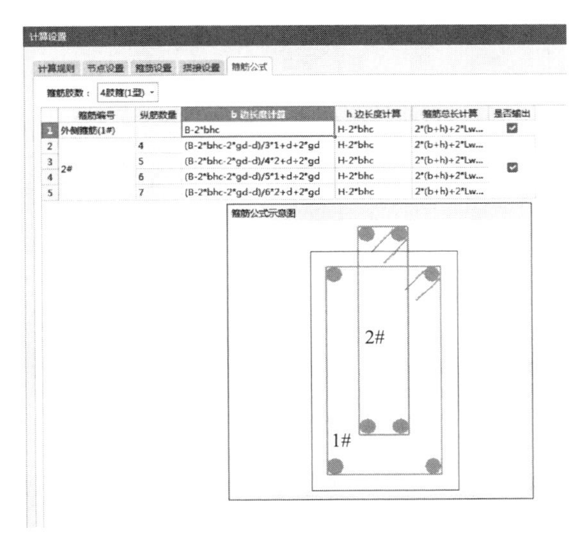

图 3-14　箍筋公式

3.2　导入土建算量文件

新建工程完成后，根据图纸进行绘图，若已有绘制完成的土建图形，直接导入即可。点击左上角的“开始”，点击“打开”，找到已经绘制完成的土建图形即可，如图 3-15 所示。

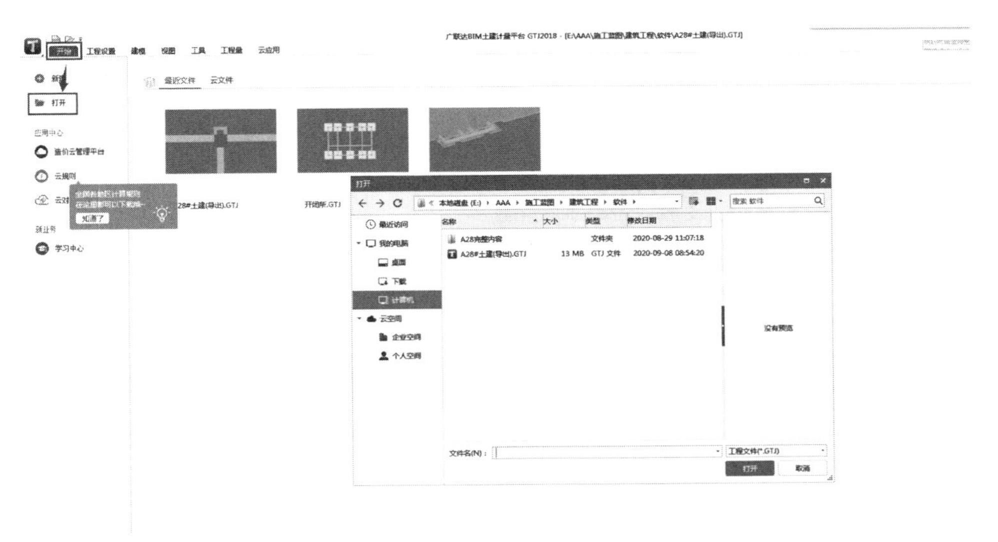

图 3-15　导入土建算量文件

3.3　导入 CAD 图纸

在算量软件绘制时，有时工程量比较大，绘制起来比较麻烦，这时，通常选择导入 CAD 图纸来进行绘制。

3.3.1 导入图纸

在建模界面，找到图纸管理，然后点击“添加图纸”，在弹出的界面选择 CAD 图纸，点击“打开”即可，如图 3-16 所示。添加图纸完成后如图 3-17 所示。

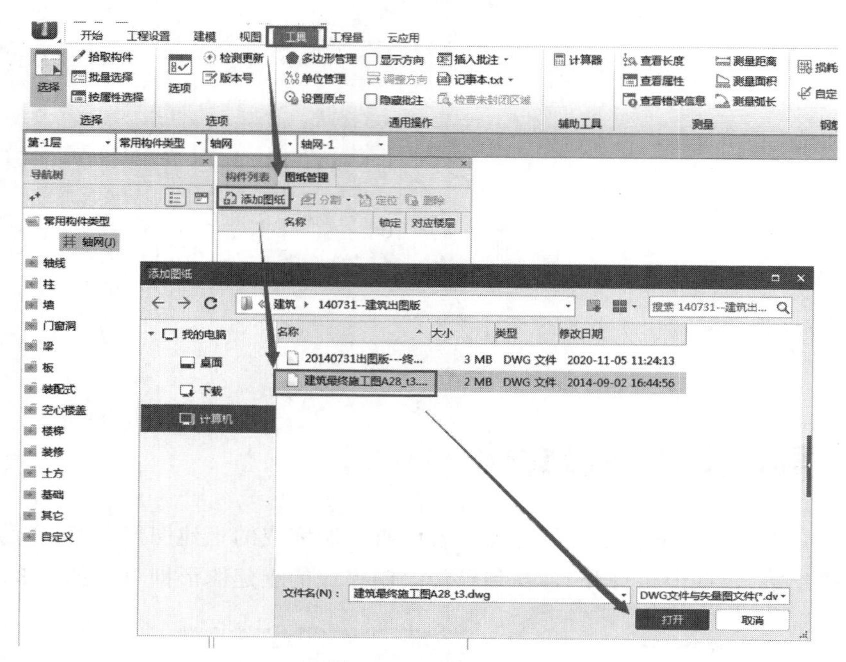

图 3-16 添加图纸

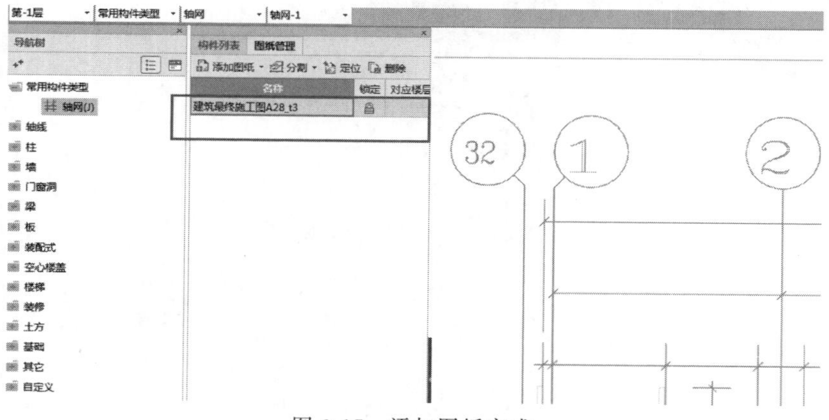

图 3-17 添加图纸完成

3.3.2 导入门窗表

导入构件时需要对所需构件进行分割，点击添加图纸后的“分割”，选择“手动分割”，然后框选择门窗表，右键确定，然后在弹出的手动分割界面对图纸名称进行修改，修改为门窗表即可，如图 3-18 所示。

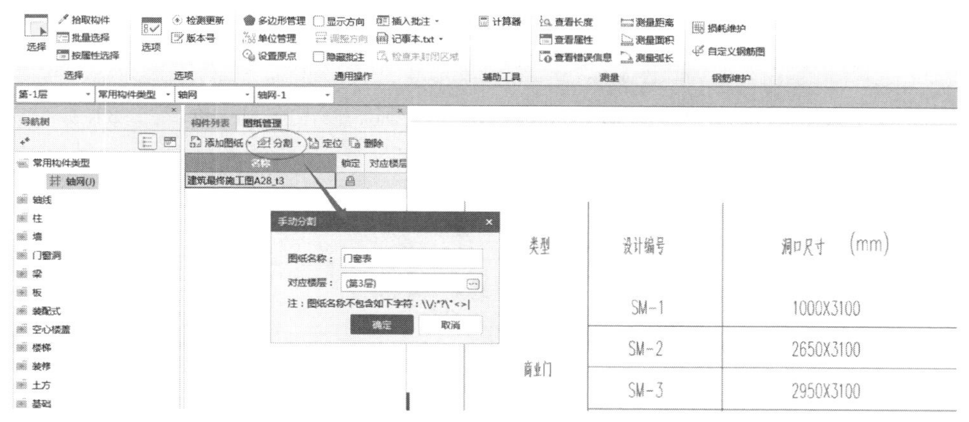

图 3-18　手动分割图纸

手动分割图纸完成后，门窗表外会有黄色线框，进行门窗表的识别，在识别门一栏中点击“识别门窗表”，然后框选图纸中的门窗表，在弹出的识别门窗表界面中根据最下方的提示进行修改点击识别即可，如图 3-19 所示。识别完成后如图 3-20 所示。

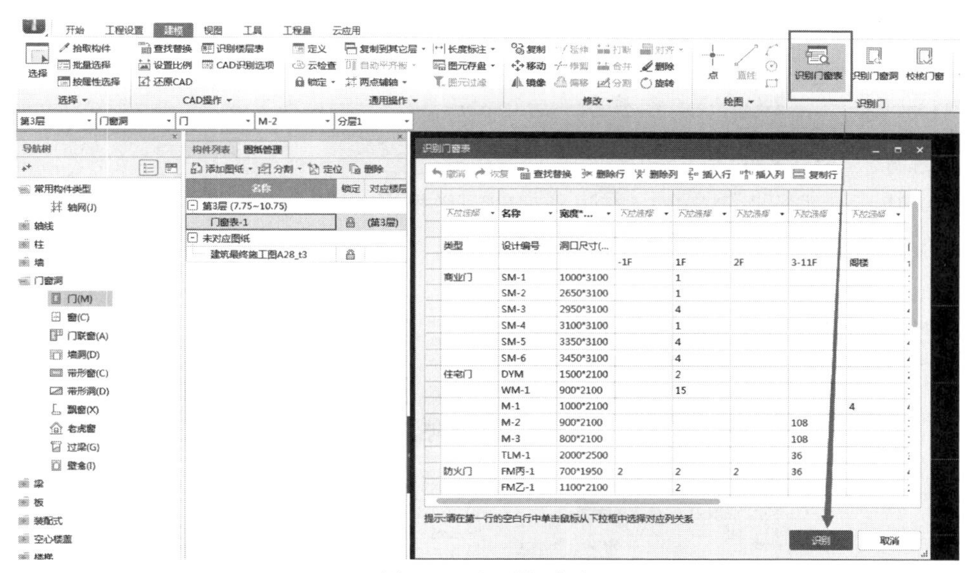

图 3-19　识别门窗表

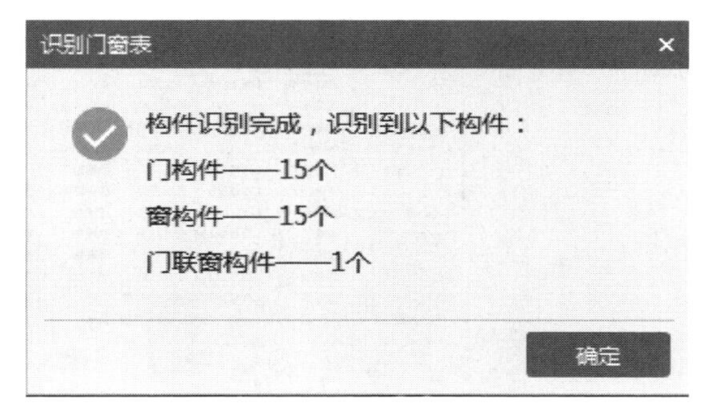

图 3-20　门窗表识别完成

3.3.3 导入装修表

装修表的导入与门窗表导入类似，先进行图纸分割，修改名称，如图 3-21 所示。

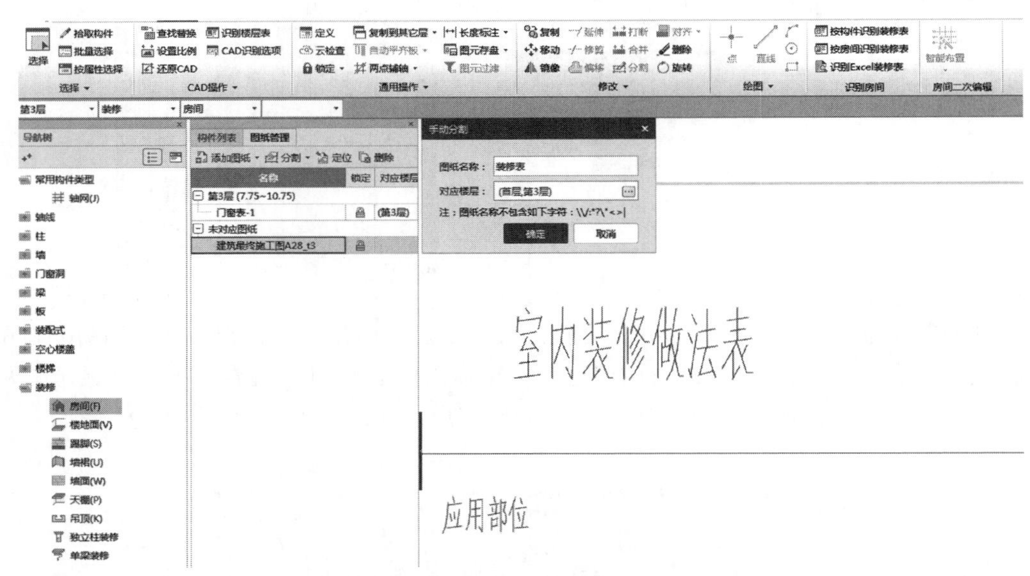

图 3-21 装修表手动分割

分割完成后，进行识别房间，在识别房间一栏根据需求选择识别方式，如图 3-22 所示。房间识别完成后如图 3-23 所示。

图 3-22 识别房间

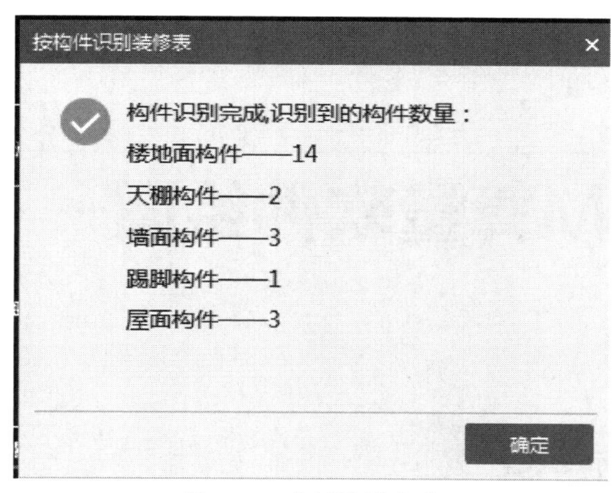
按构件识别装修表
构件识别完成,识别到的构件数量：
楼地面构件——14
天棚构件——2
墙面构件——3
踢脚构件——1
屋面构件——3
确定

图 3-23　房间识别完成

第4章 广联达BIM算量软件绘图

4.1 楼地面绘制

楼地面是建筑物底层地面和楼层地面的总称，一般由基层、垫层和面层三部分组成。楼面指钢筋混凝土楼板上所做的面层，主要由找平层，面层组成。地面是指建筑物底层的地坪即回填土之上的部分。

（1）新建楼地面

在导航树装修楼地面的构件列表中点击“新建”，新建楼地面后，按照图纸修改楼地面名称比如DM-1或LM-1，如图4-1所示。

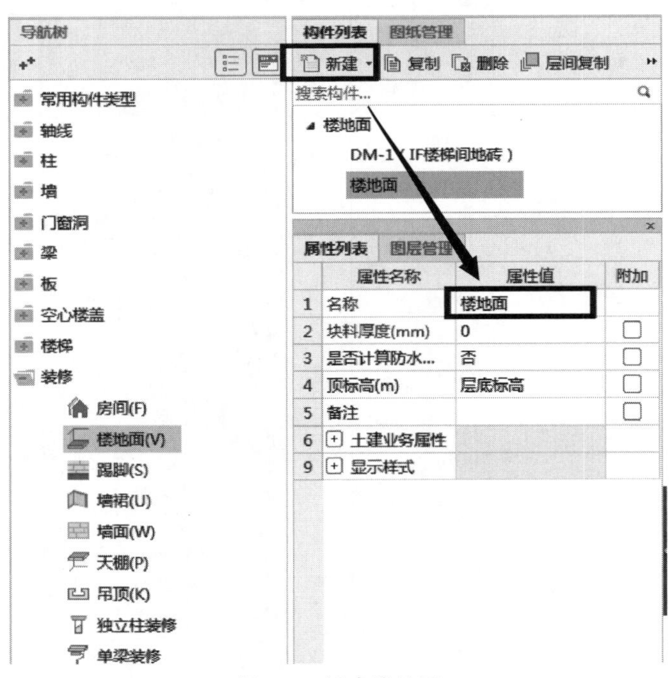

图4-1 新建楼地面

（2）以房间的形式绘制

新建房间：绘制楼地面可以单独绘制，也可以依附在房间中进行布置，首先新建房间，在导航树装饰中房间界面点击“新建”，然后按照图纸房间布置名称修改图元名称，如图4-2所示。

房间新建完成后，点击工具栏通用操作中的“定义”，如图 4-3 所示，进入房间定义界面，然后选择构建类型中的“楼地面”，点击“添加依附构件”，如图 4-4 所示，根据图纸选择该房间的楼地面类型。构件添加完成后，进行房间绘制，回到建模界面采用点的方式进行绘制，如图 4-5 所示。

图 4-2　新建房间

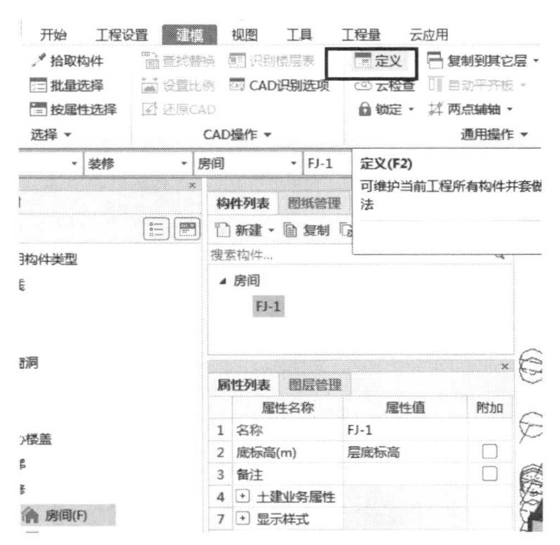

图 4-3　房间定义

图 4-4　添加依附构件

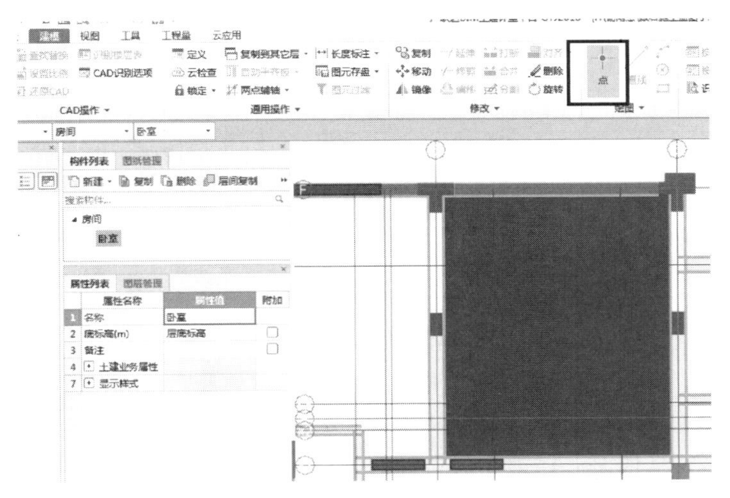

图 4-5　房间绘制方式

（3）以楼地面绘制

在导航树楼地面中查看绘图方式，如图 4-6 所示，直接绘制楼地面有点、直线、矩形、弧等方式，根据图纸楼地面形状进行选择。如采用点的方式进行绘制，需要是封闭图形内的楼地面，否则会出现如图 4-7 所示界面提示。首层楼地面三维图如图 4-8 所示。

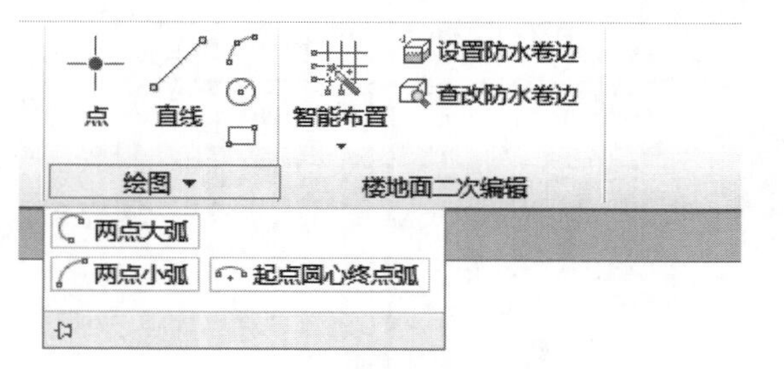

图 4-6 绘图方式

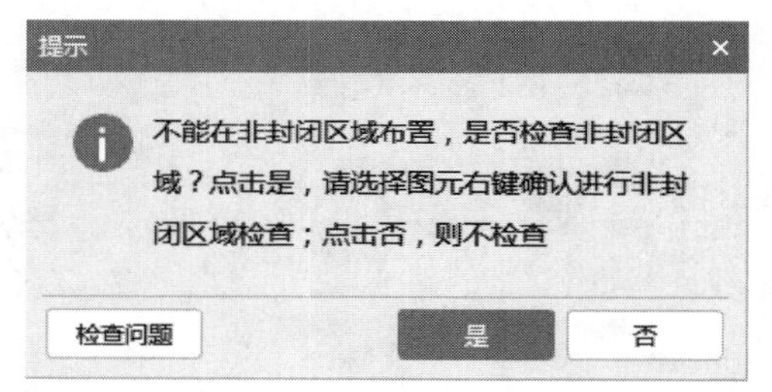

图 4-7 界面提示

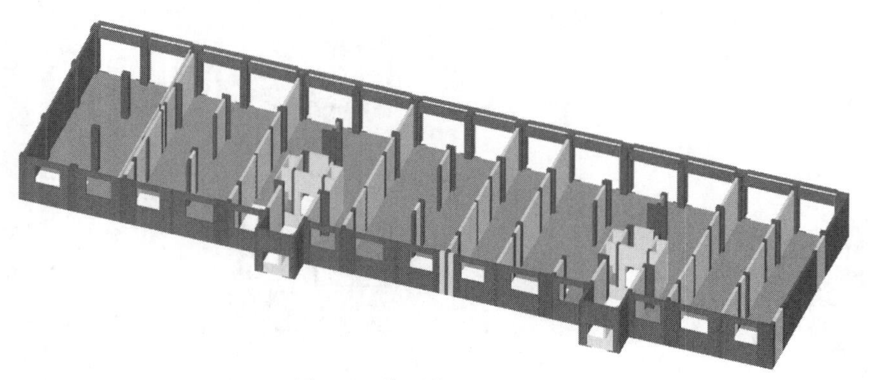

图 4-8 首层楼地面三维图

（4）楼地面工程量

A28＃楼楼地面装修做法见表 4-1。

表 4-1 A28＃楼楼地面装修做法表

名称		索引	应用部位
楼面	水泥砂浆楼面	12YJ1 楼 101	楼梯间
	陶瓷地砖防水楼面	12YJ1 楼 201	卫生间
	水泥砂浆楼面	12YJ1 楼 101	除以上外的所有房间及阁楼层通道
地面	水泥砂浆地面	12YJ1 地 101	楼梯间
	陶瓷地砖防水地面	12YJ1 地 201	卫生间
	水泥砂浆地面	12YJ1 地 101	除以上外的所有房间

① 楼地面工程量计算 楼地面清单工程量计算规则：按设计图示尺寸以面积计算。扣除凸出地面构筑物、设备基础、室内管道、地沟等所占面积，不扣除间壁墙及≤$0.3m^2$ 柱、垛、附墙、烟囱及孔洞所占面积。门洞、空圈、暖气包槽、壁龛的开口部分不增加面积。

a. 楼梯间水泥砂浆楼面。以第三层楼梯间为例，楼梯间楼面平面图，如图 4-9 所示，楼梯间楼面三维图如图 4-10 所示，墙厚 200mm，C-4 尺寸为 1200mm×1100mm。

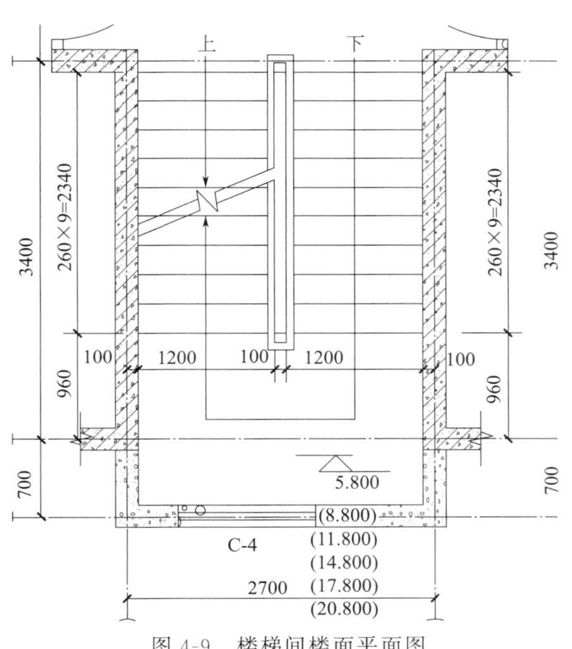

图 4-9　楼梯间楼面平面图

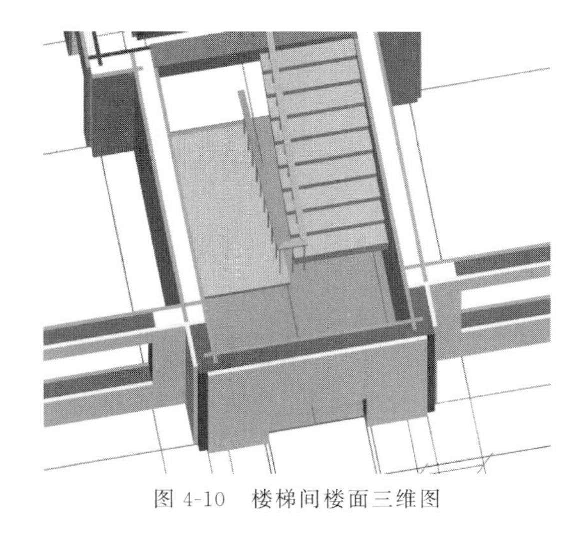
图 4-10　楼梯间楼面三维图

地面积 $=\underset{长度}{\underline{\underline{4}}}\times\underset{宽度}{\underline{\underline{2.5}}}=10(\mathrm{m}^2)$

块料地面积 $=\underset{长度}{\underline{\underline{4}}}\times\underset{宽度}{\underline{\underline{2.5}}}+\underset{加窗侧壁开口面积}{\underline{\underline{0.24}}}=10.24(\mathrm{m}^2)$

地面周长 $=10.5\mathrm{m}$

b. 卫生间陶瓷地砖楼面。以图 4-11 所示的第三层卫生间楼面为例。工程量计算式为：

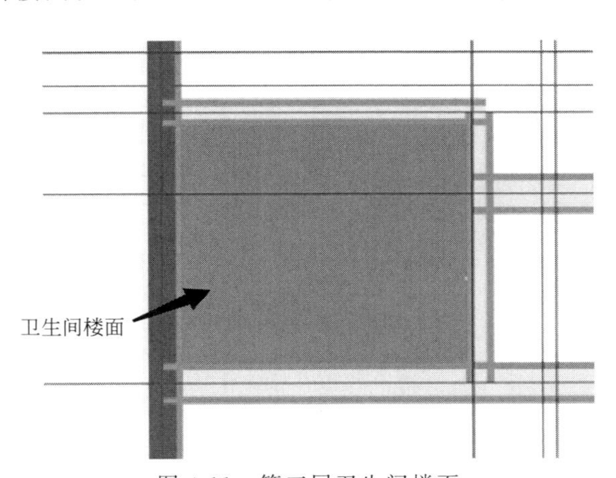

图 4-11　第三层卫生间楼面

地面积 $=\underset{长度}{\underline{\underline{2.149}}}\times\underset{宽度}{\underline{\underline{1.85}}}=3.9756(\mathrm{m}^2)$

块料地面积 $=\underset{长度}{\underline{\underline{2.149}}}\times\underset{宽度}{\underline{\underline{1.85}}}+\underset{加门侧壁开口面积}{\underline{\underline{0.16}}}=4.1356(\mathrm{m}^2)$

地面周长＝(2.149＋1.85）×2＝7.998(m)

其中 2.149 为长度，1.85 为宽度。

c. 水泥砂浆地面。以图 4-12 所示的首层水泥砂浆地面为例，工程量计算式为：

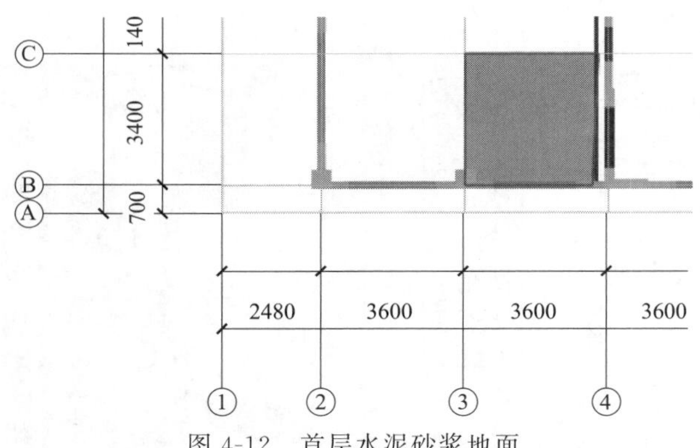

图 4-12 首层水泥砂浆地面

地面周长＝5.1924m

地面积＝0.25×0.1＋(3.2086＋3.2543)×1.0662/2＋3.2543×2.2338＝10.7398(m^2)

其中 0.25 为长度，0.1 为宽度，3.2086 为上底，3.2543 为下底，1.0662 为高度，3.2543 为长度，2.2338 为宽度。

块料地面积＝0.25×0.1＋(3.2086＋3.2543)×1.0662/2＋3.2543×2.2338＝10.7398(m^2)

其中 0.25 为长度，0.1 为宽度，3.2086 为上底，3.2543 为下底，1.0662 为高度，3.2543 为长度，2.2338 为宽度。

② 首层楼地面工程量 首层楼地面工程量如图 4-13 所示。

构件工程量 做法工程量

◉ 清单工程量 ○ 定额工程量 ☑ 显示房间、组合构件量 ☑ 只显示标准层单层量

	楼层	名称	工程量名称					
			地面积(m2)	块料地面积(m2)	地面周长(m)	水平防水面积(m2)	立面防水面积(大于最低立面防水高度)(m2)	立面防水面积(小于最低立面防水高度)(m2)
1	首层	DM-1（IF楼梯间地砖）	24.7124	26.6325	43.2353	0	0	0
2		楼地面	617.1565	626.3858	320.3312	0	0	0
3		**小计**	**641.8689**	**653.0183**	**363.5665**	**0**	**0**	**0**
4	合计		641.8689	653.0183	363.5665	0	0	0

图 4-13 首层楼地面工程量

扫码看视频

墙面绘制及工程量查看

4.2 墙柱面绘制

墙柱面构造一般包含三层，分别是底层、中间层和面层。底层是指经过对墙体表面做抹灰处理，初步找平的墙面。中间层是底层与面层连接的中介，能使连接更加牢固，可防潮、防腐、保温隔热、通风。面层是墙面装饰层。墙面装饰层常用材料有墙纸、墙布、木质板材、石材、金属板、瓷砖、镜面玻璃、织物、皮革等。

(1) 新建墙面

墙面分为内墙面和外墙面，外墙面是指外墙外侧墙面，外墙内侧墙面和内墙两侧墙面均为内墙面。新建墙面时要注意区分内墙面和外墙面，两种墙面在软件中显示颜色不同。在导航树墙面中点击“新建”，比如点击“新建外墙面”，如图 4-14 所示，然后在属性列表中进行墙面信息编辑，比如名称、标高等。

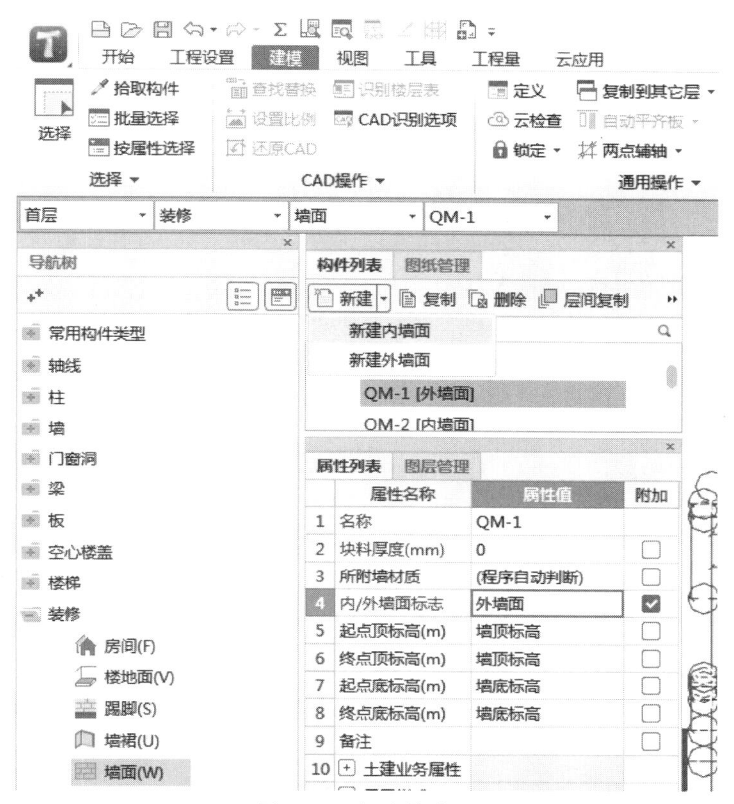

图 4-14　新建外墙面

(2) 以房间为单位绘制

绘制墙面可以单独绘制，也可以依附在房间中进行布置，首先新建房间，在导航树装修中的房间界面点击“新建”，然后按照图纸房间布置名称修改图元名称，如图 4-15 所示。

房间新建完成后，点击工具栏通用操作中的“定义”，进入房间定义界面，然后选择构建类型中的墙面，点击“添加依附构件”。如图 4-16 所示。根据图纸选择该房间的墙面类型，如内墙面或外墙面。构件添加完成后，进行房间绘制，回到建模界面采用点的方式进行绘制。

(3) 直接绘制墙面

在导航树墙面中查看绘图方式，如图 4-17 所示，直接绘制楼地面有点、直线等方式，根据图纸墙面进行选择。绘制时要注意外墙的内外侧墙面类型不同，如图 4-18 所示。首层墙面三维图如图 4-19 所示。

(4) 墙面工程量

A28＃楼墙面装修做法见表 4-2。

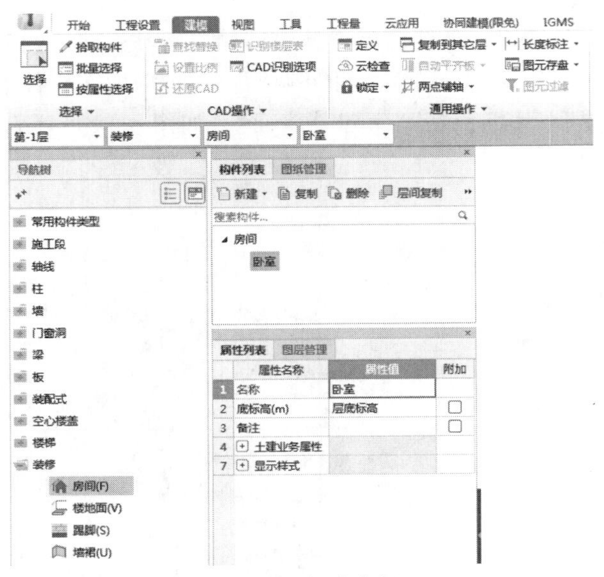

图 4-15　新建房间

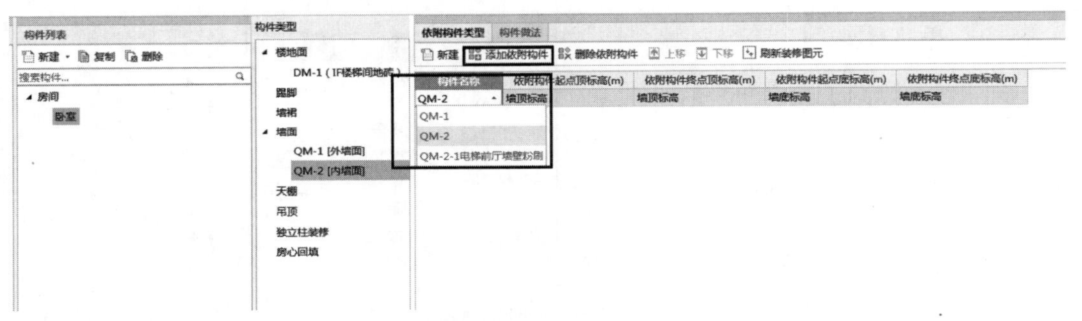

图 4-16　添加依附构件

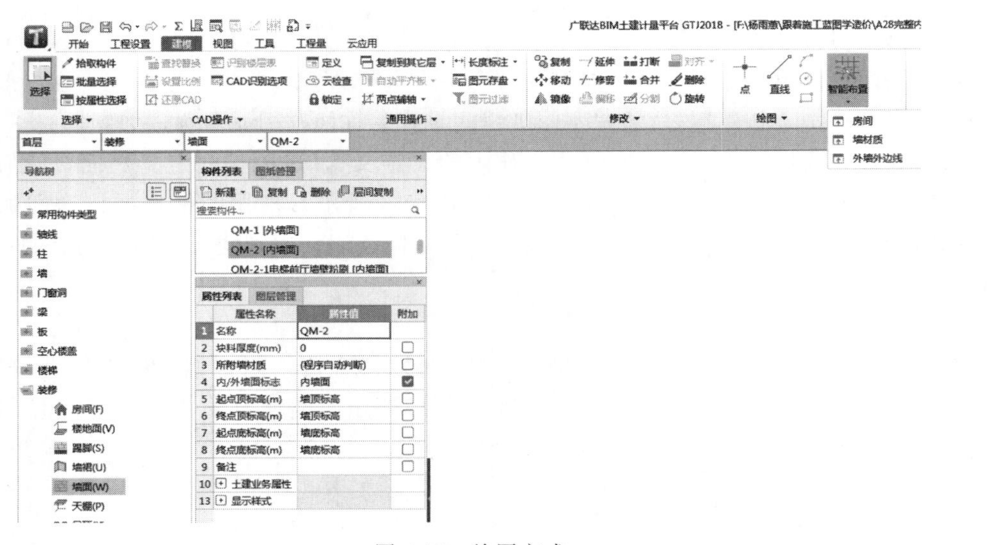

图 4-17　绘图方式

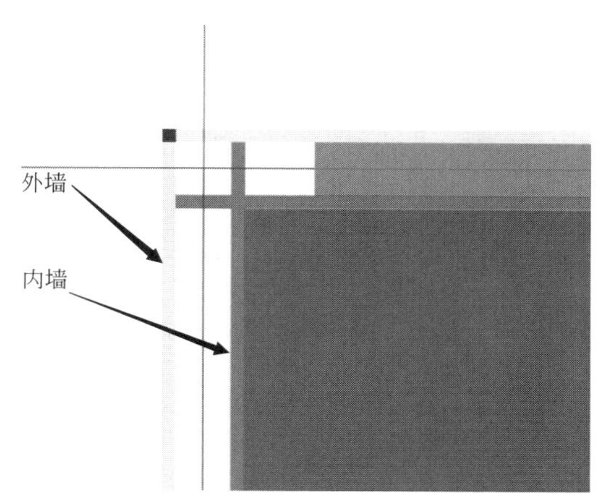

图 4-18　外墙的内外侧

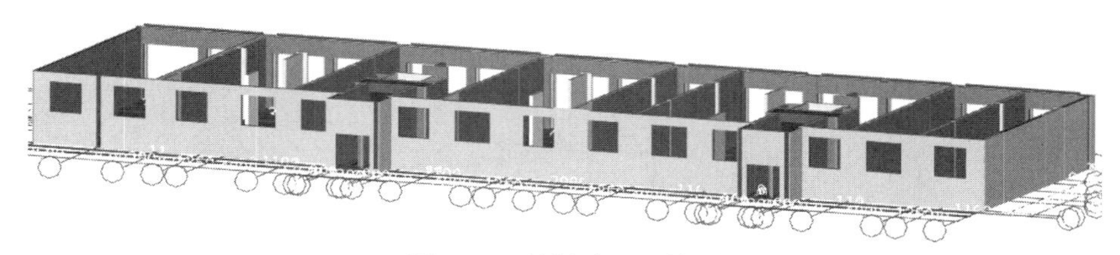

图 4-19　首层墙面三维图

表 4-2　A28＃楼墙面装修做法表

名称		索引	应用部位
内墙	釉面砖墙面	12YJ1 内墙 6	卫生间
	混合砂浆墙面	05YJ1 内墙 3	除以上外的所有内墙面
外墙	涂料外墙面	参照 12YJ3-1 中相关节点	三层及以上外墙面、阳台线脚、空调板及飘窗上下板
	花岗岩外墙面	参照 12YJ3-1 中相关节点	一二层外墙面
	面砖外墙面	参照 12YJ3-1 中相关节点	除以上墙面外的所有外墙面

墙面清单工程量计算规则：按设计图示尺寸以面积计算。扣除墙裙、门窗洞口及单个 $\leqslant 0.3m^2$ 的孔洞面积，不扣除踢脚线、挂镜线和墙与构件交接处的面积，门窗洞口和空洞侧壁及顶面不增加面积。附墙、柱、垛、烟囱侧壁并入相应墙面面积计算。

① 釉面砖内墙面　以三层 A 户型 $3.55m^2$ 卫生间为例，平面图如图 4-20 所示，三维图如图 4-21 所示。

图 4-20 中标注釉面砖内墙面工程量计算式：

$$墙面抹灰面积=\underbrace{4.942}_{\text{原始墙面抹灰面积}}-\underbrace{0.96}_{\text{扣窗}}-\underbrace{0.1439}_{\text{扣现浇板}}=3.838(m^2)$$

$$墙面块料面积=\underbrace{4.942}_{\text{原始墙面块料面积}}-\underbrace{0.0045}_{\text{扣非平行梁}}-\underbrace{0.96}_{\text{扣窗}}-\underbrace{0.1439}_{\text{扣现浇板}}+\underbrace{0.44}_{\text{加窗侧壁}}=4.2736(m^2)$$

平齐墙面柱抹灰面积 $=0.0612m^2$

平齐墙面柱块料面积 $=0.0612m^2$

$$柱块料面积=\underbrace{0.0612}_{\text{平齐墙面柱外露面积}}=0.0612(m^2)$$

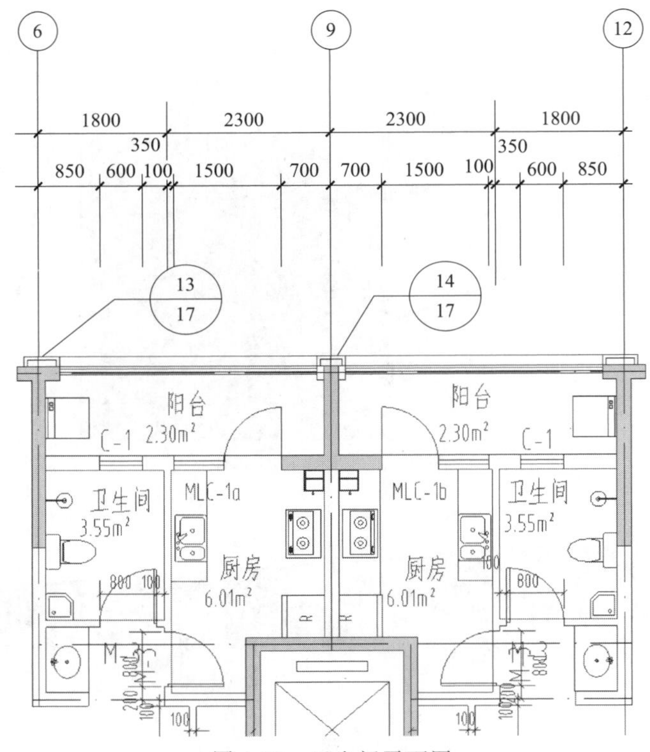

图 4-20　卫生间平面图

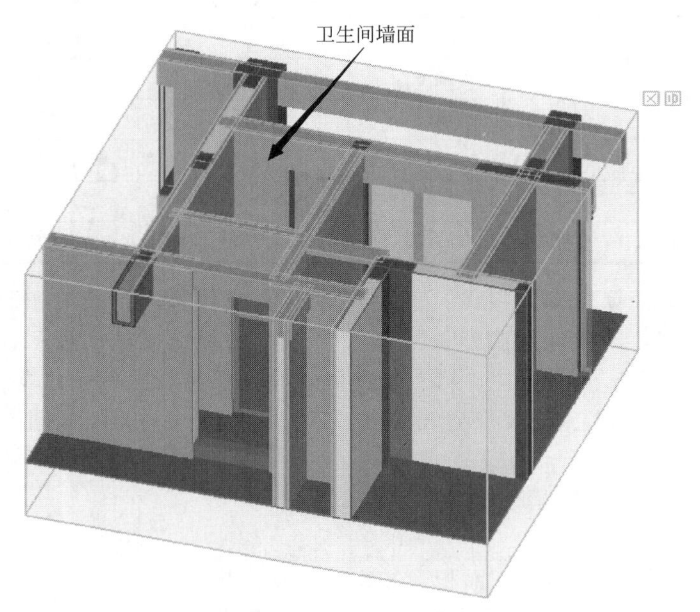

图 4-21　卫生间三维图

柱抹灰面积 $=\underbrace{0.0612}_{\text{平齐墙面柱外露面积}}=0.0612(\mathrm{m}^2)$

砌块墙面抹灰面积 $=\underbrace{4.942}_{\text{原始墙面抹灰面积}}-\underbrace{0.96}_{\text{扣窗}}-\underbrace{0.1439}_{\text{扣现浇板}}=3.838(\mathrm{m}^2)$

砌块墙面块料面积 $=\underset{\text{原始墙面块料面积}}{\underline{\underline{4.942}}}-\underset{\text{扣非平行梁}}{\underline{\underline{0.0045}}}-\underset{\text{扣窗}}{\underline{\underline{0.96}}}-\underset{\text{扣现浇板}}{\underline{\underline{0.1439}}}+\underset{\text{加窗侧壁}}{\underline{\underline{0.44}}}$

$=4.2736(\text{m}^2)$

平齐墙面梁抹灰面积 $=\underset{\text{平齐墙面梁外露面积(抹灰)}}{\underline{\underline{1.599\times0.07+0.392+1.6263\times0.2}}}=0.8291(\text{m}^2)$

平齐墙面梁块料面积 $=\underset{\text{平齐墙面梁外露面积(块料)}}{\underline{\underline{1.599\times0.07+0.392+1.6263\times0.2}}}=0.8291(\text{m}^2)$

整个卫生间四面墙面三维图如图 4-22 所示，卫生间四面墙面的工程量如图 4-23 所示。

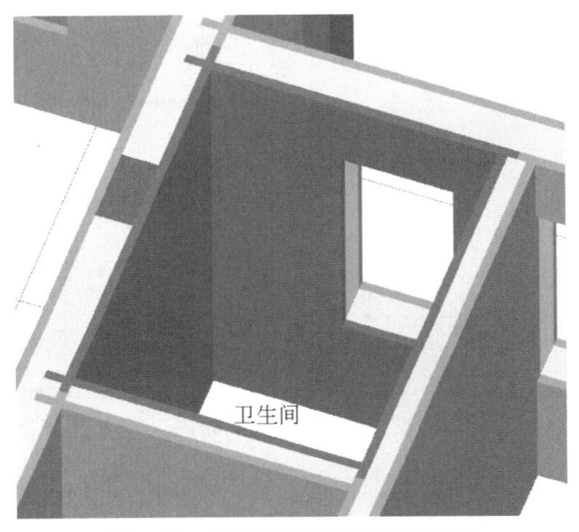

图 4-22 卫生间四面墙面三维图

查看构件图元工程量

构件工程量 做法工程量

清单工程量 定额工程量 显示房间、组合构件量 只显示标准层单层量

	楼层	名称	所附墙材质	内/外墙面标志	墙面抹灰面积(m2)	墙面块料面积(m2)	凸出墙面柱抹灰面积(m2)	凸出墙面柱块料面积(m2)	平齐墙面柱抹灰面积(m2)	平齐墙面柱块料面积(m2)	梁抹灰面积(m2)	梁块料面积(m2)
1	第3层	QM-1 [外墙面]	砌块	外墙面	6.5629	7.2829	0	0	0.1493	0.1493	0	0
2				小计	**6.5629**	**7.2829**	**0**	**0**	**0.1493**	**0.1493**	**0**	**0**
3			小计		**6.5629**	**7.2829**	**0**	**0**	**0.1493**	**0.1493**	**0**	**0**
4		QM-2 [内墙面]	砌块	内墙面	41.9031	42.7666	0	0	0.3536	0.3536	1.5328	1.5328
5				小计	**41.9031**	**42.7666**	**0**	**0**	**0.3536**	**0.3536**	**1.5328**	**1.5328**
6			现浇混凝土	内墙面	17.0263	17.0263	0.867	0.867	3.105	3.105	0.0863	0.0863
7				小计	**17.0263**	**17.0263**	**0.867**	**0.867**	**3.105**	**3.105**	**0.0863**	**0.0863**
8			小计		**58.9294**	**59.7929**	**0.867**	**0.867**	**3.4586**	**3.4586**	**1.6191**	**1.6191**
9		小计			**65.4923**	**67.0758**	**0.867**	**0.867**	**3.6079**	**3.6079**	**1.6191**	**1.6191**
10	合计				65.4923	67.0758	0.867	0.867	3.6079	3.6079	1.6191	1.6191

图 4-23 卫生间四面墙面的工程量

② 混合砂浆内墙面 混合砂浆内墙面计算以 17.1m² 卧室为例，平面图如图 4-24 所示，三维图如图 4-25 所示。

图 4-24 中标注的墙面工程量计算式：

墙面抹灰面积 $=\underset{\text{原始墙面抹灰面积}}{\underline{\underline{10.9827}}}-\underset{\text{扣门}}{\underline{\underline{1.89}}}-\underset{\text{扣现浇板}}{\underline{\underline{0.0001}}}=9.0926(\text{m}^2)$

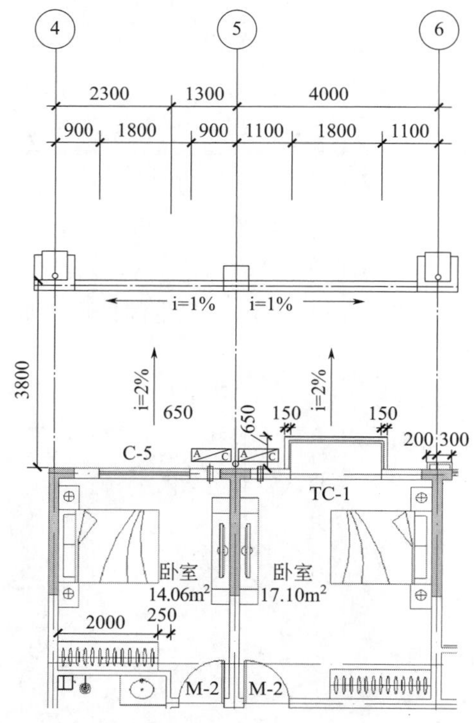

图 4-24　卧室平面图

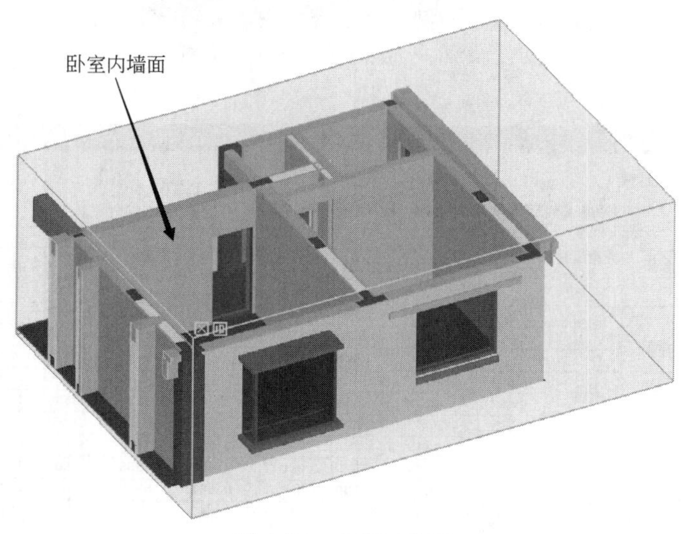

图 4-25　卧室三维图

墙面块料面积 $= \underset{\text{原始墙面块料面积}}{\underline{10.9827}} - \underset{\text{扣门}}{\underline{1.89}} - \underset{\text{扣现浇板}}{\underline{0.0001}} + \underset{\text{加门侧壁}}{\underline{0.51}} = 9.6026(\text{m}^2)$

平齐墙面柱抹灰面积 $=0.2875\text{m}^2$

平齐墙面柱块料面积 $=0.2875\text{m}^2$

柱块料面积 $= \underset{\text{平齐墙面柱外露面积}}{\underline{0.2875}} = 0.2875(\text{m}^2)$

$$柱抹灰面积=\underset{平齐墙面柱外露面积}{\underline{0.2875}}=0.2875(m^2)$$

$$砌块墙面抹灰面积=\underset{原始墙面抹灰面积}{\underline{10.9827}}-\underset{扣门}{\underline{1.89}}-\underset{扣现浇板}{\underline{0.0001}}=9.0926(m^2)$$

$$砌块墙面块料面积=\underset{原始墙面块料面积}{\underline{10.9827}}-\underset{扣门}{\underline{1.89}}-\underset{扣现浇板}{\underline{0.0001}}+\underset{加门侧壁}{\underline{0.51}}=9.6026(m^2)$$

$$平齐墙面梁抹灰面积=\underset{平齐墙面梁外露面积(抹灰)}{\underline{0.888}}=0.888(m^2)$$

$$平齐墙面梁块料面积=\underset{平齐墙面梁外露面积(块料)}{\underline{0.888}}=0.888(m^2)$$

17.1m^2 卧室四个内墙面三维图如图 4-26 所示，四个内墙面工程量如图 4-27 所示。

图 4-26　四个内墙面三维图

构件工程量　做法工程量

清单工程量　定额工程量　显示房间、组合构件量　只显示标准层单层量

	楼层	名称	所附墙材质	内/外墙面标志	墙面抹灰面积(m2)	墙面块料面积(m2)	凸出墙面柱抹灰面积(m2)	凸出墙面柱块料面积(m2)	平齐墙面柱抹灰面积(m2)	平齐墙面柱块料面积(m2)	梁抹灰面积(m2)	梁块料面积(m2)
1	第3层	QM-1 [外墙面]	砌块	外墙面	6.5629	7.2829	0	0	0.1493	0.1493	0	0
2				小计	6.5629	7.2829	0	0	0.1493	0.1493	0	0
3			小计		6.5629	7.2829	0	0	0.1493	0.1493	0	0
4		QM-2 [内墙面]	砌块	内墙面	21.2726	21.2829	0	0	0.2924	0.2924	0	0
5				小计	21.2726	21.2829	0	0	0.2924	0.2924	0	0
6			现浇混凝土	内墙面	13.8253	13.8253	0.867	0.867	2.023	2.023	0	0
7				小计	13.8253	13.8253	0.867	0.867	2.023	2.023	0	0
8			小计		35.0979	35.1082	0.867	0.867	2.3154	2.3154	0	0
9		小计			41.6608	42.3911	0.867	0.867	2.4647	2.4647	0	0
10	合计				41.6608	42.3911	0.867	0.867	2.4647	2.4647	0	0

图 4-27　四个内墙面工程量

③ 涂料外墙面　涂料外墙面以如图 4-28 所示的第三层外墙为例，三维图如图 4-29 所示，图 4-28 中标注的砌体墙长度为 5.9m。

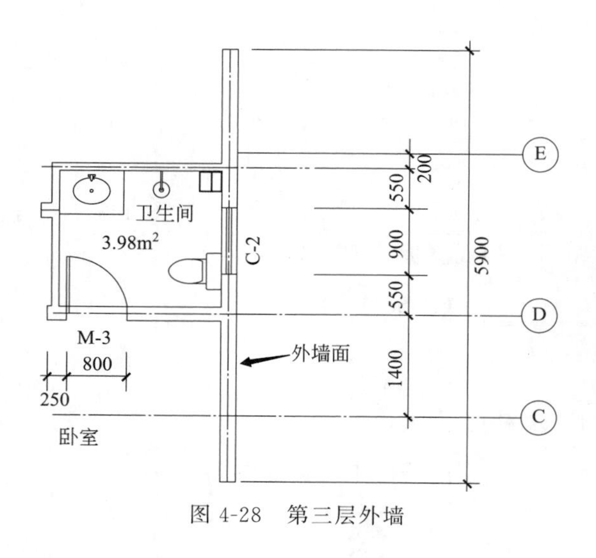

图 4-28　第三层外墙

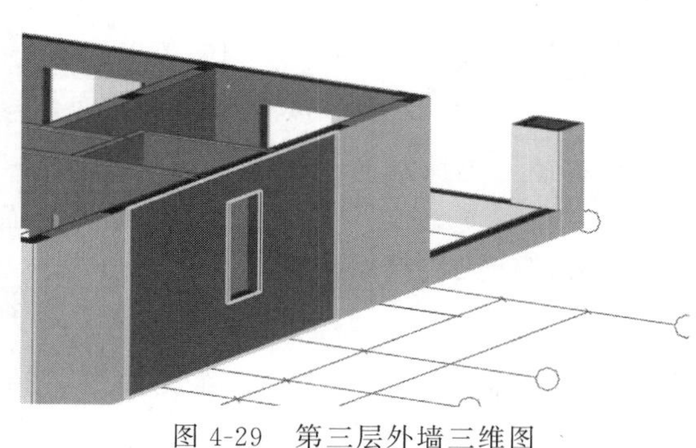

图 4-29　第三层外墙三维图

墙面抹灰面积 $=\underbrace{5.9\times3}_{\text{原始墙面抹灰面积}}+\underbrace{2.419}_{\text{加梁外露面积}}-\underbrace{1.18}_{\text{扣平行梁}}-\underbrace{1.44}_{\text{扣窗}}-\underbrace{0.072}_{\text{扣压顶}}=17.427(\text{m}^2)$

墙面块料面积 $=\underbrace{5.9\times3}_{\text{原始墙面块料面积}}+\underbrace{2.419}_{\text{加梁外露面积}}-\underbrace{1.18}_{\text{扣平行梁}}-\underbrace{1.44}_{\text{扣窗}}-\underbrace{0.072}_{\text{扣压顶}}+\underbrace{0.5}_{\text{加窗侧壁}}=17.927(\text{m}^2)$

平齐墙面柱抹灰面积 $=0.56\text{m}^2$

平齐墙面柱块料面积 $=0.56\text{m}^2$

梁抹灰面积 $=2.419\text{m}^2$

梁块料面积 $=2.419\text{m}^2$

柱块料面积 $=\underbrace{0.56}_{\text{平齐墙面柱外露面积}}=0.56(\text{m}^2)$

柱抹灰面积 $=\underbrace{0.56}_{\text{平齐墙面柱外露面积}}=0.56(\text{m}^2)$

砌块墙面抹灰面积 $=\underbrace{5.9\times3}_{\text{原始墙面抹灰面积}}+\underbrace{2.419}_{\text{加梁外露面积}}-\underbrace{1.18}_{\text{扣平行梁}}-\underbrace{1.44}_{\text{扣窗}}-\underbrace{0.072}_{\text{扣压顶}}=17.427(\text{m}^2)$

砌块墙面块料面积 $=\underbrace{5.9\times3}_{\text{原始墙面块料面积}}+\underbrace{2.419}_{\text{加梁外露面积}}-\underbrace{1.18}_{\text{扣平行梁}}-\underbrace{1.44}_{\text{扣窗}}-\underbrace{0.072}_{\text{扣压顶}}+\underbrace{0.5}_{\text{加窗侧壁}}=17.927(\text{m}^2)$

平齐墙面梁抹灰面积 $=\underbrace{(2.2\times0.5+3.5\times0.5)}_{\text{平齐墙面梁外露面积(抹灰)}}=2.85(\text{m}^2)$

平齐墙面梁块料面积 $=\underbrace{(2.2\times0.5+3.5\times0.5)}_{\text{平齐墙面梁外露面积(块料)}}=2.85(\text{m}^2)$

凸出墙面梁抹灰面积 $=\underbrace{(5.9\times0.15+5.9\times0.06+5.9\times0.05+5.9\times0.15)}_{\text{凸出墙面梁外露面积(抹灰)}}=2.419(\text{m}^2)$

$$\text{凸出墙面梁块料面积}=\underbrace{(5.9\times0.15+5.9\times0.06+5.9\times0.05+5.9\times0.15)}_{\text{凸出墙面梁外露面积(块料)}}=2.419(\mathrm{m}^2)$$

整面墙三维图如图 4-30 所示，整面墙工程量如图 4-31 所示。

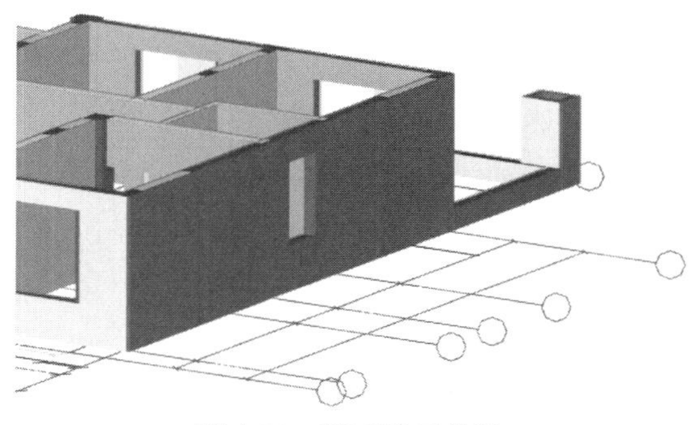

图 4-30　整面墙三维图

查看构件图元工程量

构件工程量　做法工程量

清单工程量　定额工程量　显示房间、组合构件量　只显示标准层单层量

	楼层	名称	所附墙材质	内/外墙面标志	墙面抹灰面积(m2)	墙面块料面积(m2)	凸出墙面柱抹灰面积(m2)	凸出墙面柱块料面积(m2)	平齐墙面柱抹灰面积(m2)	平齐墙面柱块料面积(m2)	梁抹灰面积(m2)	梁块料面积(m2)
1	第3层	QM-1 [外墙面]	砌块	外墙面	19.4917	19.9917	0.0859	0.0859	0.56	0.56	3.9345	3.9345
2				**小计**	**19.4917**	**19.9917**	**0.0859**	**0.0859**	**0.56**	**0.56**	**3.9345**	**3.9345**
3			现浇混凝土	外墙面	16.7294	16.7294	0	0	3.9197	3.9197	2.1774	2.1774
4				**小计**	**16.7294**	**16.7294**	**0**	**0**	**3.9197**	**3.9197**	**2.1774**	**2.1774**
5			砖	外墙面	1.0739	1.0739	0	0	0	0	0.0796	0.0796
6				**小计**	**1.0739**	**1.0739**	**0**	**0**	**0**	**0**	**0.0796**	**0.0796**
7			**小计**		**37.295**	**37.795**	**0.0859**	**0.0859**	**4.4797**	**4.4797**	**6.1915**	**6.1915**
8		**小计**			**37.295**	**37.795**	**0.0859**	**0.0859**	**4.4797**	**4.4797**	**6.1915**	**6.1915**
9	合计				37.295	37.795	0.0859	0.0859	4.4797	4.4797	6.1915	6.1915

图 4-31　整面墙工程量

④ 花岗岩外墙面　以图 4-32 所示的首层外墙面为例，三维图如图 4-33 所示，工程量计算为：

$$\text{墙面抹灰面积}=\underbrace{14.9\times4}_{\text{原始墙面抹灰面积}}+\underbrace{10.5697}_{\text{加柱外露}}+\underbrace{6.3658}_{\text{加梁外露面积}}-\underbrace{7.9636}_{\text{扣柱}}-\underbrace{5.7206}_{\text{扣平行梁}}=62.8513(\mathrm{m}^2)$$

$$\text{墙面块料面积}=\underbrace{14.9\times4}_{\text{原始墙面块料面积}}+\underbrace{10.5697}_{\text{加柱外露}}+\underbrace{6.3658}_{\text{加梁外露面积}}-\underbrace{7.9636}_{\text{扣柱}}-\underbrace{5.7206}_{\text{扣平行梁}}=62.8513(\mathrm{m}^2)$$

凸出墙面柱抹灰面积 $=10.5697\mathrm{m}^2$

凸出墙面柱块料面积 $=10.5697\mathrm{m}^2$

平齐墙面柱抹灰面积 $=0.7\mathrm{m}^2$

平齐墙面柱块料面积 $=0.7\mathrm{m}^2$

梁抹灰面积 $=6.3658\mathrm{m}^2$

梁块料面积 $=6.3658\mathrm{m}^2$

$$\text{柱块料面积}=\underbrace{10.5697}_{\text{凸出墙面柱外露面积}}+\underbrace{0.7}_{\text{平齐墙面柱外露面积}}=11.2697(\mathrm{m}^2)$$

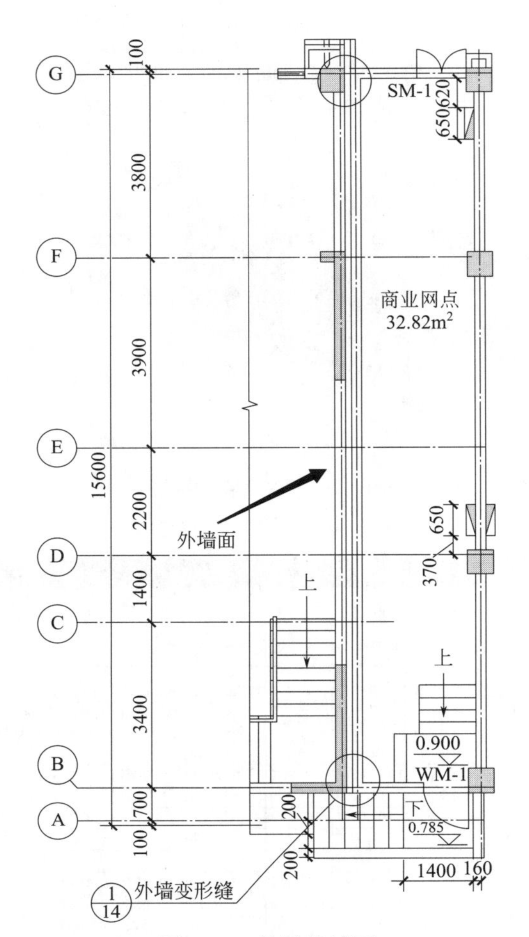

图 4-32　首层外墙面

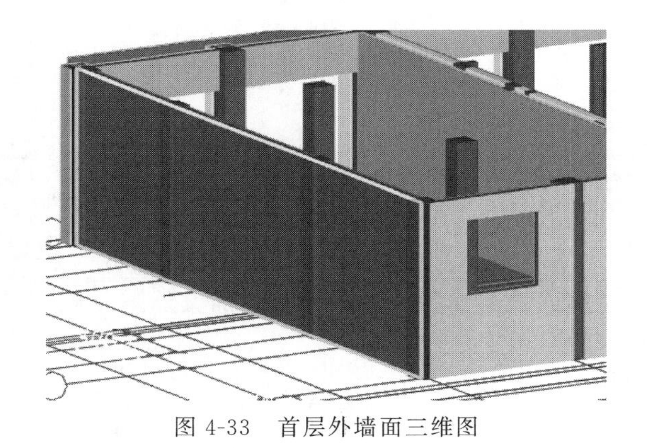

图 4-33　首层外墙面三维图

柱抹灰面积 $=\underbrace{10.5697}_{\text{凸出墙面柱外露面积}}+\underbrace{0.7}_{\text{平齐墙面柱外露面积}}=11.2697(\text{m}^2)$

砌块墙面抹灰面积 $=\underbrace{14.9\times4}_{\text{原始墙面抹灰面积}}+\underbrace{10.5697}_{\text{加柱外露}}+\underbrace{6.3658}_{\text{加梁外露面积}}-\underbrace{7.9636}_{\text{扣柱}}-\underbrace{5.7206}_{\text{扣平行梁}}$

$=62.8513(\text{m}^2)$

$$砌块墙面块料面积=\underbrace{14.9\times4}_{\text{原始墙面块料面积}}+\underbrace{10.5697}_{\text{加柱外露}}+\underbrace{6.3658}_{\text{加梁外露面积}}-\underbrace{7.9636}_{\text{扣柱}}-\underbrace{5.7206}_{\text{扣平行梁}}=62.8513(m^2)$$

$$凸出墙面梁抹灰面积=\underbrace{(3.3091\times0.025+3.3091\times0.025+3.3091\times0.4+5.5943\times0.025+5.5943\times0.025+5.5943\times0.5+4\times0.025+4\times0.025+4\times0.4)}_{\text{凸出墙面梁外露面积(抹灰)}}=6.3658(m^2)$$

$$凸出墙面梁块料面积=\underbrace{(3.3091\times0.025+3.3091\times0.025+3.3091\times0.4+5.5943\times0.025+5.5943\times0.025+5.5943\times0.5+4\times0.025+4\times0.025+4\times0.4)}_{\text{凸出墙面梁外露面积(块料)}}=6.3658(m^2)$$

首层外墙面工程量如图 4-34 所示。

构件工程量　做法工程量

清单工程量　定额工程量　显示房间、组合构件量　只显示标准层单层量

	楼层	名称	所附墙材质	内/外墙面标志	墙面抹灰面积(m2)	墙面块料面积(m2)	凸出墙面柱抹灰面积(m2)	凸出墙面柱块料面积(m2)	平齐墙面柱抹灰面积(m2)	平齐墙面柱块料面积(m2)	梁抹灰面积(m2)	梁块料面积(m2)
1	首层	QM-1 [外墙面]	砌块	外墙面	62.8513	62.8513	10.5697	10.5697	0.7	0.7	6.3658	6.3658
2				小计	62.8513	62.8513	10.5697	10.5697	0.7	0.7	6.3658	6.3658
3			小计		62.8513	62.8513	10.5697	10.5697	0.7	0.7	6.3658	6.3658
4		小计			62.8513	62.8513	10.5697	10.5697	0.7	0.7	6.3658	6.3658
5	合计				62.8513	62.8513	10.5697	10.5697	0.7	0.7	6.3658	6.3658

图 4-34　首层外墙面工程量

4.3　踢脚线绘制

踢脚线绘制及工程量查看

(1) 新建踢脚线

在导航树装修踢脚中点击“新建”，新建后在属性列表中进行属性编辑，如名称、高度等。如图 4-35 所示，以 TLJ-1 为例，在属性列表中输入名称，高度 150mm。

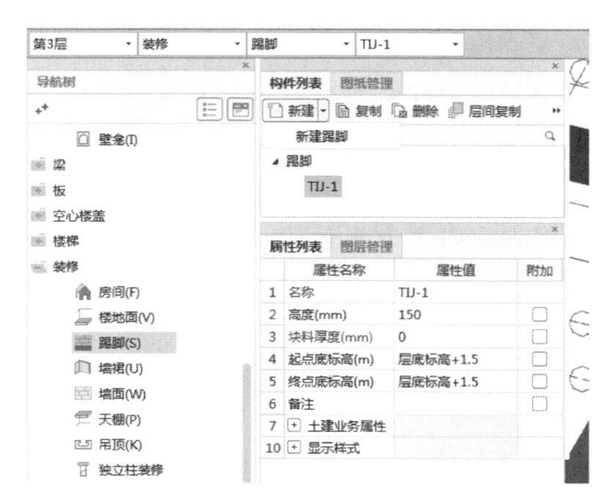

图 4-35　新建踢脚线

（2）绘制踢脚线

新建完成后，在绘图中查看绘制方式，踢脚线绘制方式有点和直线两种，如图 4-36 所示，如用点的方式绘制，选中点，然后把鼠标放在绘制踢脚线的墙边，如图 4-37 所示，左键确定即可。踢脚线绘制时遇到门窗洞口时自动扣减，如图 4-38 所示。

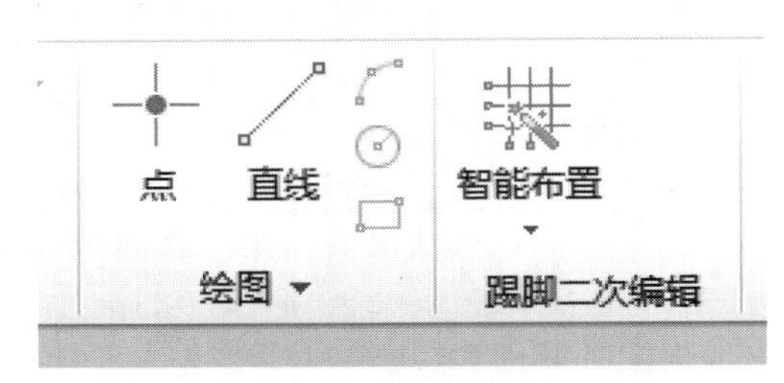

图 4-36　绘制方式

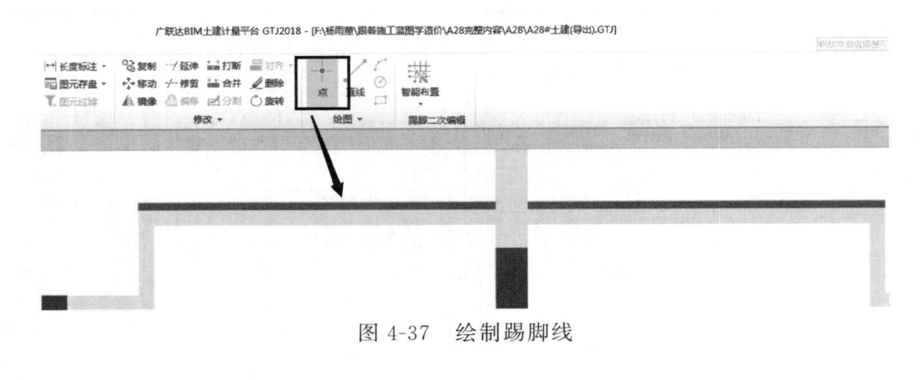

图 4-37　绘制踢脚线

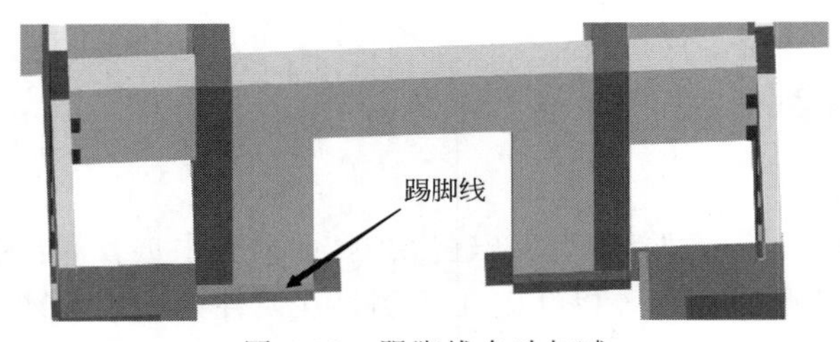

图 4-38　踢脚线自动扣减

（3）踢脚线工程量计算

以三层楼梯间踢脚线为例，楼梯间踢脚线随着楼梯的高度呈斜坡式，整个楼梯间踢脚线分为踏步段和平台段，按照从下至上的顺序码，把楼梯间踢脚线分为如图 4-39 所示的五段，分别计算工程量。

踢脚线清单工程量计算规则：以平方米计量，按设计图示长度乘高度以面积计算；以米计量，按延长米计算。

第一段工程量计算式：

踢脚抹灰长度 $= \underbrace{3.0451}_{\text{抹灰长度}} = 3.0451(\text{m})$

踢脚块料长度 $= \underbrace{3.0451}_{\text{块料长度}} + \underbrace{0.6}_{\text{加柱外露}} - \underbrace{0.5745}_{\text{扣柱}} = 3.0706(\text{m})$

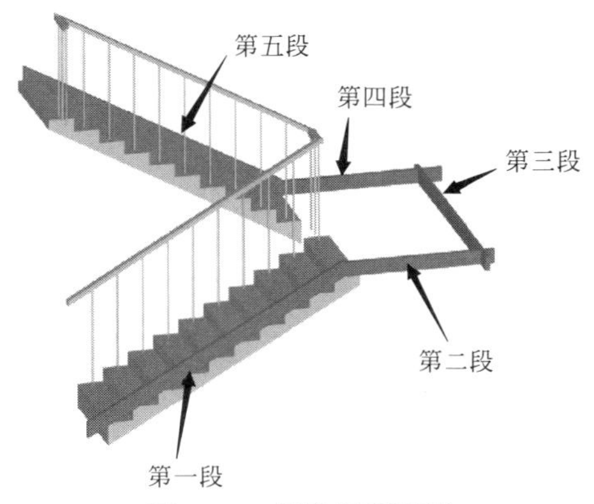

图 4-39　楼梯间踢脚线

踢脚抹灰面积$=\underset{\text{抹灰长度}}{\underline{\underline{3.0451}}}\times\underset{\text{踢脚高度}}{\underline{\underline{0.15}}}=0.4568(m^2)$

踢脚块料面积$=\underset{\text{块料长度}}{\underline{\underline{3.0451}}}\times\underset{\text{踢脚高度}}{\underline{\underline{0.15}}}+\underset{\text{加柱外露}}{\underline{\underline{0.09}}}-\underset{\text{扣柱}}{\underline{\underline{0.0862}}}=0.4606(m^2)$

柱踢脚抹灰长度=0.6m

柱踢脚块料长度=0.6m

柱踢脚抹灰面积$=0.09m^2$

柱踢脚线块料面积$=0.09m^2$

第二段工程量计算式：

踢脚抹灰长度$=\underset{\text{抹灰长度}}{\underline{\underline{1.45}}}=1.45(m)$

踢脚块料长度$=\underset{\text{块料长度}}{\underline{\underline{1.45}}}+\underset{\text{加柱外露}}{\underline{\underline{0.5}}}-\underset{\text{扣柱}}{\underline{\underline{0.5}}}=1.45(m)$

踢脚抹灰面积$=\underset{\text{抹灰长度}}{\underline{\underline{1.45}}}\times\underset{\text{踢脚线高度}}{\underline{\underline{0.15}}}=0.2175(m^2)$

踢脚块料面积$=\underset{\text{块料长度}}{\underline{\underline{1.45}}}\times\underset{\text{踢脚高度}}{\underline{\underline{0.15}}}+\underset{\text{加柱外露}}{\underline{\underline{0.075}}}-\underset{\text{扣柱}}{\underline{\underline{0.075}}}=0.2175(m^2)$

柱踢脚抹灰长度=0.5m

柱踢脚块料长度=0.5m

柱踢脚抹灰面积$=0.075m^2$

柱踢脚块料面积$=0.075m^2$

第三段工程量计算式：

踢脚抹灰长度$=\underset{\text{抹灰长度}}{\underline{\underline{2.601}}}=2.601(m)$

踢脚块料长度$=\underset{\text{块料长度}}{\underline{\underline{2.601}}}=2.601(m)$

踢脚抹灰面积$=\underset{\text{抹灰长度}}{\underline{\underline{2.601}}}\times\underset{\text{踢脚线高度}}{\underline{\underline{0.15}}}=0.3901(m^2)$

踢脚块料面积$=\underset{\text{块料长度}}{\underline{\underline{2.601}}}\times\underset{\text{踢脚线高度}}{\underline{\underline{0.15}}}=0.3901(m^2)$

第四段工程量计算式：等于第二段。

第五段工程量计算式：等于第一段。

楼梯间踢脚线工程量如图 4-40 所示。

构件工程量 做法工程量

清单工程量 定额工程量 显示房间、组合构件量 只显示标准层单层量

	楼层	名称	工程量名称							
			踢脚抹灰长度(m)	踢脚块料长度(m)	踢脚抹灰面积(m2)	踢脚块料面积(m2)	柱踢脚抹灰长度(m)	柱踢脚块料长度(m)	柱踢脚抹灰面积(m2)	柱踢脚块料面积(m2)
1	第3层	TIJ-1	11.5912	11.542	1.7387	1.7313	2.1	2.1	0.315	0.315
2		**小计**	**11.5912**	**11.542**	**1.7387**	**1.7313**	**2.1**	**2.1**	**0.315**	**0.315**
3	合计		11.5912	11.542	1.7387	1.7313	2.1	2.1	0.315	0.315

图 4-40 楼梯间踢脚线工程量

扫码看视频

独立柱装修绘制及工程量查看

4.4 独立柱装修

（1）新建独立柱装修

在导航树独立柱装修中的构件列表中点击“新建”，然后根据图纸修改构件名称，如图 4-41 所示。

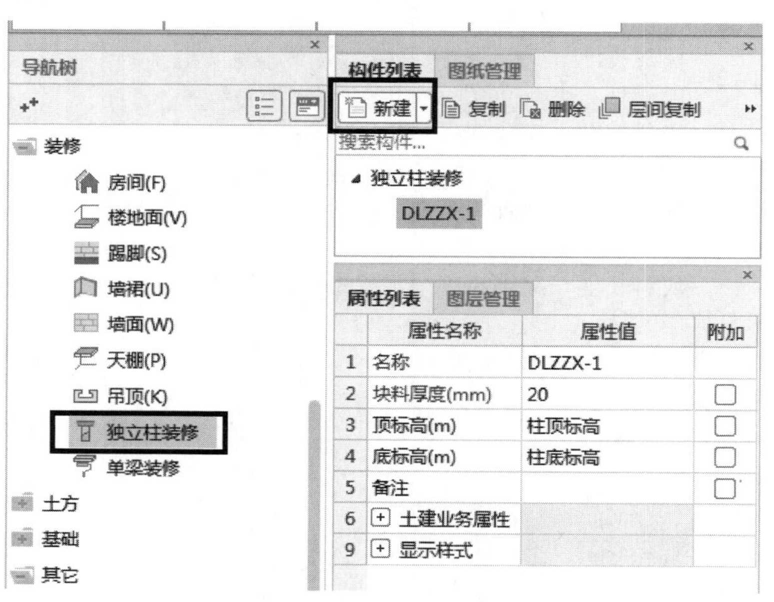

图 4-41 新建独立柱装修

（2）绘制独立柱装修

独立柱绘制方式为点绘制，如图 4-42 所示，选择点绘制，然后选择需要装修的柱，如图 4-43 所示。

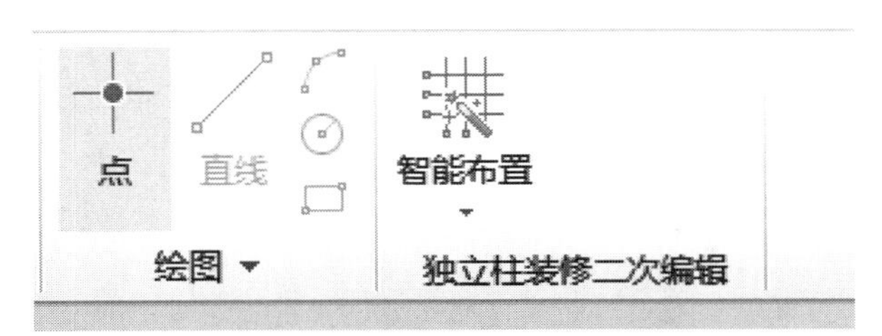

图 4-42　独立柱绘制方式

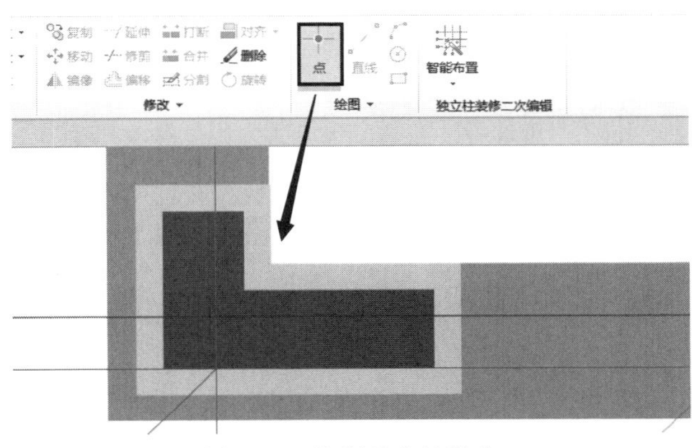

图 4-43　绘制独立柱装修

(3) 独立柱装修工程量

以三层阳台异形柱为例，计算独立柱装修工程量，异形柱平面图如图 4-44 所示，三维图如图 4-45 所示。

单根柱装修工程量计算式为：

独立柱周长＝1.6m

独立柱抹灰面积＝$\underset{\text{独立柱截面周长}}{\underline{1.6}}\times\underset{\text{独立柱抹灰高度}}{\underline{3}}-\underset{\text{扣梁}}{\underline{0.6271}}=4.1729(\text{m}^2)$

独立柱块料面积＝$\underset{\text{独立柱块料长度}}{\underline{1.68}}\times\underset{\text{独立柱块料高度}}{\underline{3}}-\underset{\text{扣梁}}{\underline{0.5255}}=4.5145(\text{m}^2)$

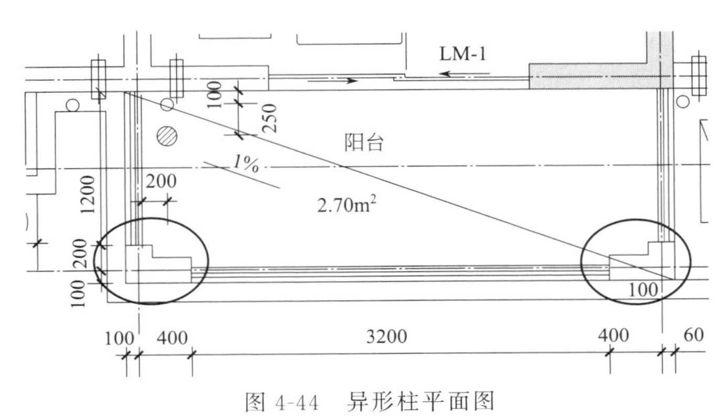

图 4-44　异形柱平面图

第三层需要单独装修的异形柱共有 8 根，形状、高度相同，如图 4-46 所示，因此第三层独立柱装修工程量如图 4-47 所示。

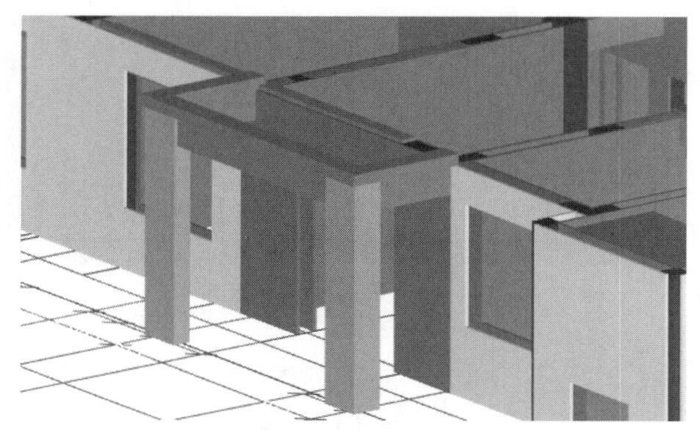

图 4-45　异形柱三维图

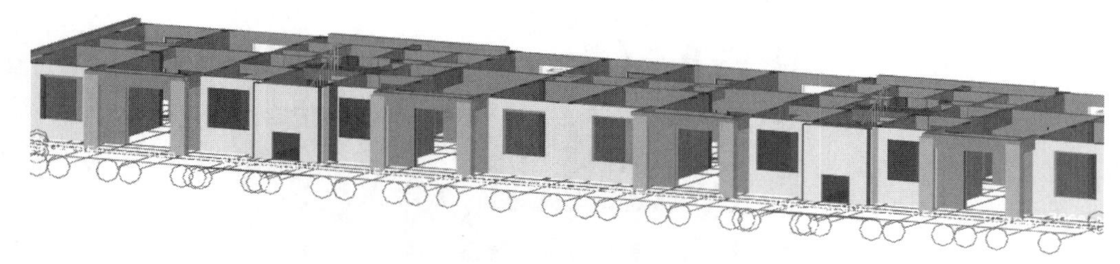

图 4-46　第三层独立柱装修三维图

构件工程量　做法工程量

◉ 清单工程量 ○ 定额工程量 ☑ 显示房间、组合构件量

	楼层	名称	工程量名称		
			独立柱周长(m)	独立柱抹灰面积(m2)	独立柱块料面积(m2)
1	第3层	DLZZX-1	12.8	34.4653	36.4783
2		**小计**	**12.8**	**34.4653**	**36.4783**
3	合计		12.8	34.4653	36.4783

图 4-47　第三层独立柱装修工程量

扫码看视频

单梁装修绘制及工程量查看

4.5 单梁装修

（1）新建单梁装修

在导航树单梁装修界面中点击“新建”，新建后在属性列表中编辑单梁装修名称，如图 4-48 所示。

（2）单梁装修绘制

单梁装修绘制方式为点绘制，如图 4-49 所示，选择点绘制，然后选择需要装修的单梁。A28＃楼三层中需要装修的单梁如图 4-50 所示，有单梁 1 和单梁 2 两种尺寸。

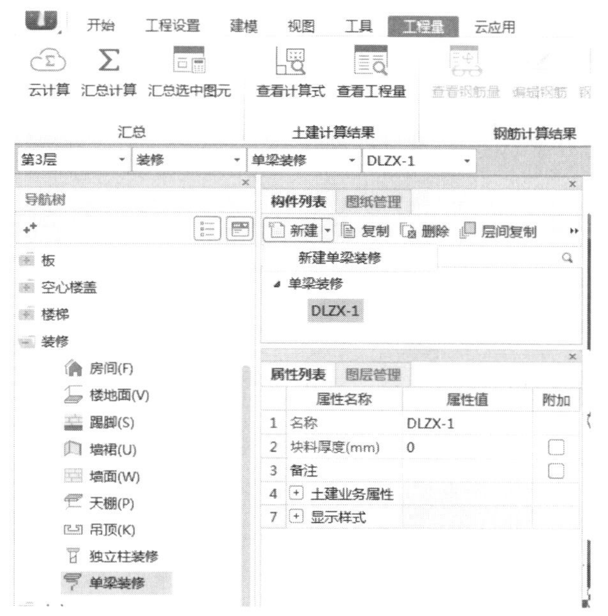

图 4-48　新建单梁装修

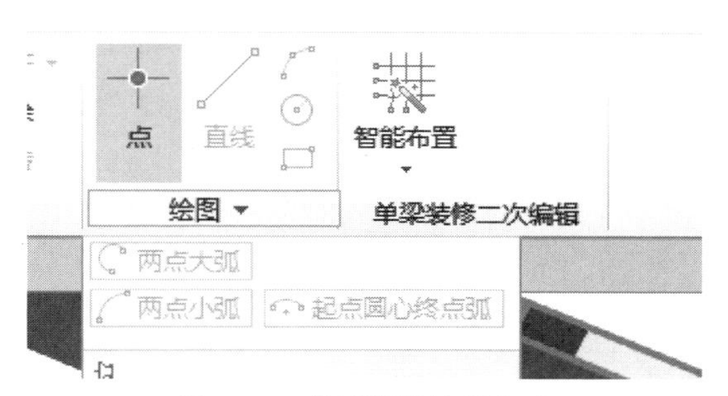

图 4-49　单梁装修绘制方式

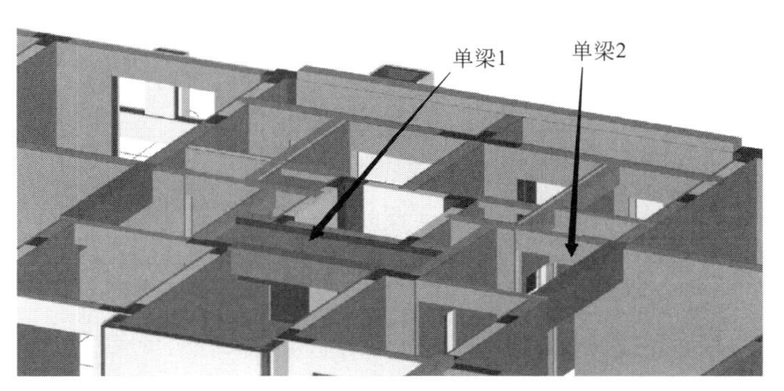

图 4-50　三层单梁装修

单梁 1 装修工程量计算式：

$$单梁抹灰面积=\underbrace{0.5}_{单梁顶面抹灰面积}+\underbrace{1.75}_{单梁侧面抹灰面积}+\underbrace{0.5}_{单梁底面抹灰面积}-\underbrace{0.5002}_{扣板}$$

$$=2.2498(m^2)$$

$$单梁块料面积=\underbrace{0.5}_{\text{单梁顶面块料面积}}+\underbrace{1.75}_{\text{单梁侧面块料面积}}+\underbrace{0.5}_{\text{单梁底面块料面积}}-\underbrace{0.5002}_{\text{扣板}}=2.2498(m^2)$$

单梁 2 装修工程量计算式：

$$单梁抹灰面积=\underbrace{0.56}_{\text{单梁顶面抹灰面积}}+\underbrace{2.8}_{\text{单梁侧面抹灰面积}}+\underbrace{0.56}_{\text{单梁底面抹灰面积}}-\underbrace{0.105}_{\text{扣梁}}-\underbrace{0.02}_{\text{扣圈梁}}-\underbrace{0.05}_{\text{扣构造柱}}-\underbrace{1.097}_{\text{扣板}}=2.648(m^2)$$

$$单梁块料面积=\underbrace{0.56}_{\text{单梁顶面块料面积}}+\underbrace{2.8}_{\text{单梁侧面块料面积}}+\underbrace{0.56}_{\text{单梁底面块料面积}}-\underbrace{0.105}_{\text{扣梁}}-\underbrace{0.02}_{\text{扣圈梁}}-\underbrace{0.05}_{\text{扣构造柱}}-\underbrace{1.097}_{\text{扣板}}=2.648(m^2)$$

第三层单梁装修三维图如图 4-51 所示，第三层单梁装修工程量如图 4-52 所示。

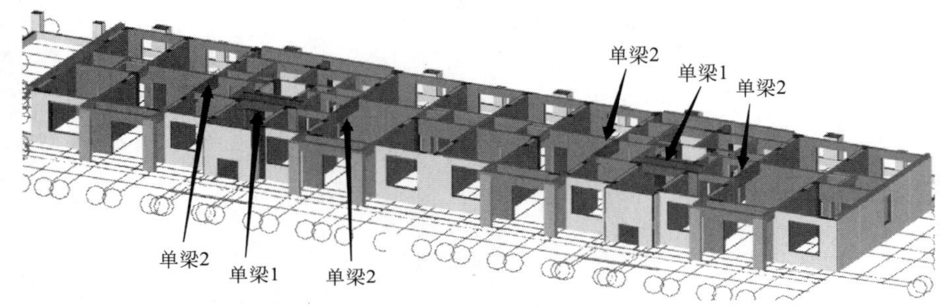

图 4-51　第三层单梁装修三维图

构件工程量　做法工程量

◉ 清单工程量 ○ 定额工程量 ☑ 显示房间、组合构件量

	楼层	名称	工程量名称	
			单梁抹灰面积(m2)	单梁块料面积(m2)
1	第3层	DLZX-1	14.9458	14.9458
2		**小计**	**14.9458**	**14.9458**
3	合计		14.9458	14.9458

图 4-52　第三层单梁装修工程量

第5章

天棚、门窗绘制

5.1 天棚工程量计算

扫码看视频

天棚绘制及工程量查看

(1) 新建天棚

在导航树装修天棚的构件列表中点击“新建”，新建天棚后，按照图纸修改天棚名称，比如 TP-1，如图 5-1 所示。

图 5-1 新建天棚

(2) 天棚绘制

绘制天棚可以单独绘制，也可以依附在房间中进行布置。

依附在房间绘制操作为：首先新建房间，在导航树装修中房间界面点击“新建”，然后按照图纸房间布置名称修改图元名称。房间新建完成后，点击工具栏通用操作中的“定义”，如图 5-2 所示，进入房间定义界面，然后选择构建类型中的天棚，点击“添加依附构件”，根据图纸选择该房间的天棚类型。构件添加完成后，进行房间绘制，回到建模界面采用点的方式进行绘制。

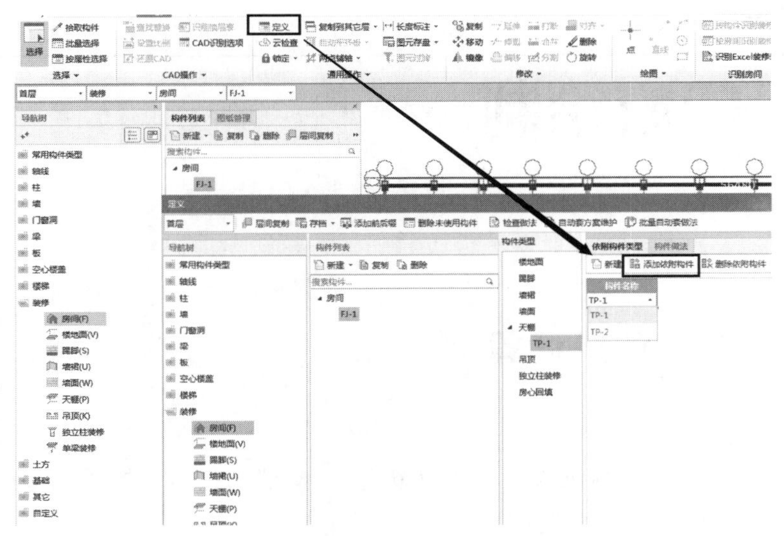

图 5-2　房间定义界面

单独绘制操作为：在导航树楼地面中查看绘图方式，如图 5-3 所示，直接绘制天棚有点、直线、矩形、弧等方式，根据图纸天棚形状进行选择。如采用点的方式进行绘制，需要在封闭图形内，否则会出现非封闭区的界面提示。首层天棚三维图如图 5-4 所示。

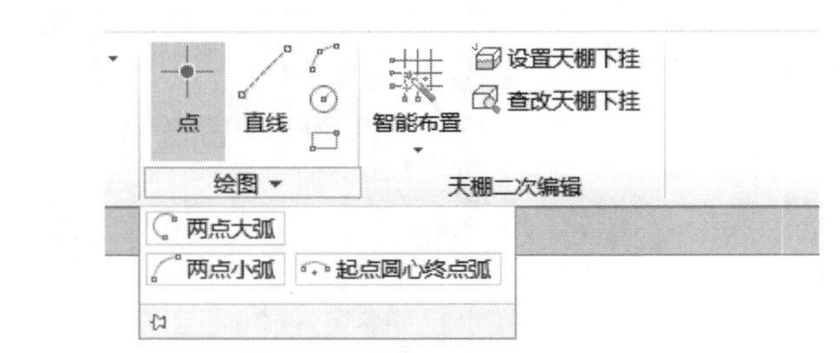

图 5-3　绘图方式

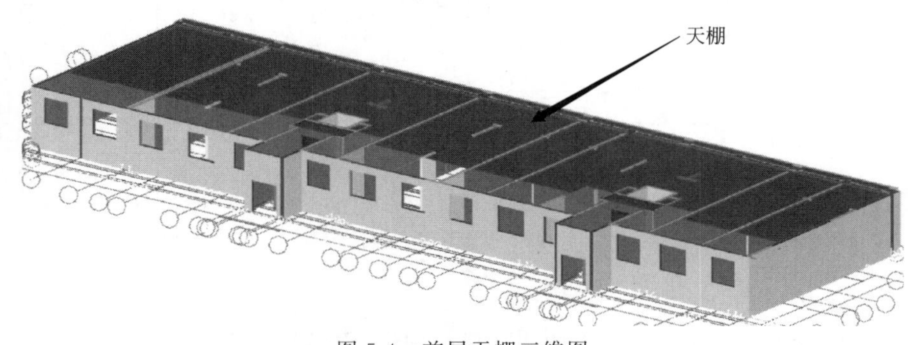

图 5-4　首层天棚三维图

(3) 天棚工程量

A28＃楼天棚做法见表 5-1。

表 5-1　A28＃楼天棚做法

名称		索引	应用部位	备注
顶棚	水泥砂浆顶棚	12YJ1 顶 6	卫生间	面层拉毛
	混合砂浆顶棚	12YJ1 顶 5	除以上外所有顶棚	楼梯间刷乳胶漆，其余面层拉毛

根据建施图，A28＃楼天棚分为两种，卫生间天棚和其余部位天棚。

天棚抹灰清单工程量计算规则：按设计图示尺寸以水平投影面积计算。不扣除间壁墙及 $\leqslant 0.3\mathrm{m}^2$ 柱、垛、附墙、烟囱、检查口和管道所占的面积。带梁天棚的梁两侧抹灰面积并入天棚面积内。

① 卫生间水泥砂浆天棚　卫生间水泥砂浆天棚平面图如图 5-5 所示，三维图如图 5-6 所示。

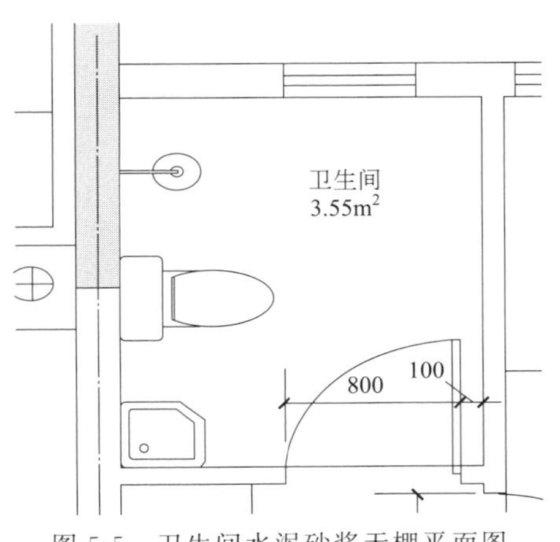

图 5-5　卫生间水泥砂浆天棚平面图

图 5-6　卫生间水泥砂浆天棚三维图

天棚抹灰面积 $=\underset{\text{长度}}{\underline{2.15}}\times\underset{\text{宽度}}{\underline{1.599}}=3.4379(\mathrm{m}^2)$

天棚装饰面积 $=\underset{\text{长度}}{\underline{2.15}}\times\underset{\text{宽度}}{\underline{1.599}}=3.4379(\mathrm{m}^2)$

满堂脚手架面积 $=\underset{\text{长度}}{\underline{2.15}}\times\underset{\text{宽度}}{\underline{1.599}}=3.4379(\mathrm{m}^2)$

天棚周长 $=7.498\mathrm{m}$

天棚投影面积 $=\underset{\text{长度}}{\underline{2.15}}\times\underset{\text{宽度}}{\underline{1.599}}=3.4379(\mathrm{m}^2)$

② 混合砂浆天棚　以如图 5-7 所示二层Ⓑ、Ⓕ、②、③轴之间围成的天棚为例：

天棚抹灰面积 $=\underset{\text{长度}}{\underline{0.25}}\times\underset{\text{宽度}}{\underline{0.05}}+\underset{\text{长度}}{\underline{0.15}}\times\underset{\text{宽度}}{\underline{0.05}}+\underset{\text{长度}}{\underline{10.727}}\times\underset{\text{宽度}}{\underline{3.5}}+\underset{\text{加悬空梁外露面积}}{\underline{8.5755}}-\underset{\text{扣悬空梁}}{\underline{2.9175}}=43.2225(\mathrm{m}^2)$

天棚装饰面积 $=\underset{\text{长度}}{\underline{0.25}}\times\underset{\text{宽度}}{\underline{0.05}}+\underset{\text{长度}}{\underline{0.15}}\times\underset{\text{宽度}}{\underline{0.05}}+\underset{\text{长度}}{\underline{10.727}}\times\underset{\text{宽度}}{\underline{3.5}}-\underset{\text{扣独立柱截面积}}{\underline{0.2056}}=37.3589(\mathrm{m}^2)$

梁抹灰面积 $=\underset{\text{悬空梁侧面抹灰面积}}{\underline{5.9853}}+\underset{\text{悬空梁底面抹灰面积}}{\underline{2.5902}}=8.5755\ (\mathrm{m}^2)$

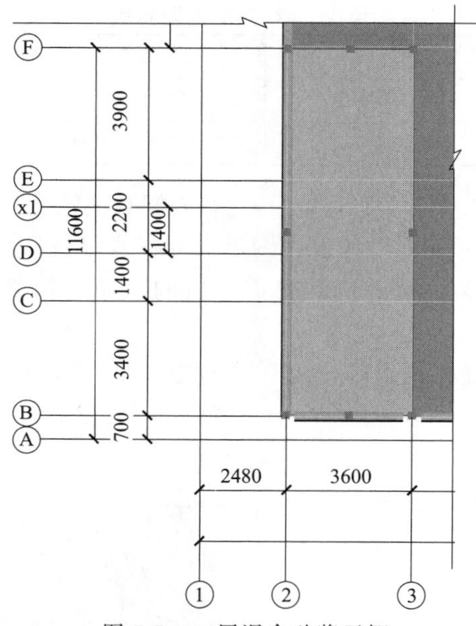

图 5-7　二层混合砂浆天棚

满堂脚手架面积 $=(\underset{\text{长度}}{\underline{0.25}}\times\underset{\text{宽度}}{\underline{0.05}}+\underset{\text{长度}}{\underline{0.15}}\times\underset{\text{宽度}}{\underline{0.05}}+\underset{\text{长度}}{\underline{10.727}}\times\underset{\text{宽度}}{\underline{3.5}})=37.5645(\mathrm{m}^2)$

天棚周长＝33.8m

天棚投影面积 $=(\underset{\text{长度}}{\underline{0.25}}\times\underset{\text{宽度}}{\underline{0.05}}+\underset{\text{长度}}{\underline{0.15}}\times\underset{\text{宽度}}{\underline{0.05}}+\underset{\text{长度}}{\underline{10.727}}\times\underset{\text{宽度}}{\underline{3.5}})=37.5645(\mathrm{m}^2)$

二层天棚工程量如图 5-8 所示。

构件工程量　做法工程量

◉ 清单工程量　○ 定额工程量　☑ 显示房间、组合构件量　☑ 只显示标准层单层量

	楼层	名称	工程量名称					
			天棚抹灰面积(m2)	天棚装饰面积(m2)	梁抹灰面积(m2)	满堂脚手架面积(m2)	天棚周长(m)	天棚投影面积(m2)
1	第2层	TP-1	871.3178	758.9485	157.7774	759.4487	948.7132	759.4487
2		**小计**	**871.3178**	**758.9485**	**157.7774**	**759.4487**	**948.7132**	**759.4487**
3	合计		871.3178	758.9485	157.7774	759.4487	948.7132	759.4487

图 5-8　二层天棚工程量

扫码看视频

门窗绘制及工程量查看

5.2　门窗工程量计算

（1）新建门窗

① 新建门　在导航树门窗洞中选择门，点击“新建”，新建门类型有新建矩形门、异形门、参数化门、标准门，常用的是新建矩形门。新建后在属性列表中对门信息进行编辑，如图 5-9 所示，按照图纸进行门名称修改，门洞口宽度和高度输入。

图 5-9　新建门

② 新建窗　在导航树门窗洞中选择窗，点击“新建”，新建窗类型有新建矩形窗、异形窗、参数化窗、标准窗，常用的是新建矩形窗。新建后在属性列表中对窗信息进行编辑，如图 5-10 所示，按照图纸进行窗名称修改，窗洞口宽度和高度输入。

图 5-10　新建窗

（2）门窗绘制

门窗绘制方式相同，均采用点的方式进行绘制，如门窗的位置在轴线中点或交点，软件可直接捕捉点，直接根据点绘制门窗，如图 5-11 所示。如门窗位置不在中点或交点上，可在插入点偏移数据框中直接输入偏移值，如图 5-12 所示。

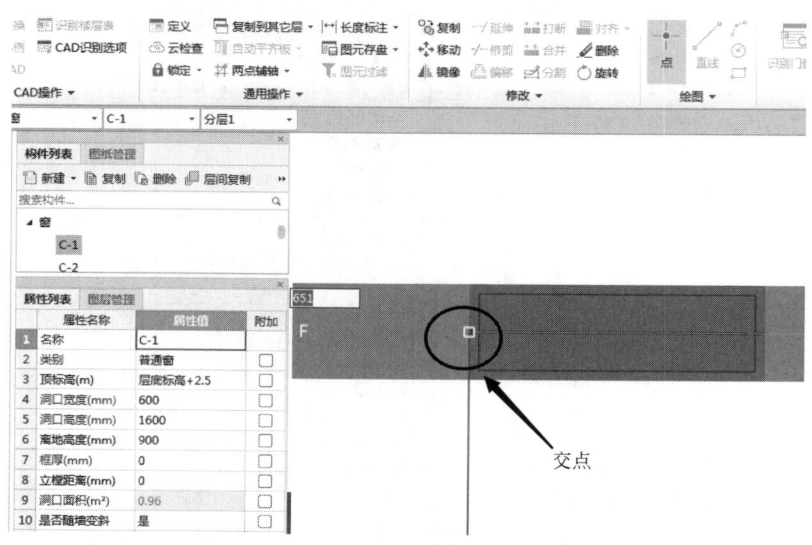

图 5-11　门窗绘制

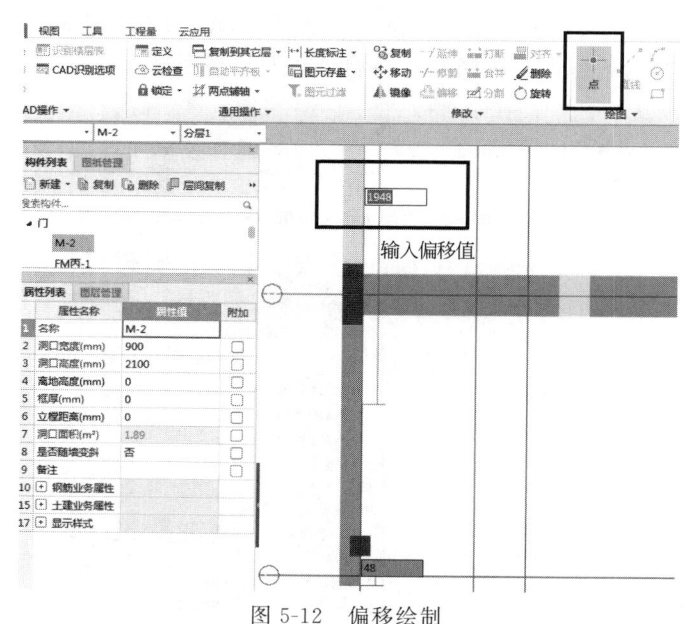

图 5-12　偏移绘制

（3）门窗工程量

以第三层门窗为例，第三层门窗三维图如图 5-13 所示。

门清单工程量计算规则：以樘计量，按设计图示数量计算；以平方米计量，按设计图示洞口尺寸以面积计算。

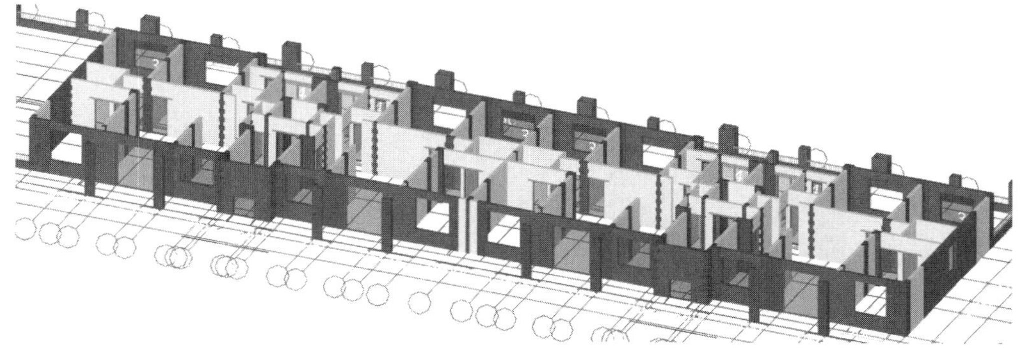

图 5-13 第三层门窗三维图

窗清单工程量计算规则：以樘计量，按设计图示数量计算；以平方米计量，按设计图示洞口尺寸以面积计算。

① 门工程量计算式。

a. 以 SM-5、SM-6 为例，SM-5 平面图如图 5-14 所示，SM-6 平面图如图 5-15 所示，三维图如图 5-16 所示。

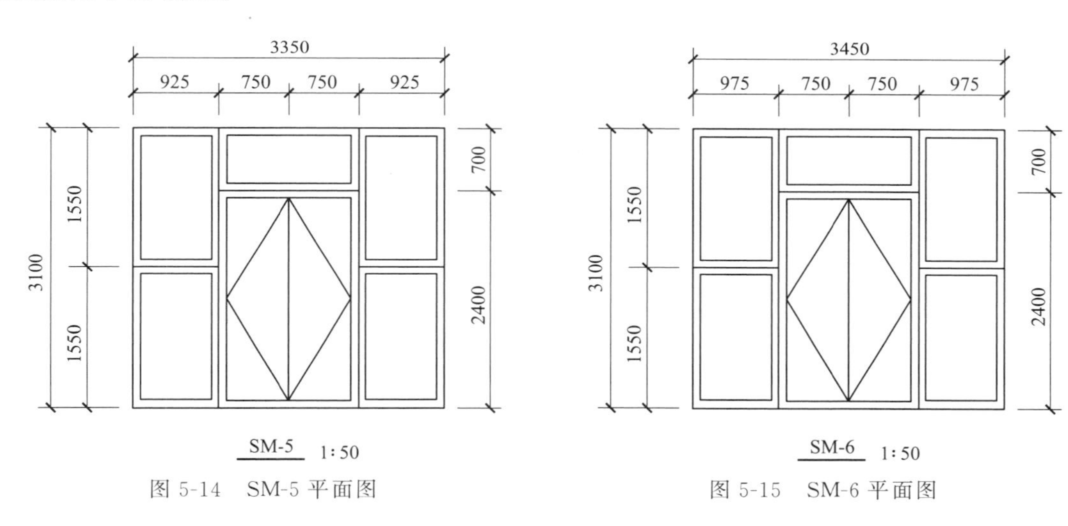

图 5-14 SM-5 平面图　　图 5-15 SM-6 平面图

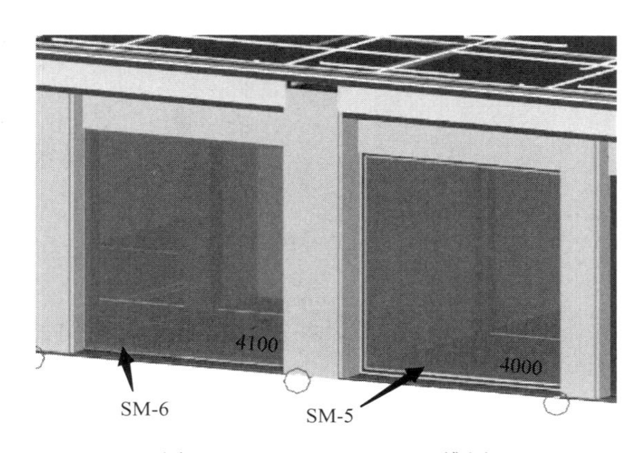

图 5-16 SM-5、SM-6 三维图

SM-5 工程量计算式：

门洞口面积 $=\underset{\text{宽度}}{\underline{\underline{3.35}}}\times\underset{\text{高度}}{\underline{\underline{3.1}}}=10.385(\mathrm{m}^2)$

门外接矩形洞口面积 $=\underset{\text{宽度}}{\underline{\underline{3.35}}}\times\underset{\text{高度}}{\underline{\underline{3.1}}}=10.385(\mathrm{m}^2)$

门数量＝1 樘

门洞口三面长度 $=\underset{\text{宽度}}{\underline{\underline{3.35}}}+\underset{\text{高度}}{\underline{\underline{3.1}}}\times 2=9.55(\mathrm{m})$

门洞口宽度＝3.35m

门洞口高度＝3.1m

门洞口周长 $=(\underset{\text{宽度}}{\underline{\underline{3.35}}}+\underset{\text{高度}}{\underline{\underline{3.1}}})\times 2=12.9(\mathrm{m})$

SM-6 工程量计算式：

门洞口面积 $=\underset{\text{宽度}}{\underline{\underline{3.45}}}\times\underset{\text{高度}}{\underline{\underline{3.1}}}=10.695(\mathrm{m}^2)$

门外接矩形洞口面积 $=\underset{\text{宽度}}{\underline{\underline{3.45}}}\times\underset{\text{高度}}{\underline{\underline{3.1}}}=10.695(\mathrm{m}^2)$

门数量＝1 樘

门洞口三面长度 $=\underset{\text{宽度}}{\underline{\underline{3.45}}}+\underset{\text{高度}}{\underline{\underline{3.1}}}\times 2=9.65(\mathrm{m})$

门洞口宽度＝3.45m

门洞口高度＝3.1m

门洞口周长 $=(\underset{\text{宽度}}{\underline{\underline{3.45}}}+\underset{\text{高度}}{\underline{\underline{3.1}}})\times 2=13.1(\mathrm{m})$

b. TLM-1 工程量。TLM-1 尺寸形状如图 5-17 所示，TLM-1 工程量计算式：

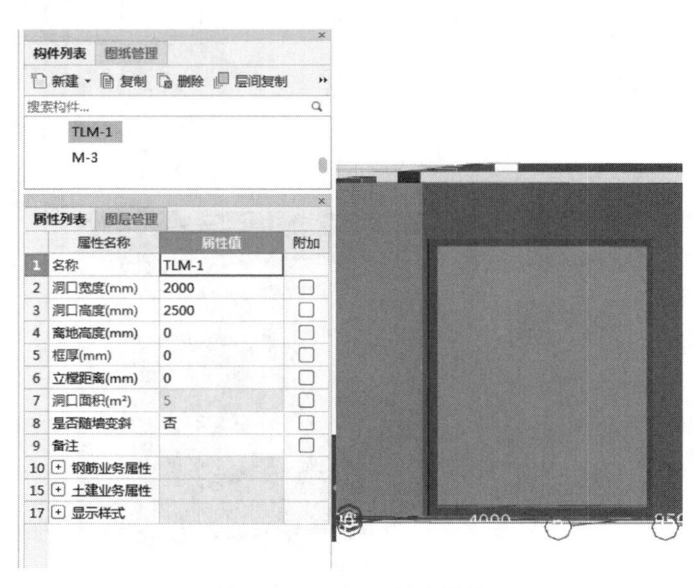

图 5-17　TLM-1 尺寸形状

$$门洞口面积=\underbrace{2}_{\text{宽度}}\times\underbrace{2.5}_{\text{高度}}=5(m^2)$$

$$门外接矩形洞口面积=\underbrace{2}_{\text{宽度}}\times\underbrace{2.5}_{\text{高度}}=5(m^2)$$

门数量=1 樘

$$门洞口三面长度=\underbrace{2}_{\text{宽度}}+\underbrace{2.5}_{\text{高度}}\times2=7(m)$$

门洞口宽度=2m

门洞口高度=2.5m

$$门洞口周长=(\underbrace{2}_{\text{宽度}}+\underbrace{2.5}_{\text{高度}})\times2=9(m)$$

② 窗工程量计算式。以如图 5-18 所示窗 C-5 为例，窗工程量计算式：

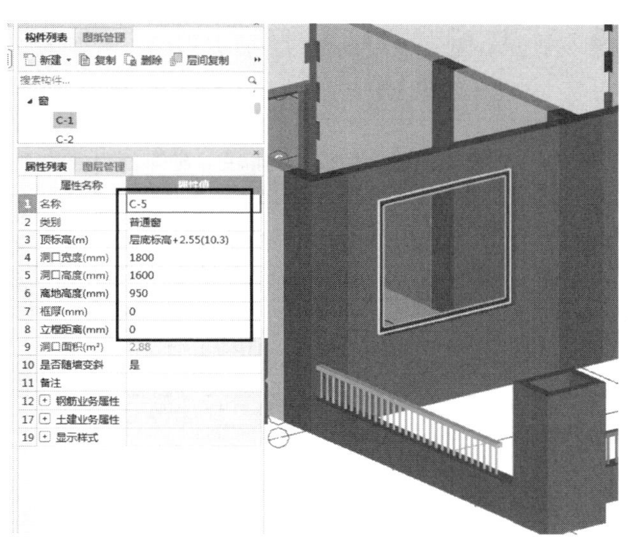

图 5-18　窗 C-5

$$窗洞口面积=\underbrace{1.8}_{\text{宽度}}\times\underbrace{1.6}_{\text{高度}}=2.88(m^2)$$

窗数量=1 樘

$$窗洞口三面长度=\underbrace{1.8}_{\text{宽度}}+\underbrace{1.6}_{\text{高度}}\times2=5(m)$$

窗洞口宽度=1.8m

窗洞口高度=1.6m

$$窗洞口周长=(\underbrace{1.8}_{\text{宽度}}+\underbrace{1.6}_{\text{高度}})\times2=6.8(m)$$

③ 第三层门窗工程量。第三层门工程量如图 5-19 所示，第三层窗工程量如图 5-20 所示。

构件工程量 做法工程量

◉ 清单工程量 ○ 定额工程量 ☑ 显示房间、组合构件量 ☑ 只显示标准层单层量

	楼层	名称	工程里名称						
			门洞口面积(m2)	门外接矩形洞口面积(m2)	门数量(樘)	门洞口三面长度(m)	门洞口宽度(m)	门洞口高度(m)	门洞口周长(m)
1	第3层	FM丙-1	5.46	5.46	4	18.4	2.8	7.8	21.2
2		FM甲-1	8.4	8.4	4	20.8	4	8.4	24.8
3		M-2	22.68	22.68	12	61.2	10.8	25.2	72
4		M-3	20.16	20.16	12	60	9.6	25.2	69.6
5		TLM-1	20	20	4	28	8	10	36
6		**小计**	**76.7**	**76.7**	**36**	**188.4**	**35.2**	**76.6**	**223.6**
7	合计		76.7	76.7	36	188.4	35.2	76.6	223.6

图 5-19　第三层门工程量

构件工程量 做法工程量

◉ 清单工程量 ○ 定额工程量 ☑ 显示房间、组合构件量 ☑ 只显示标准层单层量

	楼层	名称	工程里名称					
			窗洞口面积(m2)	窗数量(樘)	窗洞口三面长度(m)	窗洞口宽度(m)	窗洞口高度(m)	窗洞口周长(m)
1	第3层	C-1	3.84	4	15.2	2.4	6.4	17.6
2		C-2	2.88	2	8.2	1.8	3.2	10
3		C-4	2.64	2	6.8	2.4	2.2	9.2
4		C-5	23.04	8	40	14.4	12.8	54.4
5		**小计**	**32.4**	**16**	**70.2**	**21**	**24.6**	**91.2**
6	合计		32.4	16	70.2	21	24.6	91.2

图 5-20　第三层窗工程量

第6章 油漆、涂料、裱糊绘制

6.1 油漆工程量计算

A28＃楼油漆做法见表 6-1。

表 6-1　A28＃楼油漆做法表

名称		索引	应用部位	备注
油漆	调和漆	12YJ1 涂 202	所有外露铁件	见说明
	清漆	12YJ1 涂 104	楼梯扶手	咖啡色
	调和漆	12YJ1 涂 101	木门	米黄色
	调和漆	12YJ1 涂 202	楼梯铁栏杆	银灰色
	乳胶漆	12YJ1 涂 304	楼梯间内墙	白色

窗油漆工程量计算规则如下。

(1) 外露铁件油漆

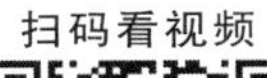

油漆工程量计算

金属面油漆清单工程量计算规则：以吨计量，按设计图示尺寸以质量计算；以平方米计量，按设计展开面积计算。

① 钢雨篷　以二层钢雨篷为例，平面图如图 6-1 所示，雨篷长 3.1m，宽 0.7m，厚度忽略不计。

雨篷面积$=0.7\times3.1=2.17(m^2)$

刷漆面积$=2.17\times2=4.34(m^2)$

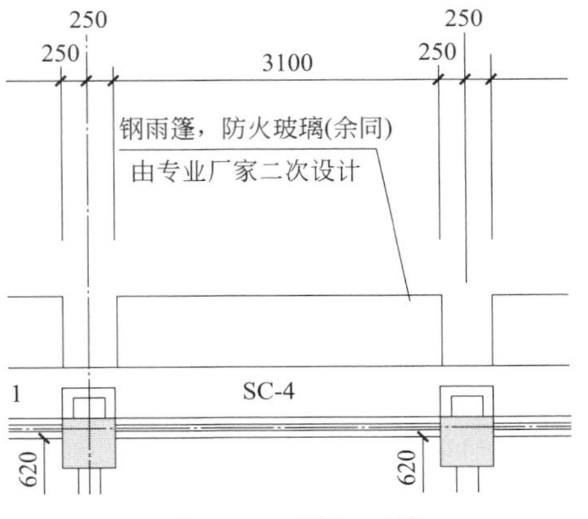

图 6-1　二层钢雨篷

② 楼梯扶手与铁栏杆油漆　楼梯平面图如图 6-2 所示，三维图如图 6-3 所示，栏杆平面布置图如图 6-4 所示，楼梯栏杆采用 $\phi22$ 不锈钢钢管，扶手采用 $\phi60$ 不锈钢钢管。LT-1 工程量如图 6-5 所示，其中栏杆扶手长度为 6.6m，栏杆 24 根，扶手高为 1.1m。

扶手油漆工程量以平方米计量（$\phi60$ 不锈钢钢管）；栏杆油漆工程量（$\phi22$ 不锈钢钢管）；以平方米计量。

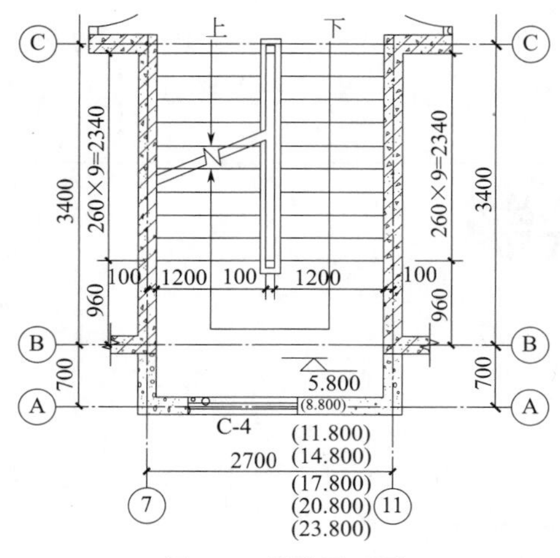

图 6-2 楼梯平面图

图 6-3 楼梯扶手与铁栏杆三维图

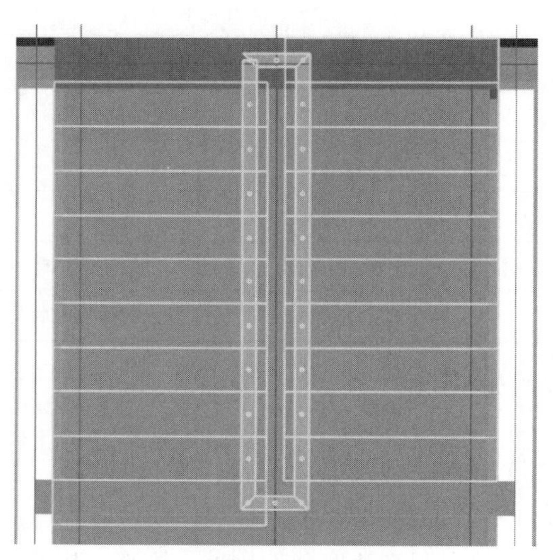
图 6-4 栏杆平面布置图

构件工程量　做法工程量

◉ 清单工程量 ○ 定额工程量 ☑ 只显示标准层单层量

	楼层	名称	混凝土强度等级	工程量名称												
				楼梯水平投影面积(m2)	砼体积(m3)	模板面积(m2)	底部抹灰面积(m2)	梯段侧面面积(m2)	踏步立面面积(m2)	踏步平面面积(m2)	踢脚线长度(直)(m)	靠墙扶手长度(m)	栏杆扶手长度(m)	防滑条长度(m)	踢脚线面积(斜)(m2)	踢脚线长度(斜)(m)
1	第3层	LT-1	C30	5.8435	1.0048	10.9208	6.4836	0.8372	3.6	5.616	12.68	7.903	6.6033	24	1.9729	7.903
2			小计	5.8435	1.0048	10.9208	6.4836	0.8372	3.6	5.616	12.68	7.903	6.6033	24	1.9729	7.903
3		小计		5.8435	1.0048	10.9208	6.4836	0.8372	3.6	5.616	12.68	7.903	6.6033	24	1.9729	7.903
4	合计			5.8435	1.0048	10.9208	6.4836	0.8372	3.6	5.616	12.68	7.903	6.6033	24	1.9729	7.903

图 6-5 LT-1 工程量

(2) 木门油漆

木门油漆工程量计算规则：以樘计量，按设计图示数量计量；以平方米计量，按设计图示洞口尺寸以面积计量。

A28#楼中住宅门 M-1、M-2、M-3 和防火门 FM 甲-1、FM 乙-1、FM 丙-1 均为木质门，根据建施说明木门刷米黄色调和漆。以 A 户型中 M-2 为例，计算木门油漆工程量，M-2 三维图如图 6-6 所示。

M-2 油漆工程量：按樘计量，M-2 油漆工程量为 108 樘。

按平方米计量，M-2 油漆工程量 $=(\underbrace{0.9}_{\text{宽度}} \times \underbrace{2.1}_{\text{高度}}) \times 108 = 204.12(\mathrm{m}^2)$

(3) 楼梯间内墙油漆

油漆做法表中楼梯间墙面需做刷乳胶漆处理，以三层楼梯间为例，楼梯间平面图如图 6-7 所示，墙面三维图如图 6-8 所示。

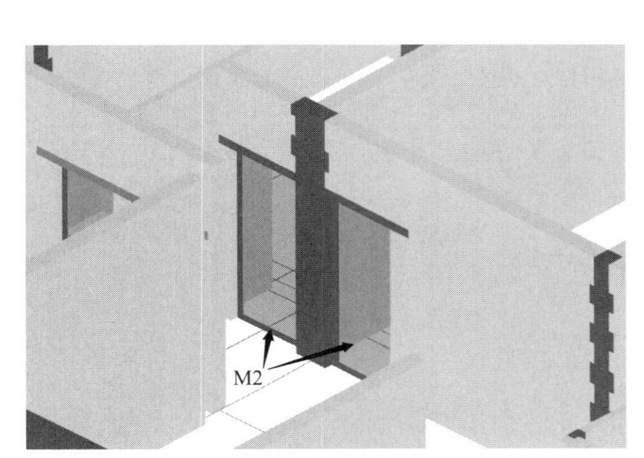

图 6-6 M-2 三维图

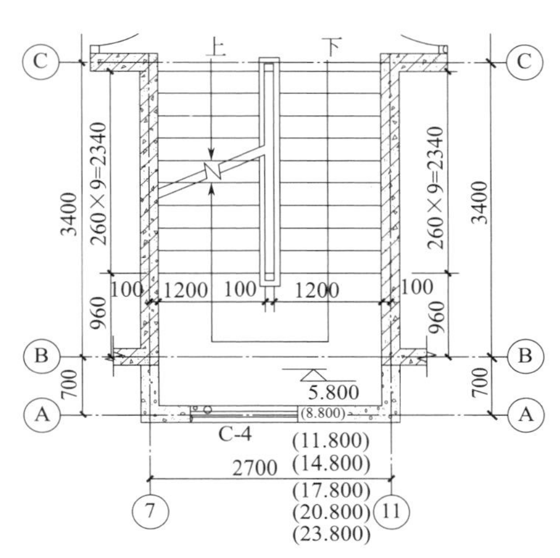

图 6-7 楼梯间平面图

图 6-8 墙面三维图

内墙面油漆工程量计算式：以如图 6-9 所示楼梯间带窗的墙面为例。

墙面抹灰面积 $=\underbrace{3\times 2.5}_{\text{原始墙面抹灰面积}} - \underbrace{1.32}_{\text{扣窗}} - \underbrace{0.225}_{\text{扣现浇板}} = 5.955(\mathrm{m}^2)$

墙面块料面积 $=\underbrace{3\times 2.5}_{\text{原始墙面块料面积}} - \underbrace{0.0004}_{\text{扣非平行梁}} - \underbrace{1.32}_{\text{扣窗}} - \underbrace{0.2249}_{\text{扣现浇板}} + \underbrace{0.34}_{\text{加窗侧壁}}$
$= 6.2947(\mathrm{m}^2)$

图 6-9 楼梯间带窗墙面

$$砌块墙面抹灰面积=\underbrace{3\times2.5}_{\text{原始墙面抹灰面积}}-\underbrace{1.32}_{\text{扣窗}}-\underbrace{0.225}_{\text{扣现浇板}}=5.955(\mathrm{m}^2)$$

$$砌块墙面块料面积=\underbrace{3\times2.5}_{\text{原始墙面块料面积}}-\underbrace{0.0004}_{\text{扣非平行梁}}-\underbrace{1.32}_{\text{扣窗}}-\underbrace{0.2249}_{\text{扣现浇板}}+\underbrace{0.34}_{\text{加窗侧壁}}=6.2947(\mathrm{m}^2)$$

$$平齐墙面梁抹灰面积=\underbrace{(2.499\times0.31)}_{\text{平齐墙面梁外露面积(抹灰)}}=0.7747(\mathrm{m}^2)$$

$$平齐墙面梁块料面积=\underbrace{(2.499\times0.31)}_{\text{平齐墙面梁外露面积(块料)}}=0.7747(\mathrm{m}^2)$$

整个楼梯间内墙面油漆工程量如图 6-10 所示。

构件工程量 做法工程量

◉ 清单工程量 ○ 定额工程量 ☑ 显示房间、组合构件量 ☑ 只显示标准层单层量

	楼层	名称	所附墙材质	内/外墙面标志	墙面抹灰面积(m2)	墙面块料面积(m2)	凸出墙面柱抹灰面积(m2)	凸出墙面柱块料面积(m2)	平齐墙面柱抹灰面积(m2)	平齐墙面柱块料面积(m2)	梁抹灰面积(m2)
1	第3层	QM-2 [内墙面]	砌块	内墙面	20.5718	20.3298	0	0	5.77	5.77	0
2				**小计**	**20.5718**	**20.3298**	**0**	**0**	**5.77**	**5.77**	**0**
3			**小计**		**20.5718**	**20.3298**	**0**	**0**	**5.77**	**5.77**	**0**
4		**小计**			**20.5718**	**20.3298**	**0**	**0**	**5.77**	**5.77**	**0**
5	合计				20.5718	20.3298	0	0	5.77	5.77	0

图 6-10 整个楼梯间内墙面油漆工程量

6.2 涂料工程量计算

扫码看视频

涂料墙面工程量计算

（1）涂料内墙面

A28＃楼 A 户型餐厅平面图如图 6-11 所示，餐厅内墙面三维图如图 6-12 所示。

如图 6-12 所示墙面工程量计算式：

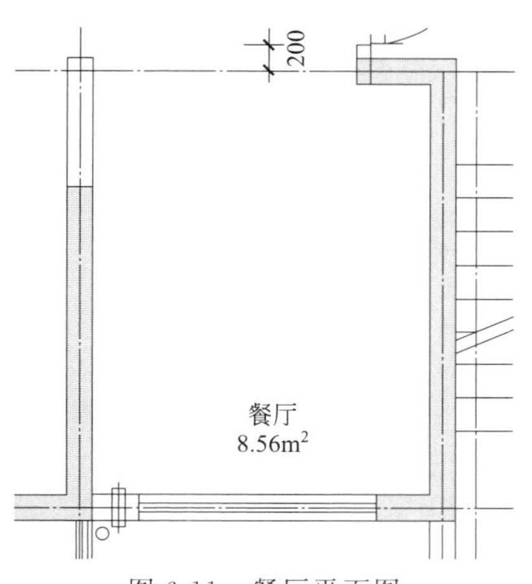

图 6-11 餐厅平面图

图 6-12 餐厅内墙面三维图

墙面抹灰面积 $=\underbrace{3.2\times2.9}_{\text{原始墙面抹灰面积}}=9.28(\mathrm{m}^2)$

墙面块料面积 $=\underbrace{3.2\times2.9}_{\text{原始墙面块料面积}}=9.28(\mathrm{m}^2)$

平齐墙面柱抹灰面积 $=1.74\mathrm{m}^2$

平齐墙面柱块料面积 $=1.74\mathrm{m}^2$

柱块料面积 $=\underbrace{1.74}_{\text{平齐墙面柱外露面积}}=1.74(\mathrm{m}^2)$

柱抹灰面积 $=\underbrace{1.74}_{\text{平齐墙面柱外露面积}}=1.74(\mathrm{m}^2)$

混凝土墙面抹灰面积 $=\underbrace{3.2\times2.9}_{\text{原始墙面抹灰面积}}=9.28\ (\mathrm{m}^2)$

混凝土墙面块料面积 $=\underbrace{3.2\times2.9}_{\text{原始墙面块料面积}}=9.28\ (\mathrm{m}^2)$

餐厅整体涂料内墙面工程量如图 6-13 所示。

构件工程量 做法工程量

清单工程量 定额工程量 显示房间、组合构件量 只显示标准层单层量

	楼层	名称	所附墙材质	内/外墙面标志	墙面抹灰面积(m2)	墙面块料面积(m2)	凸出墙面柱抹灰面积(m2)	凸出墙面柱块料面积(m2)	平齐墙面柱抹灰面积(m2)	平齐墙面柱块料面积(m2)
1	第3层	QM-2 [内墙面]	砌块	内墙面	6.2149	6.8699	0	0	0.0029	0.0029
2				**小计**	**6.2149**	**6.8699**	**0**	**0**	**0.0029**	**0.0029**
3			现浇混凝土	内墙面	18.0876	18.0876	0.0029	0.0029	5.3952	5.3952
4				**小计**	**18.0876**	**18.0876**	**0.0029**	**0.0029**	**5.3952**	**5.3952**
5			**小计**		**24.3025**	**24.9575**	**0.0029**	**0.0029**	**5.3981**	**5.3981**
6		**小计**			**24.3025**	**24.9575**	**0.0029**	**0.0029**	**5.3981**	**5.3981**
7	合计				24.3025	24.9575	0.0029	0.0029	5.3981	5.3981

图 6-13 餐厅整体涂料内墙面工程量

（2）楼面喷涂耐磨涂料

如A户型中17.1m² 卧室楼面刷耐磨涂料，卧室平面图如图6-14所示，三维图如图6-15所示。

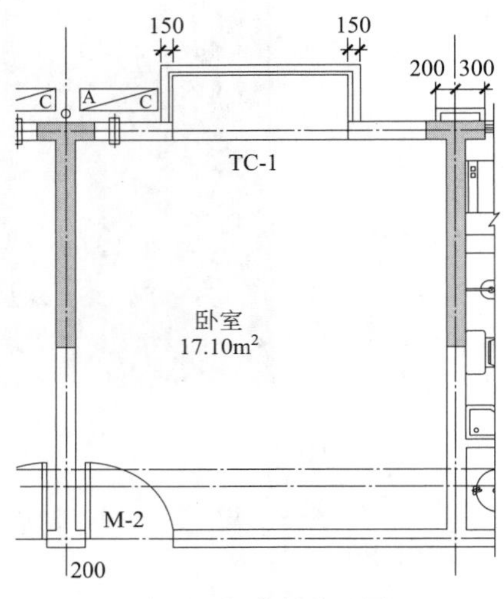

图6-14 卧室平面图

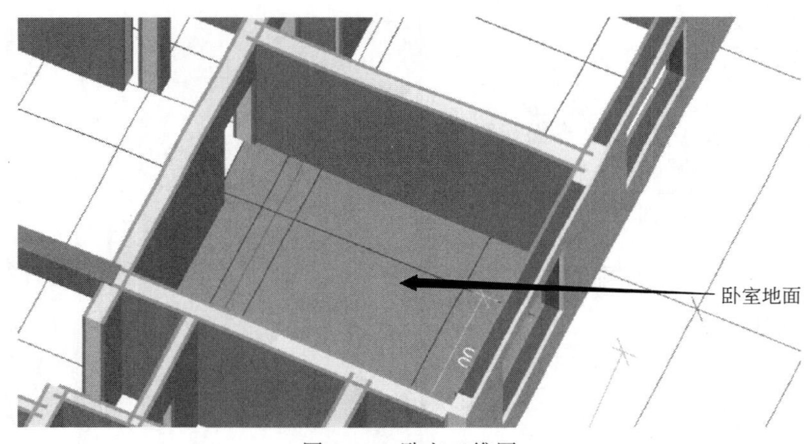

图6-15 卧室三维图

楼面刷涂料工程量计算式：

地面积＝$\underset{长度}{\underline{\underline{4.5}}}\times\underset{宽度}{\underline{\underline{3.8}}}$＝17.1（$m^2$）

块料地面积＝$\underset{长度}{\underline{\underline{4.5}}}\times\underset{宽度}{\underline{\underline{3.8}}}+\underset{加门侧壁开口面积}{\underline{\underline{0.18}}}$＝17.28（$m^2$）

地面周长＝（$\underset{长度}{\underline{\underline{4.5}}}+\underset{宽度}{\underline{\underline{3.8}}}$）×2＝16.6（m）

（3）木构件刷防火涂料

木构件刷防火涂料清单工程量计算规则：以平方米计量，按设计图示尺寸以面积计量。

A28＃楼中住宅门M-1、M-2、M-3和防火门FM甲-1、FM乙-1、FM丙-1均为木质门，木质门需刷防火涂料。以A户型中FM甲-1为例，计算木门油漆工程量，FM甲-1平面图如图6-16所示，三维图如图6-17所示。

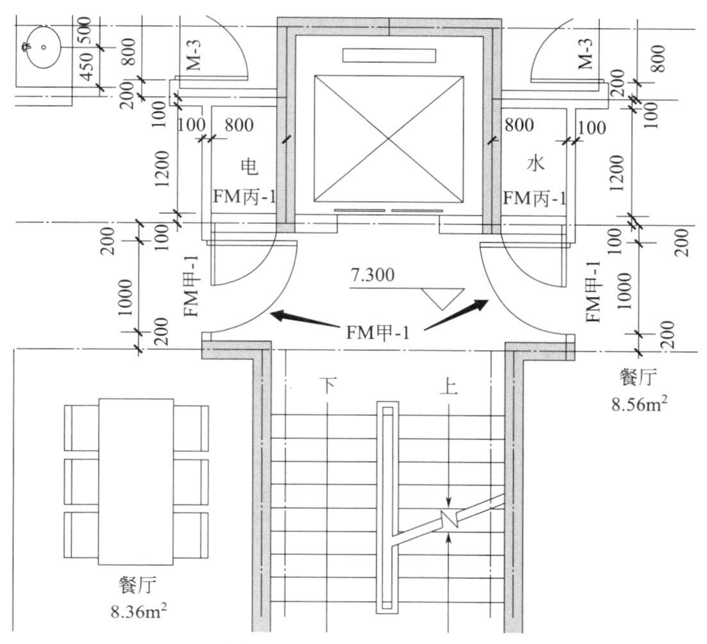

图6-16 FM甲-1平面图

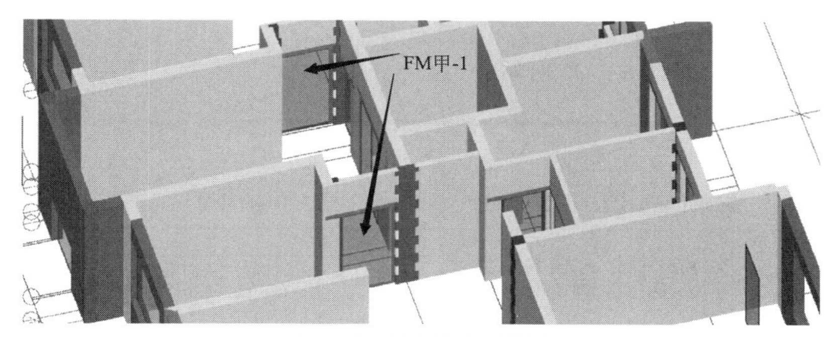

图6-17 FM甲-1三维图

木门喷刷防火涂料工程量计算式：

门面积$=\underset{\text{宽度}}{\underline{1}}\times\underset{\text{高度}}{\underline{2.1}}=2.1(\text{m}^2)$

A28#楼中FM甲-1共有36扇，则FM甲-1喷刷防火涂料工程量为：

$2.1\times36=75.6(\text{m}^2)$

6.3 裱糊工程量计算

墙纸裱糊指将壁纸用胶黏剂裱糊在建筑结构基层的表面上。由于壁纸的图案、花纹丰富，色彩鲜艳，故更显得室内装饰豪华、美观、艺术、雅致。同时，对墙壁起到一定的保护作用。

A28＃楼三层 A 户型电视墙平面图如图 6-18 所示，图中标注电视墙墙面装饰可采用墙纸裱糊，三维图如图 6-19 所示。

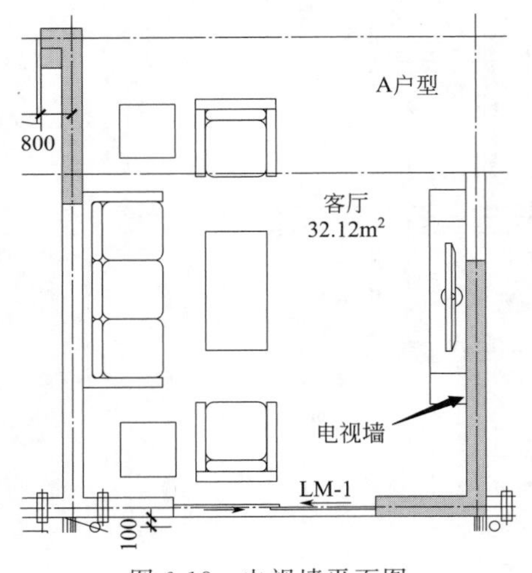

图 6-18 电视墙平面图

图 6-19 电视墙三维图

墙面墙纸裱糊工程量计算式：

$$\text{墙面抹灰面积} = \underset{\text{原始墙面抹灰面积}}{\underline{\underline{2.89\times2.4}}} + \underset{\text{加柱外露}}{\underline{\underline{0.0029}}} - \underset{\text{扣柱}}{\underline{\underline{2.0227}}} + \underset{\text{原始墙面抹灰面积}}{\underline{\underline{(2.9\times0.9+3\times0.1)}}} - \underset{\text{扣现浇板}}{\underline{\underline{0.01}}}$$

$$=7.816(m^2)$$

墙面墙纸裱糊工程量如图 6-20 所示。

构件工程量 做法工程量

◉ 清单工程量 ○ 定额工程量 ☑ 显示房间、组合构件量 ☑ 只显示标准层单层量

	楼层	名称	所附墙材质	内/外墙面标志	墙面抹灰面积(m2)	墙面块料面积(m2)	凸出墙面柱抹灰面积(m2)	凸出墙面柱块料面积(m2)	平齐墙面柱抹灰面积(m2)	平齐墙面柱块料面积(m2)
1	第3层	QM-2 [内墙面]	砌块	内墙面	2.9	2.85	0	0	0	0
2				**小计**	**2.9**	**2.85**	**0**	**0**	**0**	**0**
3			现浇混凝土	内墙面	4.9162	4.9162	0.0029	0.0029	2.0227	2.0227
4				**小计**	**4.9162**	**4.9162**	**0.0029**	**0.0029**	**2.0227**	**2.0227**
5			**小计**		**7.8162**	**7.7662**	**0.0029**	**0.0029**	**2.0227**	**2.0227**
6		**小计**			**7.8162**	**7.7662**	**0.0029**	**0.0029**	**2.0227**	**2.0227**
7	合计				7.8162	7.7662	0.0029	0.0029	2.0227	2.0227

图 6-20 墙面墙纸裱糊工程量

第7章 其他绘制

7.1 其他装饰工程

在装饰装修工程中，除了上文讲到的楼地面装饰工程、墙柱面装饰工程、天棚工程、门窗工程外还有其他装饰工程，如柜类、货架，压条、装饰线，扶手、栏杆、栏板装饰，暖气罩，浴厕配件，雨篷、旗杆，招牌、灯箱，美术字，石材、瓷砖加工等9节。由于所用案例不涉及其他装饰，在这里不对绘制进行讲解，只对其他装饰工程简单介绍一下（以《河南省房屋建筑与装饰工程预算定额》为例）。

(1) 柜类、货架

① 柜、台、架以现场加工，手工制作为主，按常用规格编制。设计与定额不同时，应进行调整换算。

② 柜、台、架项目包括五金配件（设计有特殊要求者除外），未考虑压板拼花及饰面板上贴其他材料的花饰、造型艺术品。

③ 木质柜、台、架项目中板材按胶合板考虑，如设计为生态板（三聚氰胺板）等其他板材时，可以换算材料。

柜类、货架定额工程量计算规则：按各项目计量单位计算，其中以“m^2”为计量单位的项目，其中工程量均按正立面的高度（包括脚的高度在内）乘以宽度计算。

(2) 压条、装饰线

① 压条、装饰线均按成品安装考虑。

② 装饰线条（顶角装饰线除外）按直线形在墙面安装考虑。墙面安装圆弧形装饰线条、天棚面安装直线形、圆弧形装饰线条，按相应项项目乘以系数执行：

墙面安装圆弧形装饰线条，人工乘以系数1.2、材料乘以系数1.1；

天棚面安装直线形装饰线条，人工乘以系数1.34；

天棚面安装圆弧形装饰线条，人工乘以系数1.6，材料乘以系数1.1；

装饰线条直接安装在金属龙骨上，人工乘以系数1.68。

压条、装饰线条定额工程量计算规则：压条、装饰线条按线条中心线长度计算；石膏角花、灯盘按设计图示数量计算。

(3) 扶手、栏杆、栏板装饰

① 扶手、栏杆、栏板项目（护窗栏杆除外）适用于楼梯、走廊、回廊及其他装饰性扶手、栏杆、栏板。

② 扶手、栏杆、栏板项目已综合考虑扶手弯头（非整体弯头）的费用。如遇木扶手、大理石扶手为整体弯头，弯头另按《河南省房屋建筑与装饰工程预算定额》第十五章相应项目执行。

③ 当设计栏板、栏杆的主材消耗量与定额不同时，其消耗量可以调整。扶手、栏杆、栏板装饰定额工程量计算规则：扶手、栏杆、栏板、成品栏杆（带扶手）均按其中心线长度计算，不扣除弯头长度。如遇木扶手、大理石扶手为整体弯头时，扶手消耗量需扣除整体弯头的长度，设计不明确者，每只整体弯头按400mm扣除。单独弯头按设计图示数量计算。

（4）暖气罩

① 挂板式是指暖气罩直接钩挂在暖气片上；平墙式是指凹入墙中，暖气罩与墙面平齐；明式是指暖气片全凸或半凸出墙面，暖气罩凸出于墙外。

② 暖气罩项目未包括封边线、装饰线，另按《河南省房屋建筑与装饰工程预算定额》第十五章相应装饰线条项目执行。

暖气罩定额工程量计算规则：暖气罩（包括脚的高度在内）按边框外围尺寸垂直投影面积计算，成品暖气罩安装按设计图示数量计算。

（5）浴厕配件

① 大理石洗漱台项目不包括石材磨边、倒角及开面盆洞口，另按《河南省房屋建筑与装饰工程预算定额》第十五章相应项目执行。

② 浴厕配件项目按成品安装考虑。浴厕配件定额工程量计算规则：大理石洗漱台按设计图示尺寸以展开面积计算，挡板、吊沿板面积并入其中，不扣除孔洞、挖弯、削角所占面积。大理石台面面盆开孔按设计图示数量计算。盥洗室台镜（带框）、盥洗室木镜箱按边框外围面积计算。盥洗室塑料镜箱、毛巾杆、毛巾环、浴帘杆、浴缸拉手、肥皂盒、卫生纸盒、晒衣架、晾衣绳等按设计图示数量计算。

（6）雨篷、旗杆

① 点支式、托架式雨篷的型钢、爪件的规格、数量是按常用做法考虑的，当设计要求与定额不同时，材料消耗量可调整，人工、机械不变。托架式雨篷的斜拉杆费用另计。

② 铝塑板、不锈钢面层雨篷项目按平面雨篷考虑，不包括雨篷侧面。

③ 旗杆项目按常用做法考虑，未包括旗杆基础、旗杆台座及其饰面。雨篷、旗杆定额工程量计算规则：雨篷按设计图示尺寸水平投影面积计算。不锈钢旗杆按图示数量计算。电动升降系统和风动系统按套数计算。

（7）招牌、灯箱

① 招牌、灯箱项目，当设计与定额考虑的材料品种、规格不同时，材料可以换算。

② 一般平面广告牌是指正立面平整无凹凸面；复杂平面广告牌是指正立面有凹凸面造型的：箱（竖）式广告牌是指具有多面体的广告牌。

③ 广告牌基层以附墙方式考虑，当设计为独立式的，按相应项目执行，人工乘以系数1.1。

④ 招牌、灯箱项目均不包括广告牌所需喷绘、灯饰、店徽、其他艺术装饰及配套机械。招牌、灯箱定额工程量计算规则：柱面、墙面灯箱基层，按设计图示尺寸以展开面积计算。一般平面广告牌基层，按设计图示尺寸以正立面边框外围面积计算，复杂平面广告牌基层，按设计图示尺寸以展开面积计算。箱（竖）式广告牌基层，按设计图示尺寸以基层外围体积计算。广告牌面层，按设计图示尺寸以展开面积计算。

（8）美术字

① 美术字项目均按成品安装考虑。

② 美术字按最大外接矩形面积区分规格，按相应项目执行。美术字定额计算规则：美术字按设计图示数量计算。

（9）石材、瓷砖加工

石材、瓷砖倒角、磨制圆边、开槽、开孔等项目均按现场加工考虑。石材、瓷砖加工定额计算规则：石材、瓷砖倒角按块料设计倒角长度计算。石材磨边按成型圆边长度计算。石材开槽按块料成型开槽长度计算。石材、瓷砖开孔按成型孔洞数量计算。

7.2　压条、装饰线工程量

如图 7-1 所示的卧室采用石材装饰线，该卧室三维图如图 7-2 所示。

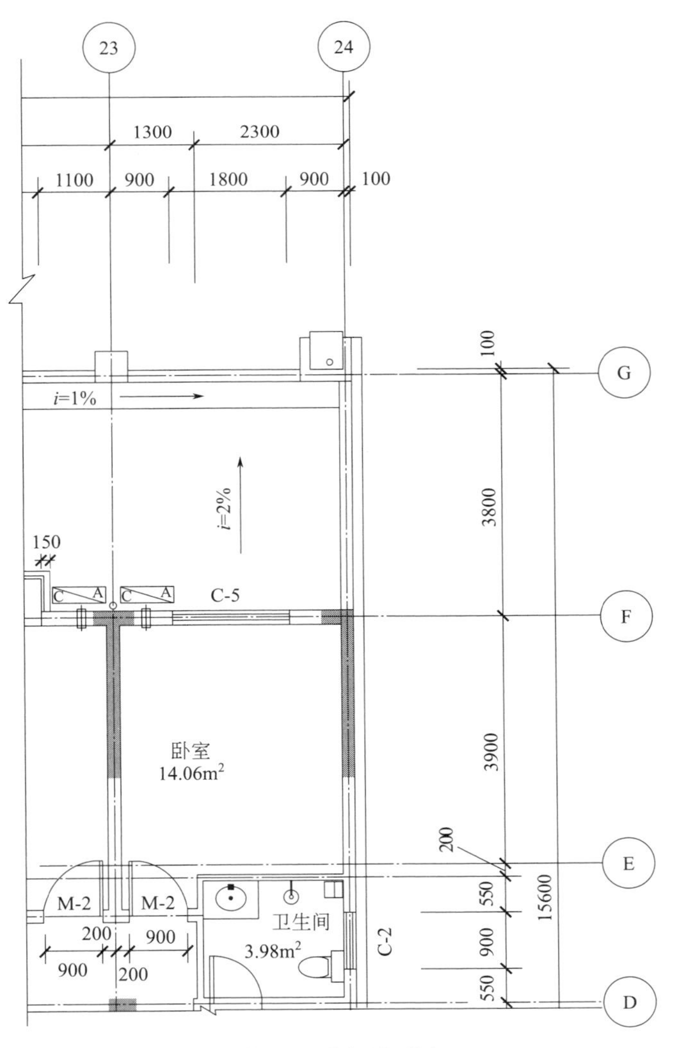

图 7-1　卧室平面图

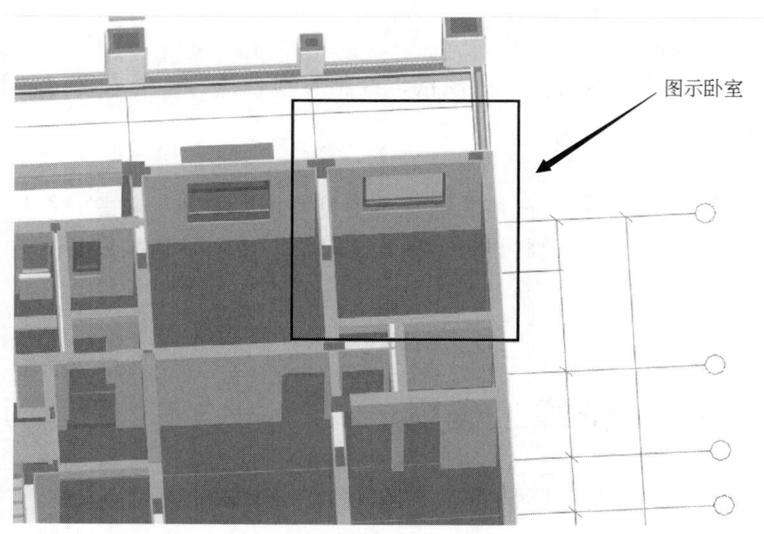

图 7-2　卧室三维图

该卧室石材装饰线计算规则：压条、装饰线条按线条中心线长度计算。

石材装饰线工程量：(3.6－0.2)×2－0.9＋(3.9－0.2)×2＝13.3(m)

式中，3.6m 为卧室水平方向轴线长度，0.2m 为墙厚，在本工程结构施工图中有注明：墙体未注明者厚度为 200mm，0.9m 为该卧室门长度，3.9m 为卧室竖直方向长度，0.2m 为墙厚。

第8章

广联达GCCP软件计价

8.1 新建项目

8.1.1 新建工程

扫码看视频

新建项目

打开软件后，点击“新建”，新建项目类型有新建概算项目、新建招投标项目、新建结算项目、新建审核项目。实际工程中常用的是新建招投标项目，如图 8-1 所示。以新建招投标项目为例，讲解新建工程项目。在新建中点击“新建招投标项目”，选择省份之后，在弹出的新建工程界面中有两种计价方式、三种项目类型。两种计价方式是清单计价和定额计价，目前较为常用的是清单计价模式，如图 8-2 所示。三种项目类型是招标项目、投标项目、单位工程。

图 8-1 新建招投标项目

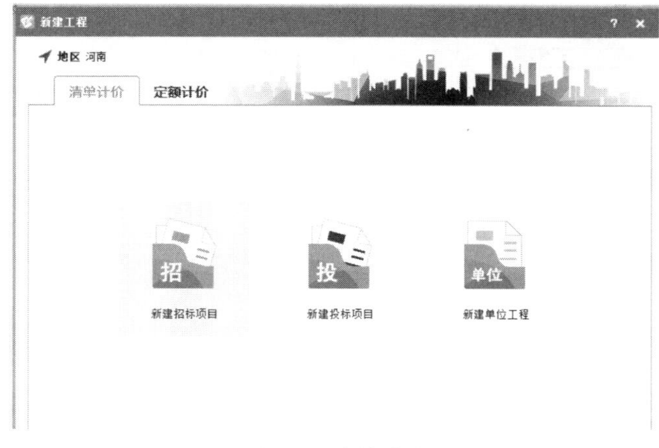

图 8-2 清单计价

8.1.2 新建招标项目

在新建工程界面选择“新建招标项目”，进入新建招标项目编辑页面，如图 8-3 所示，项目名称要与施工图纸的名称保持一致，也可写简称，如本项目为 A28＃楼。地区标注与定额标准要根据项目所在地进行选择。计税方法方位一般计税法和简易计税法，本项目适用一般计税法。信息填写完成后，点击右下角“下一步”。进入新建单项工程界面，如图 8-4 所示，点击“新建单项工程”，然后在弹出的界面中编辑单项工程名称，勾选单项工程下的单位工程，如建筑和装饰，如图 8-5 所示。选择完成后，点击“确定”，进入新建招标工程审核界面，如单位工程有误，可进行修改，如图 8-6 所示，确认无误后点击“完成”，新建招标项目完成。

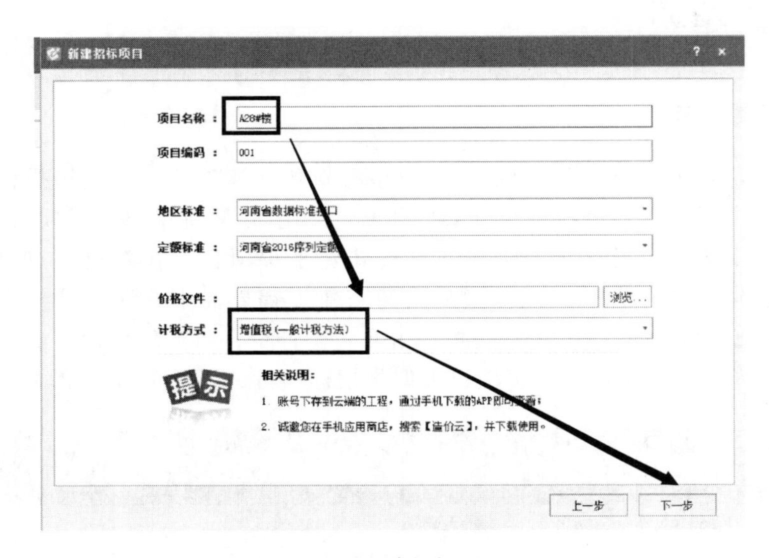

图 8-3　新建招标项目

图 8-4　新建单项工程（一）

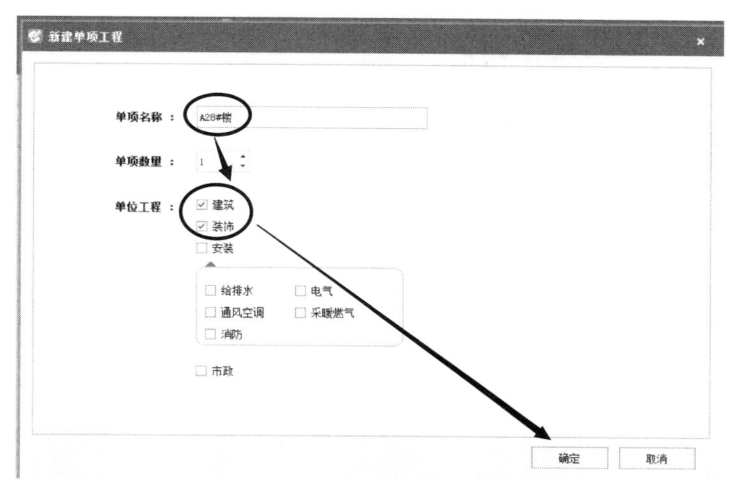

图 8-5 单位工程（一）

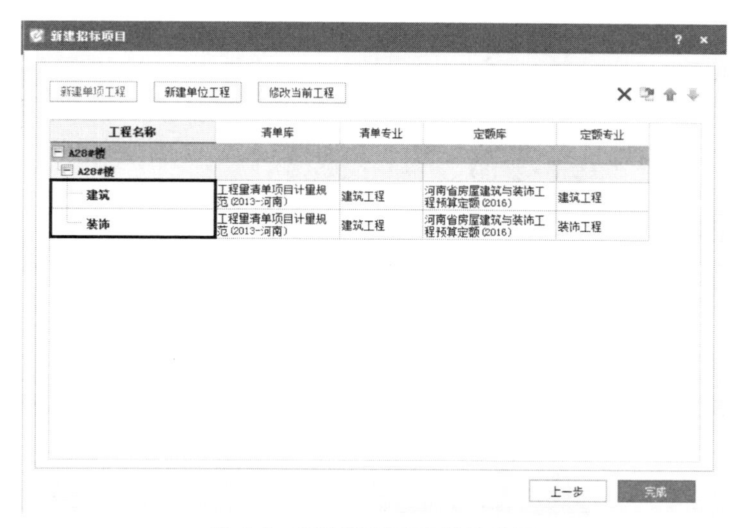

图 8-6 新建招标工程审核界面

8.1.3 新建投标项目

在新建工程界面选择“新建投标项目”，进入新建投标项目编辑页面，如图 8-7 所示，项目名称要与施工图纸的名称保持一致，也可写简称，如本项目为 A28＃楼。地区标注与定额标准要根据项目所在地进行选择。计税方法方为一般计税法和简易计税法，本项目适用一般计税法。信息填写完成后，点击右下角“下一步”。进入新建单项工程界面，点击“新建单项工程”，然后在弹出的界面中编辑单项工程名称，勾选单项工程下的单位工程，如建筑和装饰，如图 8-8 所示。选择完成后，点击“确定”，进入新建招标工程审核界面，如单位工程有误，可进行修改，如图 8-9 所示，确认无误后点击完成，新建投标项目完成。

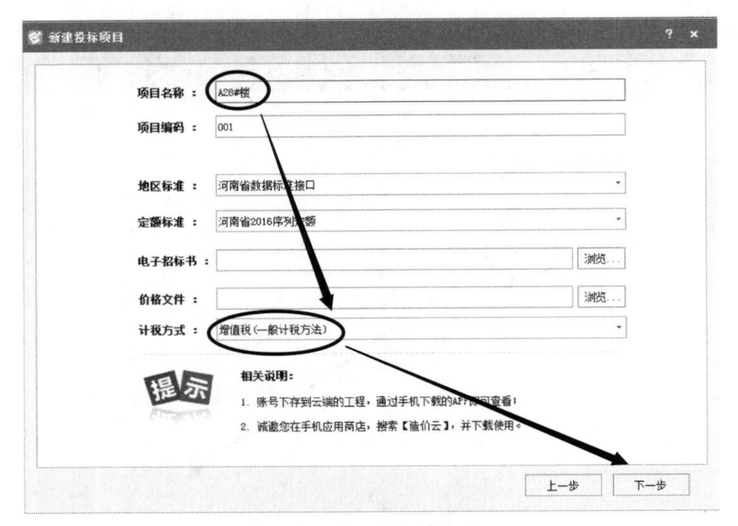

图 8-7　新建投标项目

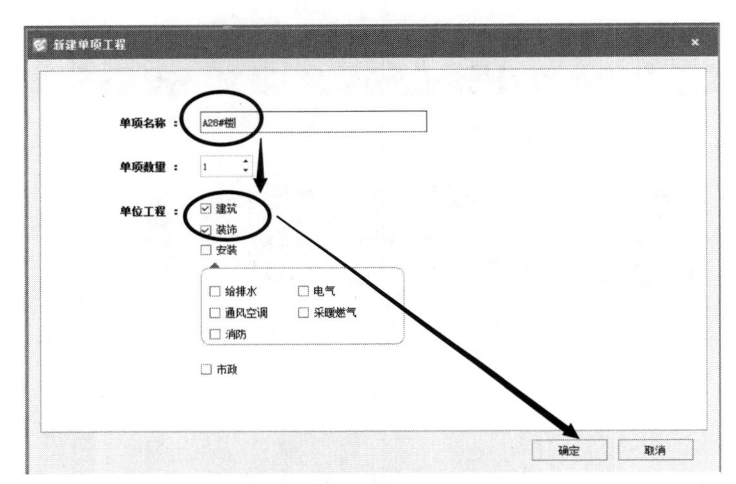

图 8-8　新建单项工程（二）

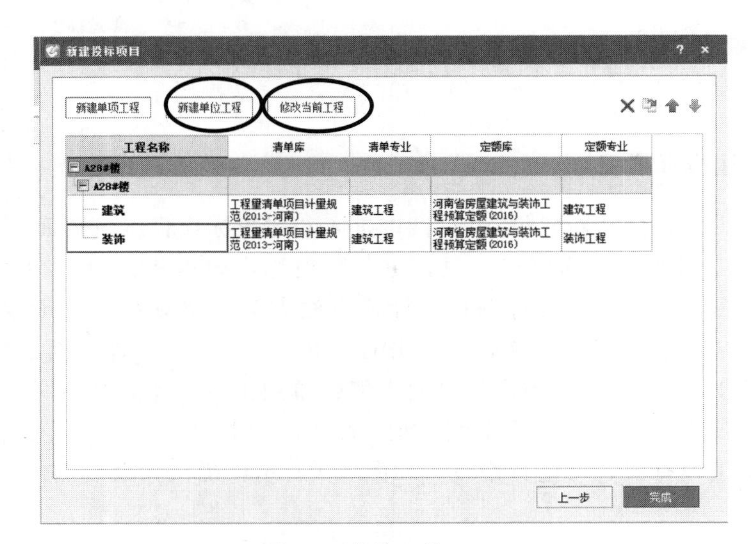

图 8-9　单位工程（二）

8.1.4　新建单位工程

新建单位工程是点击“新建”后，选择“新建单位工程”，然后进入新建单位工程界面，编辑工程名称，根据项目选择清单库和定额库，选择计税方式，然后单击“确定”，如图 8-10 所示。

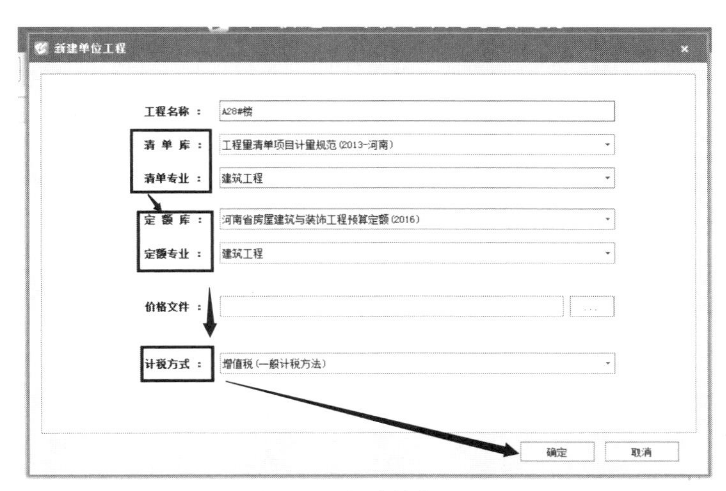

图 8-10　新建单位工程

8.2　导入算量文件

8.2.1　选择导入文件

以新建单位工程为例，新建工程完成后，在界面点击“量价一体化”，选择“导入算量文件”，如图 8-11 所示，然后找到文件所在位置，如图 8-12 所示，点击“打开”。进入算量区域选择界面，如图 8-13 所示，勾选需要导入的项目之后软件开始获取算量文件区域信息，如图 8-14 所示。

图 8-11　导入算量文件

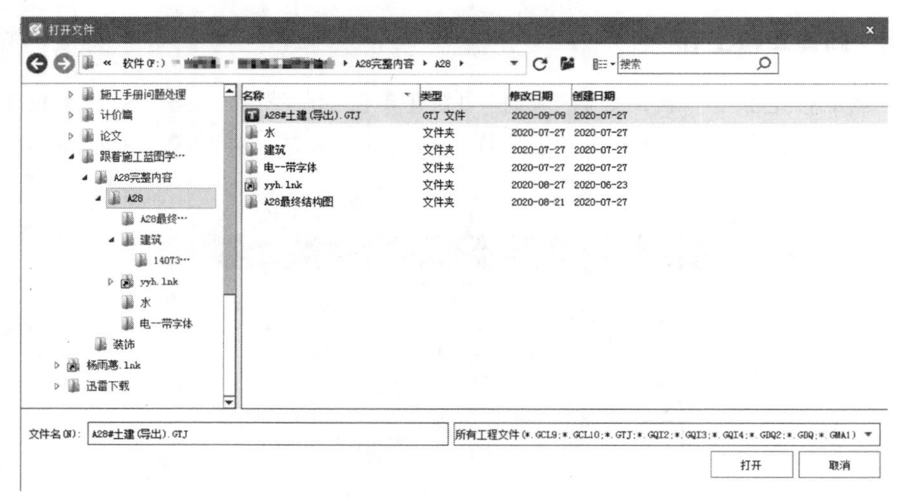

图 8-12　文件所在位置

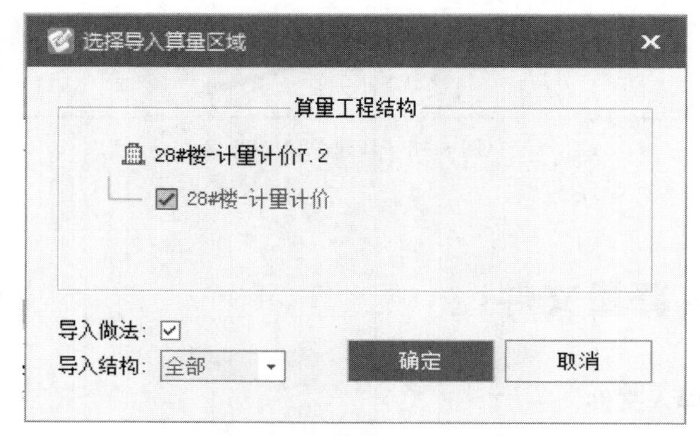

图 8-13　算量区域选择

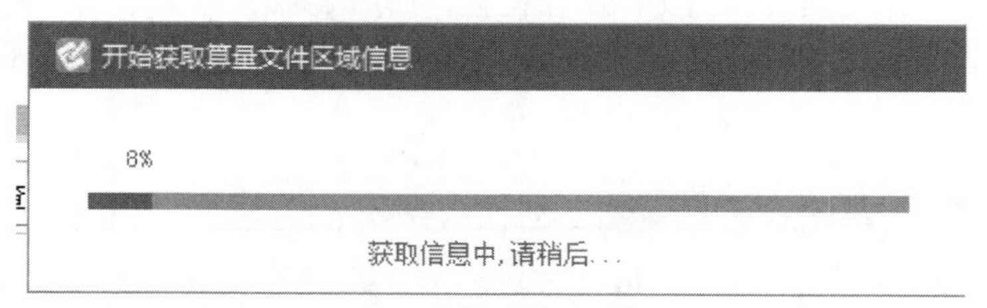

图 8-14　获取算量文件

8.2.2　导入清单与措施项目

文件选定后进入对比导入界面，在图 8-15 所示的选择导入算量区域中勾选导入的清单项目，如全选，就点击“全部选择”，所有清单项会自动全部选择。选择完清单项目后选择措施项目，如图 8-16 所示，选择完成后，点击右下角的“导入”，软件会自动进行导入，成功后会出现导入成功界面，如图 8-17 所示。

对比导入

清单项目　措施项目

全部选择　全部取消　显示不同项　显示所有项

	导入	匹配结果	算量工程				
			编码	名称	项目特征	单位	工程量
1	☑	✚	010101001001	平整场地	1. 土壤类别：一、二类土 2. 弃土运距：自行考虑	m2	821.92
2	☑	✚	1-124	机械场地平整		100m2	8.2192
3	☑	✚	010101004001	挖基坑土方	1. 桩承台基坑土方 2. 挖土深度2m以下	m3	144.039
4	☑	✚	1-17	人工挖基坑土方(坑深) 一、二类土 ≤2m		10m3	14.4039
5	☑	✚	010302005001	人工挖孔灌注桩		m3	145.046
6	☑	✚	3-98	灌注桩 人工挖孔灌注混凝土桩 桩壁模板		10m2	0
7	☑	✚	3-99	灌注桩 人工挖孔灌注混凝土桩 现浇混凝土 桩壁		10m3	0
8	☑	✚	3-101	灌注桩 人工挖孔灌注混凝土桩 混凝土 桩芯		10m3	14.5046
9	☑	✚	010402001001	砌块墙	1. 砖品种、规格、强度等级：页岩空心砖 2. 墙体类型：护栏 3. 墙体厚度：200 4. 砌筑砂浆：±0.00以上M5混合砂浆，±0.00以下M5水泥砂浆 5. 墙高：1.2	m3	39.7112

图 8-15　清单项目对比导入

对比导入

清单项目　措施项目

全部选择　全部取消　显示不同项　显示所有项

	导入	匹配结果	算量工程						
			楼层信息	编码	名称	项目特征	单位	工程量	可计量措施
1	☑	✚		011702001001	基础	桩承台模板	m2	197.6	☑
2	☑	✚		5-195	现浇混凝土模板 满堂基础 无梁式 复合模板 木支撑		100m2	1.976	
3	☑	✚		011702001002	基础	垫层模板	m2	22.8	☑
4	☑	✚		5-171	现浇混凝土模板 基础垫层复合模板		100m2	0.228	
5	☑	✚		011702002001	矩形柱	矩形柱模板	m2	1433.824	☑
6	☑	✚		5-220	现浇混凝土模板 矩形柱复合模板 钢支撑		100m2	15.7272	
7	☑	✚		5-226	现浇混凝土模板 柱支撑高度超过3.6m 每增加1m 钢支撑		100m2	1.4424	
8	☑	✚		011702002002	矩形柱	矩形柱模板	m2	60.38	☑
9	☑	✚		5-220	现浇混凝土模板 矩形柱复合模板 钢支撑		100m2	0.7272	
10	☑	✚		011702003001	构造柱		m2	763.194	☑
11	☑	✚		5-222	现浇混凝土模板 构造柱复合模板 钢支撑		100m2	9.4502	
12	☑	✚		011702006001	矩形梁	梁模板面积	m2	193.446	☑

图 8-16　措施项目对比导入

图 8-17　导入成功

8.3 填写工程概况

项目算量文件导入完成后，首先填写工程概况，工程概况位于二级导航栏第二项，包含工程信息、工程特征和编制说明三项内容，如图 8-18 所示。

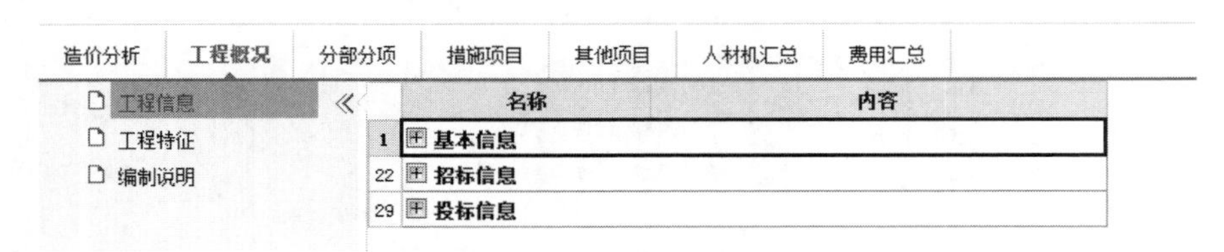

图 8-18 工程概况

(1) 工程信息

工程信息包含基本信息、招标信息、投标信息三大块内容，基本信息是指项目本身的一些信息，比如工程名称、专业、编制依据、建筑面积、建设单位、施工单位等信息，如图 8-19 所示。招标信息是项目招标方的信息，比如招标人、招标单位法人、招标代理机构法人等信息，如图 8-20 所示。投标信息是投标方的基本信息，比如投标人、法人等，如图 8-21 所示。

工程信息
工程特征
编制说明

	名称	内容
1	基本信息	
2	合同号	
3	工程名称	28号楼
4	专业	建筑工程
5	清单编制依据	工程量清单项目计量规范(2013-河南)
6	定额编制依据	河南省房屋建筑与装饰工程预算定额(2016)
7	建筑面积(m2)	
8	建设单位	
9	建设单位负责人	
10	设计单位	
11	设计单位负责人	
12	施工单位	
13	监理单位	
14	工程地址	
15	质量标准	
16	开工日期	
17	竣工日期	
18	编制人	
19	编制单位	
20	审核人	
21	审核单位	

图 8-19 工程信息

(2) 工程特征

工程特征是指项目的特征，如工程类型、结构类型、基础类型、层数等信息，如图 8-22 所示。

工程信息
工程特征
编制说明

	名称	内容
1	**基本信息**	
22	**招标信息**	
23	招标人	
24	法定代表人	
25	中介机构法定代表人	
26	造价工程师	
27	注册证号	
28	编制时间	

图 8-20　招标信息

工程信息
工程特征
编制说明

	名称	内容
1	**基本信息**	
22	**招标信息**	
29	**投标信息**	
30	投标人	
31	法定代表人	
32	造价工程师	
33	注册证号	
34	编制时间	

图 8-21　投标信息

造价分析　工程概况　分部分项　措施项目　其他项目　人材机汇总　费用汇总

工程信息
工程特征
编制说明

	名称	内容
1	工程类型	住宅
2	结构类型	现浇、框架结构
3	基础类型	满基筏式
4	建筑特征	
5	**建筑面积(m2)**	
6	其中地下室建筑面积(m2)	
7	总层数	12
8	地下室层数(+/-0.00以下)	1
9	建筑层数(+/-0.00以上)	11
10	建筑物总高度(m)	41.51
11	地下室总高度(m)	3
12	首层高度(m)	3.7
13	裙楼高度(m)	
14	标准层高度(m)	3
15	基础材料及装饰	
16	楼地面材料及装饰	
17	外墙材料及装饰	
18	屋面材料及装饰	
19	门窗材料及装饰	

图 8-22　工程特征

（3）编制说明

编制说明是造价编制单位对本项目工程造价的相关说明，如图 8-23 所示，可直接进行编辑。

图 8-23　编制说明

8.4　分部整理清单

扫码看视频

整理清单

算量文件导入后，清单会比较乱，需要进行整理。如图 8-24 所示，整理清单有两种方法，一种是分部整理，就是按照分部分项工程的方式进行整理；另一种是按清单排序进行整理。以分部整理为例进行介绍，点击“分部整理”，在分部整理界面可以选择“需要专业分部标题”“需要章分部标题”“需要节分部标题”等方式，如图 8-25 所示，选择按章分部，点击“确定”，清单就会自动整理，整理后的清单如图 8-26 所示。

图 8-24　整理清单方式

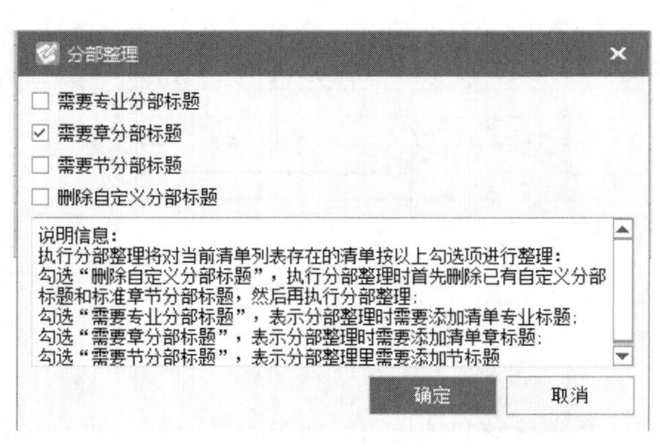

图 8-25　分部整理界面

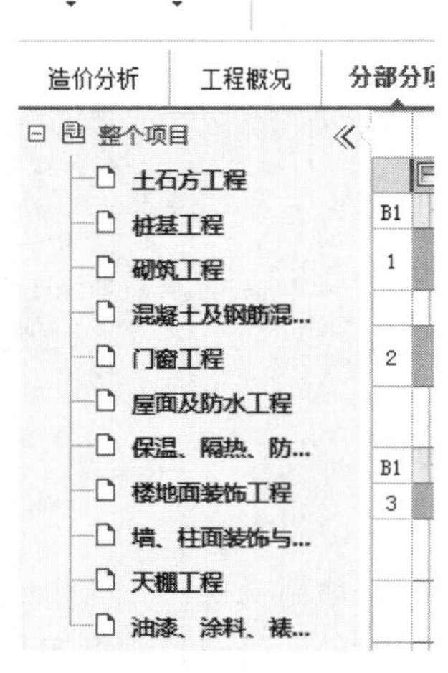

图 8-26　整理后的清单

8.5 标准换算

标准换算是在软件中进行的定额相关的换算，套取的定额不同，软件显示的标准换算内容也不相同。

（1）土石方工程

土石方工程的换算一般是涉及挖土类型或挖土位置时的换算，如图 8-27 所示，为挖基坑土方的标准换算。

扫码看视频

标准换算

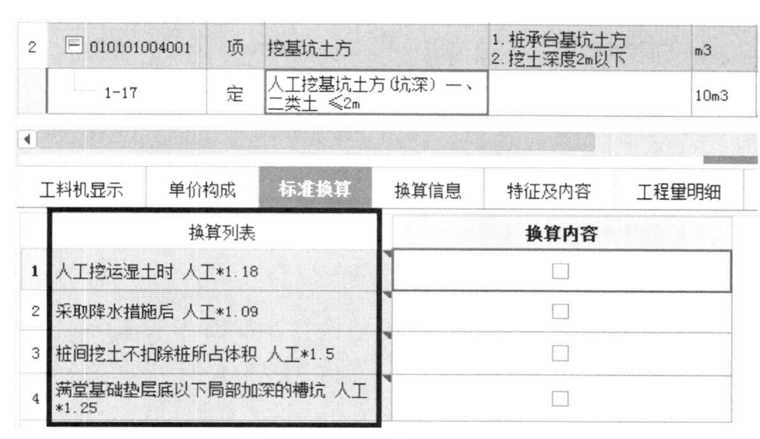

2	010101004001	项	挖基坑土方	1.桩承台基坑土方 2.挖土深度2m以下	m3
	1-17	定	人工挖基坑土方(坑深) 一、二类土 ≤2m		10m3

工料机显示　单价构成　标准换算　换算信息　特征及内容　工程量明细

	换算列表	换算内容
1	人工挖运湿土时 人工*1.18	☐
2	采取降水措施后 人工*1.09	☐
3	桩间挖土不扣除桩所占体积 人工*1.5	☐
4	满堂基础垫层底以下局部加深的槽坑 人工*1.25	☐

图 8-27　土石方工程换算

（2）砌筑工程的换算

墙体是以层高 3.6m 进行编制的，超出 3.6m 的部分需要进行换算，圆弧形墙体砌筑时也需要进行换算，在换算内容中勾选即可，如图 8-28 所示；砂浆或黏结剂以及墙体材料需要根据图纸及设计要求进行换算，与矩形柱的换算方法一致。

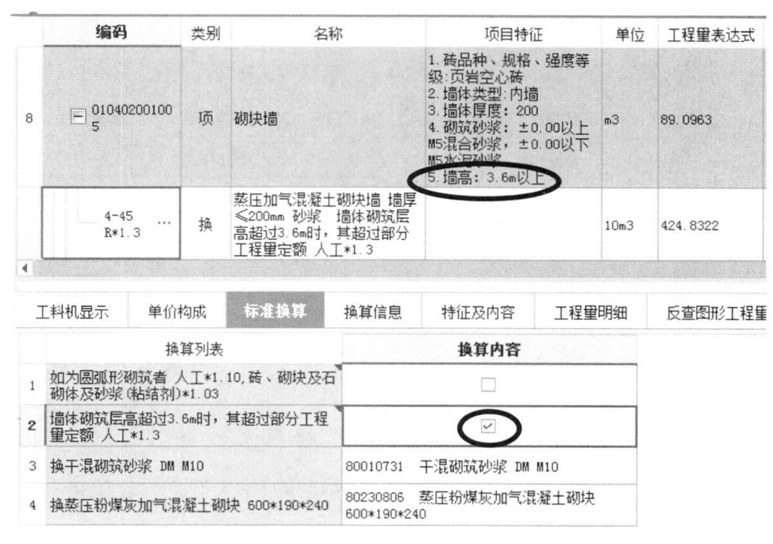

	编码	类别	名称	项目特征	单位	工程量表达式
8	010402001005	项	砌块墙	1.砖品种、规格、强度等级:页岩空心砖 2.墙体类型:内墙 3.墙体厚度:200 4.砌筑砂浆：±0.00以上M5混合砂浆，±0.00以下M5水泥砂浆 5.墙高：3.6m以上	m3	89.0963
	4-45 R*1.3	换	蒸压加气混凝土砌块墙 墙厚≤200mm 砂浆 墙体砌筑层高超过3.6m时，其超过部分工程量定额 人工*1.3		10m3	424.8322

工料机显示　单价构成　标准换算　换算信息　特征及内容　工程量明细　反查图形工程量

	换算列表	换算内容
1	如为圆弧形砌筑者 人工*1.10，砖、砌块及石砌体及砂浆(粘结剂)*1.03	☐
2	墙体砌筑层高超过3.6m时，其超过部分工程量定额 人工*1.3	☑
3	换干混砌筑砂浆 DM M10	80010731　干混砌筑砂浆 DM M10
4	换蒸压粉煤灰加气混凝土砌块 600*190*240	80230806　蒸压粉煤灰加气混凝土砌块 600*190*240

图 8-28　墙体超高的人工换算

(3) 混凝土的换算

混凝土的换算通常是项目中梁、板、柱等构件的混凝土强度与定额中的不一致时的混凝土的强度换算。如图 8-29 所示是现浇柱的混凝土强度换算。

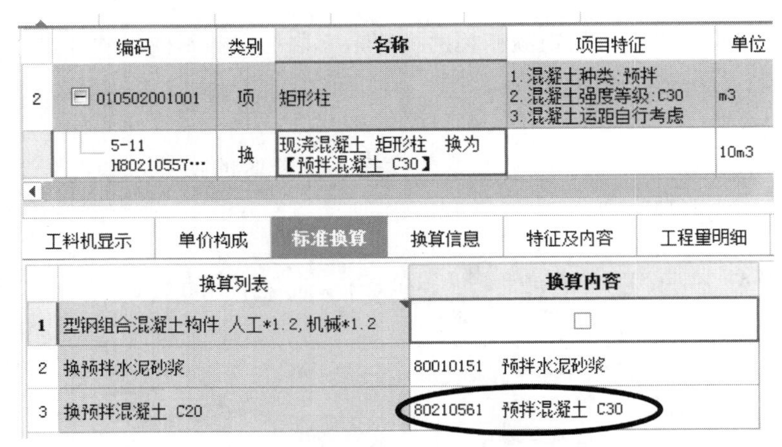

	编码	类别	名称	项目特征	单位
2	010502001001	项	矩形柱	1.混凝土种类:预拌 2.混凝土强度等级:C30 3.混凝土运距自行考虑	m3
	5-11 H80210557…	换	现浇混凝土 矩形柱 换为【预拌混凝土 C30】		10m3

工料机显示 | 单价构成 | 标准换算 | 换算信息 | 特征及内容 | 工程量明细

	换算列表	换算内容
1	型钢组合混凝土构件 人工*1.2,机械*1.2	☐
2	换预拌水泥砂浆	80010151 预拌水泥砂浆
3	换预拌混凝土 C20	80210561 预拌混凝土 C30

图 8-29 现浇柱的混凝土强度换算

(4) 门窗的换算

门窗中涉及的标准换算是门窗安装时的人工费等的换算。如图 8-30 所示是金属门材质为普通铝合金时的人工换算。

	编码	类别	名称	项目特征	单位
3	010802001001	项	金属(塑钢)门	1.门代号及洞口尺寸:M1521 2.种类:铝合金玻璃门，玻璃采用中空玻璃，5+9A+55 3.五金配件：不含门锁，门吸等五金 4.门框填缝要求：综合考虑 5.其他：其他未尽事宜详见施工图纸及国家规范	樘
	8-8	定	隔热断桥铝合金门安装 平开		100m2
	8-108	定	门特殊五金 执手锁		10个
	8-116	定	门特殊五金 门吸		10个

工料机显示 | 单价构成 | 标准换算 | 换算信息 | 特征及内容 | 工程量明细

	换算列表	换算内容
1	普通铝合金型材时 人工*0.8	☐

图 8-30 金属门的换算

(5) 屋面及防水的换算

屋面及防水的换算是在屋面坡度或者屋面形状不规则、防水卷材层数等情况下的换算，如图 8-31 所示是卷材防水的层数换算。

(6) 保温、隔热、防腐的换算

保温、隔热、防腐换算大多是材料厚度的换算。如图 8-32 所示是保温墙面的保温砂浆的厚度换算。

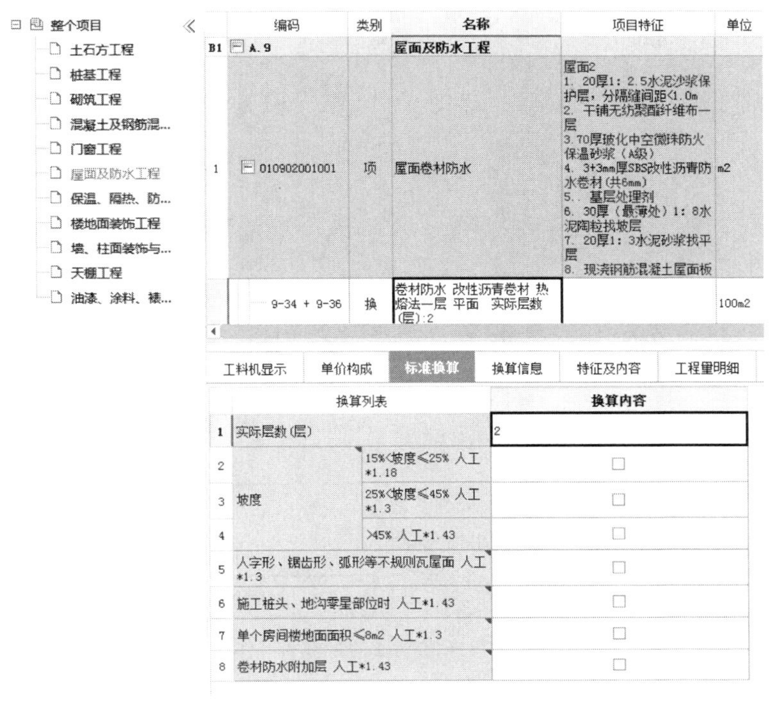

图 8-31　卷材防水的层数换算

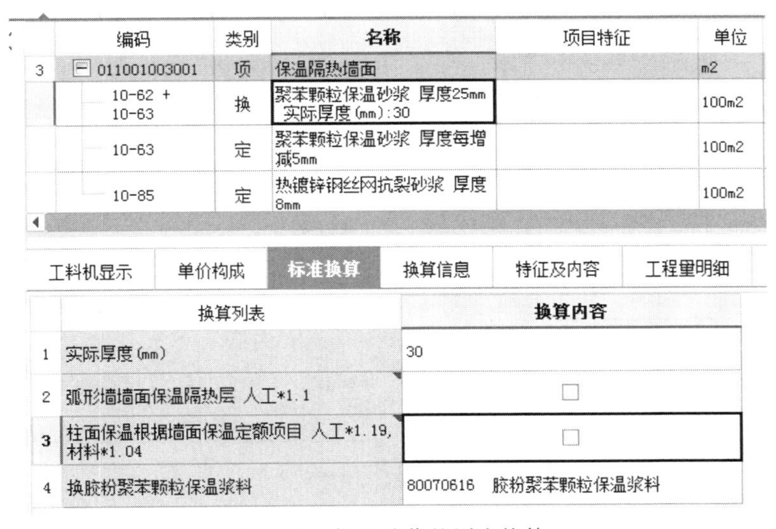

图 8-32　保温砂浆的厚度换算

（7）楼地面装饰的换算

楼地面装饰中换算情况较多，如找平层厚度、砂浆种类、楼地面形状等情况都可能涉及换算。如图 8-33 所示是楼地面找平层厚度的换算和砂浆换算。如图 8-34 所示是块料地面形状和砂浆的换算。

（8）墙面装饰的换算

墙面装饰中换算情况较多，如找平层厚度、砂浆种类、墙面形状等情况都可能涉及换

	编码	类别	名称	项目特征	单位
1	011102003001	项	块料楼地面	防滑地砖 1.地砖面层水泥砂浆擦缝 2.20厚1：2干硬性水泥砂浆粘合层，上洒1-2厚干水泥并洒清水适量 3.改性沥青一布四涂防水层 4.1：3水泥砂浆找坡层，最薄处20厚 5.水泥砂浆水灰比0.4-0.5结合层一道 6.结构层	m2
	11-1 H80010751 80010747	换	平面砂浆找平层 混凝土或硬基层上 20mm 换为【预拌地面砂浆(干拌) DS M15】		100m2

工料机显示 | 单价构成 | 标准换算 | 换算信息 | 特征及内容 | 工程量明细

	换算列表	换算内容
1	实际厚度(mm)	20
2	采用地暖的地板垫层，按不同材料执行相应项目 人工*1.3,材料*0.95	□
3	换干混地面砂浆 DS M20	80010747 预拌地面砂浆(干拌) DS M15

图 8-33 找平层厚度的换算和砂浆换算

	编码	类别	名称	项目特征	单位
1	011102003001	项	块料楼地面	防滑地砖 1.地砖面层水泥砂浆擦缝 2.20厚1：2干硬性水泥砂浆粘合层，上洒1-2厚干水泥并洒清水适量 3.改性沥青一布四涂防水层 4.1：3水泥砂浆找坡层，最薄处20厚 5.水泥砂浆水灰比0.4-0.5结合层一道 6.结构层	m2
	11-1 H80010751 80010747	换	平面砂浆找平层 混凝土或硬基层上 20mm 换为【预拌地面砂浆(干拌) DS M15】		100m2
	11-31	定	块料面层 陶瓷地面砖 0.36m2以内		100m2

工料机显示 | 单价构成 | 标准换算 | 换算信息 | 特征及内容 | 工程量明细

	换算列表	换算内容
1	圆弧形等不规则地面镶贴面层、饰面面层按相应项目块料消耗量损耗按实调整 人工*1.15	□
2	换干混地面砂浆 DS M20	80010751 干混地面砂浆 DS M20
3	换胶粘剂DTA砂浆	80010811 胶粘剂DTA砂浆

图 8-34 块料地面形状和砂浆的换算

算。如图 8-35 所示是墙面抹灰厚度的换算。

(9) 天棚装饰的换算

天棚装饰的换算情况有抹灰厚度、龙骨位置等，如图 8-36 所示为天棚抹灰的厚度换算。

	编码	类别	名称	项目特征	单位
1	011201001001	项	墙面一般抹灰	混合砂浆乳胶漆墙面，详见西南11J515-N09 内墙面 1.墙体 2.9厚1：1：6水泥石灰砂浆打底扫毛 3.7厚1：1：6水泥石灰砂浆垫层 4.5厚1：0.3：2.5水泥石灰砂浆罩面压光 5.刷乳胶漆	m2
	12-21	定	墙面抹灰 装饰抹灰 打底找平 15mm厚		100m2
	12-23	定	墙面抹灰 装饰抹灰 打底 素水泥浆界面剂		100m2

工料机显示 | 单价构成 | 标准换算 | 换算信息 | 特征及内容 | 工程量明细

	换算列表	换算内容
1	圆弧形、锯齿形、异形等不规则墙面抹灰、镶贴块料、幕墙 项目*1.15	□
2	换干混抹灰砂浆 DP M10	80010543 干混抹灰砂浆 DP M10

图 8-35 墙面抹灰厚度的换算

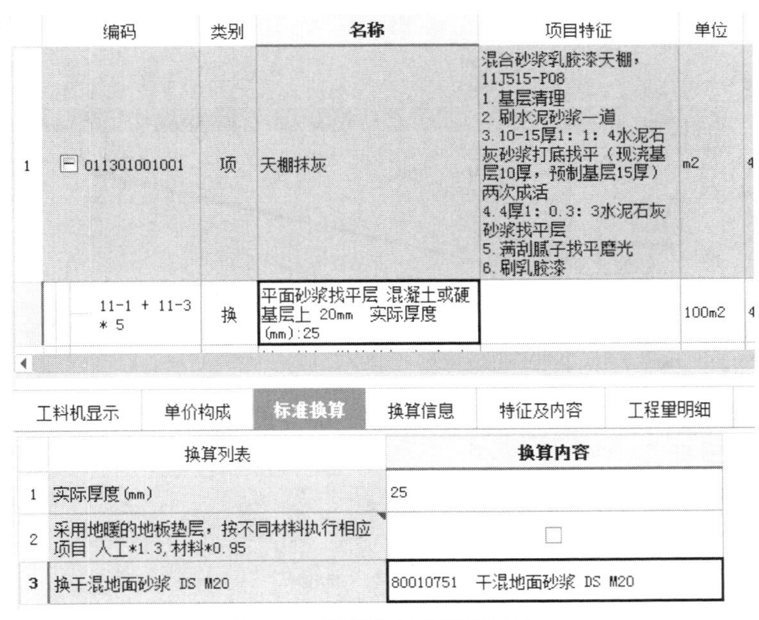

	编码	类别	名称	项目特征	单位
1	011301001001	项	天棚抹灰	混合砂浆乳胶漆天棚，11J515-P08 1.基层清理 2.刷水泥砂浆一道 3.10-15厚1：1：4水泥石灰砂浆打底找平（现浇基层10厚，预制基层15厚）两次成活 4.4厚1：0.3：3水泥石灰砂浆找平层 5.满刮腻子找平磨光 6.刷乳胶漆	m2
	11-1 + 11-3 * 5	换	平面砂浆找平层 混凝土或硬基层上 20mm 实际厚度(mm):25		100m2

工料机显示 | 单价构成 | 标准换算 | 换算信息 | 特征及内容 | 工程量明细

	换算列表	换算内容
1	实际厚度(mm)	25
2	采用地暖的地板垫层，按不同材料执行相应项目 人工*1.3，材料*0.95	□
3	换干混地面砂浆 DS M20	80010751 干混地面砂浆 DS M20

图 8-36 天棚抹灰的厚度换算

8.6 插入新清单

扫码看视频

插入清单与补充清单

(1) 插入清单子目

插入清单子目是在编制界面的分部分项、措施项目或其他项目中点击“插入”，插入中包含插入清单和插入子目，把鼠标放在任意清单项上，点击“插入清单”，如图 8-37 所示，新清单表格行插入完成后，双击新清单编码格，进入清单指引界面，如图 8-38 所示，选择需要的清单，点击“插入清单”，清单就插入完成。

清单插入完成后，开始插入清单对应子目，如图 8-39 所示，把鼠标放在新清单项上面，点击“插入子目”，空的子目行就插入完成了，然后双击子目编码列，进入定额查询界面，选择需要的定额后，点击“插入”，子目就插入完成了，如图 8-40 所示。

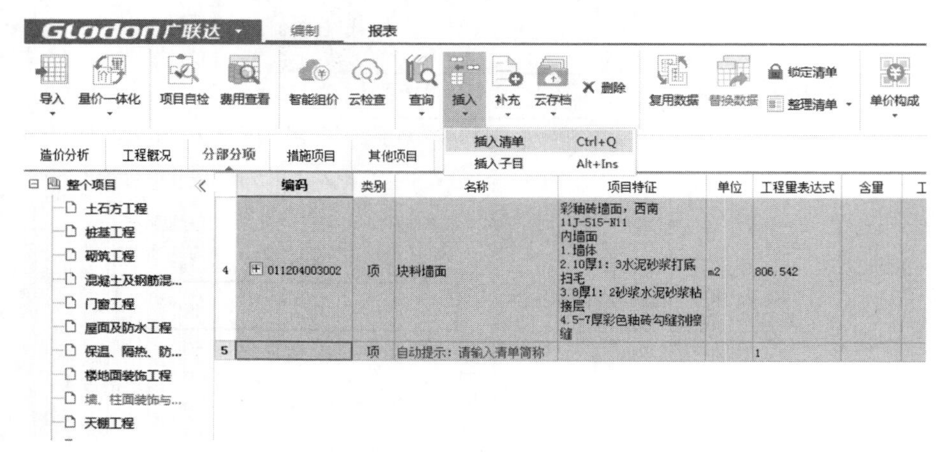

图 8-37　插入清单

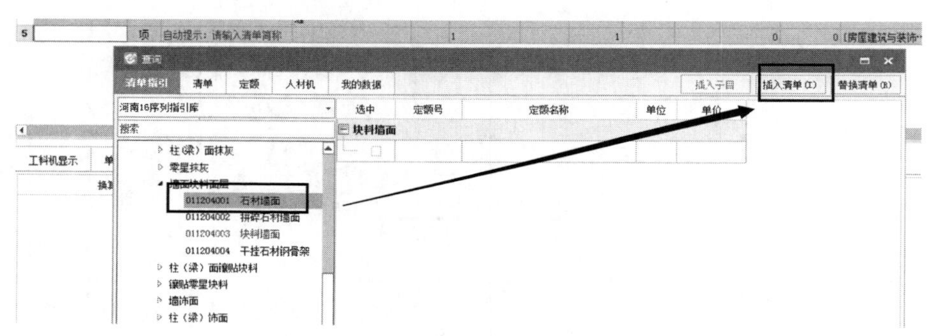

图 8-38　清单指引界面

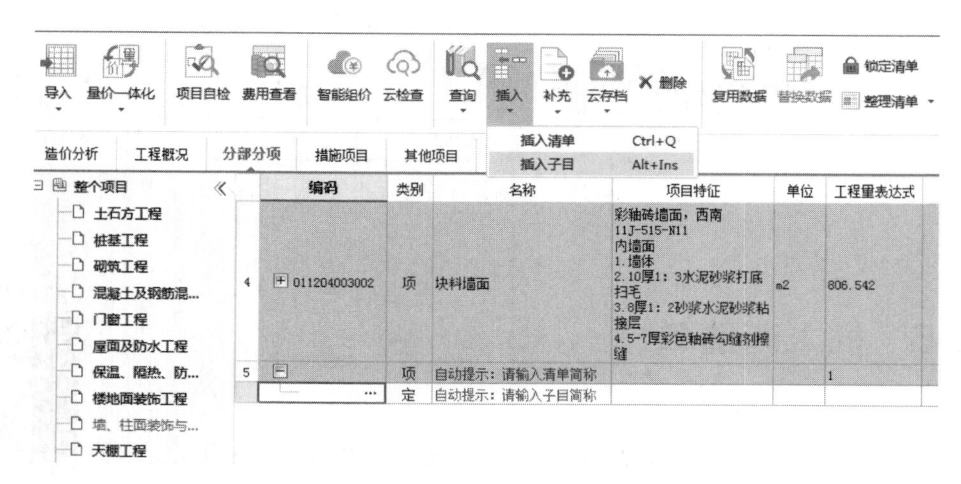

图 8-39　插入子目行

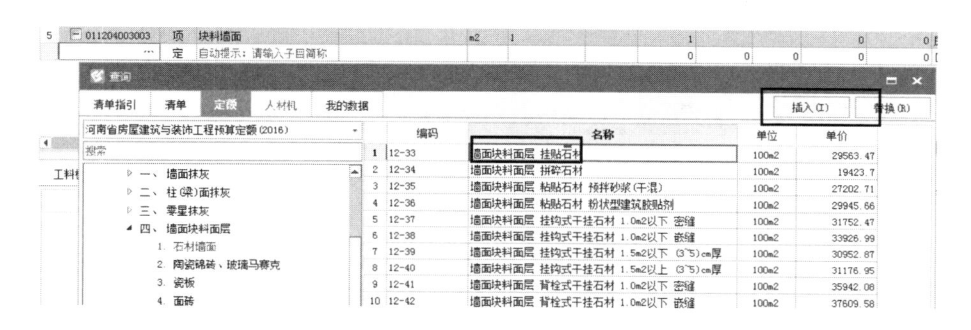

图 8-40　插入定额子目

(2) 补充清单

补充清单是补充清单规范中没有的清单项。在如图 8-41 所示界面，点击“补充”，补充包含补充清单、子目和人材机。点击“补充”然后选择“清单”，进入补充清单界面，填写清单名称、单位等信息，如图 8-42 所示，完成后点击“确定”，补充清单完成。

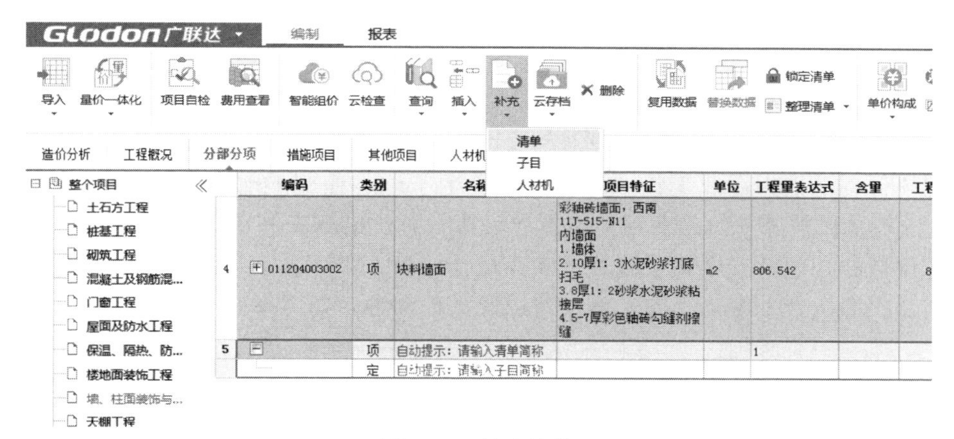

图 8-41　补充清单

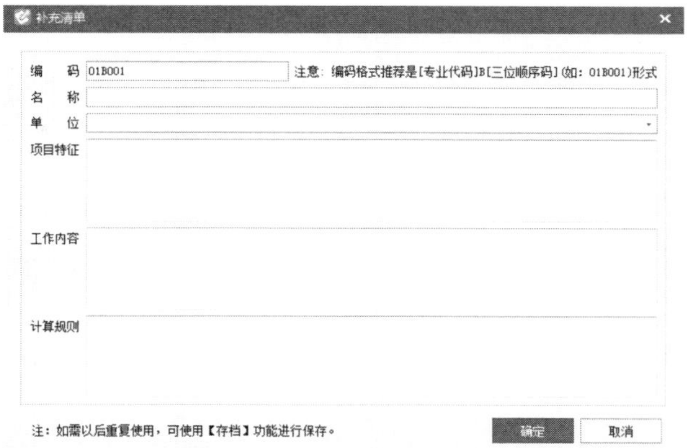

补充清单

编　码 01B001　注意：编码格式推荐是[专业代码]B[三位顺序码](如：01B001)形式

名　称

单　位

项目特征

工作内容

计算规则

注：如需以后重复使用，可使用【存档】功能进行保存。　确定　取消

图 8-42　补充清单界面

补充子目同样是点击“补充”然后选择“子目”，在补充子目界面中填写子目信息，如

名称、单位、单价以及人工费、机械费、设备费、利润等，如图 8-43 所示，完成后点击“确定”，子目补充完成。

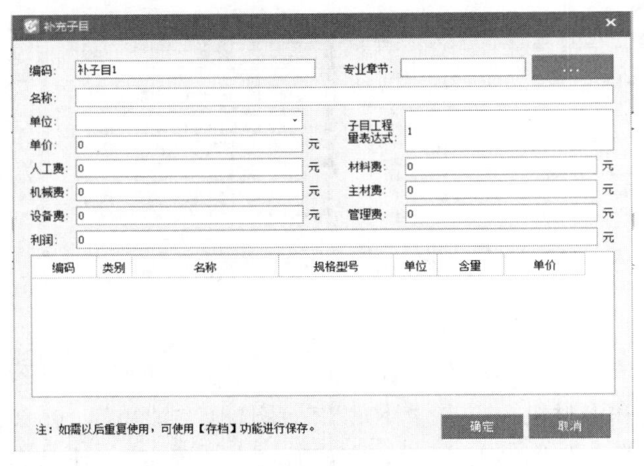

图 8-43 补充子目

8.7 措施项目

措施项目费是指为完成建设工程施工，发生于该工程施工前和施工过程中的技术、生活、安全、环境保护等方面的费用。措施项目费有总价措施费和单价措施费两种，如图 8-44 所示。总价措施费包括安全文明施工费和其他措施费（费率类），其他措施费包括夜间施工增加费、二次搬运费、冬雨季施工增加费以及其他四种，如图 8-45 所示。

造价分析 | 工程概况 | 分部分项 | 措施项目 | 其他项目 | 人材机汇总

序号	类别	名称	单位
⊟		措施项目	
⊞ 一		总价措施费	
⊞ 二		单价措施费	

图 8-44 措施项目

造价分析 | 工程概况 | 分部分项 | 措施项目 | 其他项目 | 人材机汇总 | 费用汇总

	序号	类别	名称	单位	项目特征	工程量	组价方式	计算基数	费率(%)	综合单价
	⊟		措施项目							
	⊟ 一		总价措施费							
1	011707001001		安全文明施工费	项		1	计算公式组价	FBFX_AQWMSGF+DJCS_AQWMSGF		131523.62
2	⊟ 01		其他措施费（费率类）	项		1	子措施组价			60514.16
3	011707002001		夜间施工增加费	项		1	计算公式组价	FBFX_QTCSF+DJCS_QTCSF	25	15128.54
4	011707004001		二次搬运费	项		1	计算公式组价	FBFX_QTCSF+DJCS_QTCSF	50	30257.08
5	011707005001		冬雨季施工增加费	项		1	计算公式组价	FBFX_QTCSF+DJCS_QTCSF	25	15128.54
6	02		其他（费率类）	项		1	计算公式…			0

图 8-45 总价措施费

（1）安全文明施工费

安全文明施工费是按照国家现行的建筑施工安全、施工现场环境与卫生标准和有关规定，购置和更新施工安全防护用具及设施、改善安全生产条件和作业环境及因施工现场扬尘污染防治标准提高所需要的费用。主要有以下几项。

① 环境保护费　指施工现场为达到环保部门要求所需要的各项费用。

② 文明施工费　指施工现场文明施工所需要的各项费用。

③ 安全施工费　指施工现场安全施工所需要的各项费用。

④ 临时设施费　指施工企业为进行建设工程施工所必须搭设的生活和生产用的临时建筑物、构筑物和其他临时设施的搭设、维修、拆除、清理费或摊销费等。

⑤ 扬尘污染防治增加费　根据各省实际情况，因施工现场扬尘污染防治标准提高所需增加的费用。

（2）其他措施费（费率类）

其他措施费（费率类）是指计价定额中规定的，在施工过程中不可计量的措施项目。内容包括以下几项。

① 夜间施工增加费　指因夜间施工所发生的夜班补助费、夜间施工降效、夜间施工照明设备摊销及照明用电等费用。

② 二次搬运费　指因施工场地条件限制而发生的材料、构配件、半成品等一次运输不能到达堆放地点，必须进行二次或多次搬运所发生的费用。

③ 冬雨季施工增加费　指在冬季或雨季施工需增加的临时设施、防滑、排除雨雪，人工及施工机械效率降低等费用。

（3）单价措施费

单价类措施费是指计价定额中规定的，在施工过程中可以计量的措施项目费。内容包括以下几项。

① 脚手架费是指施工需要的各种脚手架搭、拆、运输费用及脚手架购置费的摊销（或租赁）费用。

② 垂直运输费。

③ 超高增加费。

④ 大型机械设备进出场及安拆费是指计价定额中列项的大型机械设备进出场及安拆费。

⑤ 施工排水及井点降水费。

⑥ 其他费用。

8.8　其他项目费

其他项目费包含暂列金额、暂估价、计日工、总承包服务费，如图 8-46 所示。

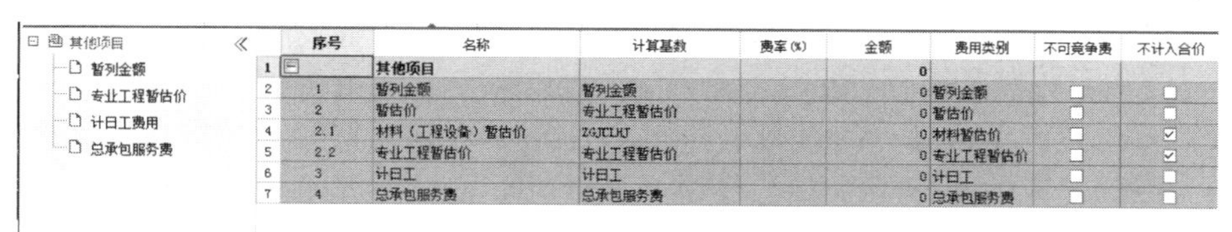

图 8-46　其他项目费

暂列金额是指建设单位在工程量清单中暂定并包括在工程合同价款中的一笔款项。用于施工合同签订时尚未确定或者不可预见的所需材料、工程设备、服务的采购，施工中可能发生的工程变更、合同约定调整因素出现时的工程价款调整以及发生的索赔、现场签证确认等的费用。

计日工是指在施工过程中，施工企业完成建设单位提出的施工图纸以外的零星项目或工作所需的费用。

总承包服务费是指总承包人为配合、协调建设单位进行的专业工程发包，对建设单位自行采购的材料工程设备等进行保管以及施工现场管理、竣工资料汇总整理等服务所需的费用。

8.9　选择信息价以及调价系数

8.9.1　选择信息价

8.9.1.1　批量载入信息价

其他项目套取完成后，把界面切换至人材机汇总，单击“载价”，在弹出的下拉框中选择批量载价，如图 8-47 所示。参照招标文件的要求，选择载价地区和载价月份，如图 8-48 所示。选择完成后，点击“下一步”，进入载价范围选择，如全部载价，把全选打钩，点击“下一步”，如图 8-49 所示。

信息价载入完成后或对价格进行调整后，就可以看到市场价的变化，并在价格来源列看到价格的来源，如图 8-50 所示。

载价　调整市场价系数　人材机无价差　存价　显示对应子目　其他　颜色　过滤　查找　计算器　工具　智能组价　云检查

批量载价　载入Excel市场价文件

分部分项　措施项目　其他项目　人材机汇总　费用汇总

所有人材机　人工表　材料表　机械表　设备表　主材表　主要材料表　暂估材料表　发包人供应材料和…　承包人主要材料和…　主要材料指标表

	编码	类别	名称	规格型号	单位	数量	预算价	市场价	价格来源
1	00010101	人	普工		工日	1370.298817	87.1	87.1	
2	00010102	人	一般技工		工日	2585.843277	134	134	
3	00010103	人	高级技工		工日	682.128128	201	201	
4	01010165	材	钢筋	综合	kg	69.64699	3.4	3.4	
5	01030727	材	镀锌铁丝	φ0.7	kg	11.866986	5.95	5.95	
6	01030755	材	镀锌铁丝	φ4.0	kg	225.983352	5.18	5.18	
7	01050156	材	钢丝绳	φ8	m	4.477871	3.1	3.1	
8	01130301	材	镀锌扁钢	综合	kg	69.369003	4.08	4.08	
9	01390111	材	铜条	4mm*6mm	m	233.624	9.76	9.76	
10	01610506	材	铈钨棒		g	23.890098	0.46	0.46	
11	02050536	材	密封圈		个	38.91078	5	5	
12	02090101	材	塑料薄膜		m2	5479.448493	0.26	0.26	
13	02270123	材	棉纱头		kg	8.2232	12	12	

图 8-47　批量载价

8.9.1.2　手动调整信息价

选择需要进行调整信息价的材料，如图 8-51 所示，选择钢筋，然后在信息服务界面选择信息价，找到对应的规格型号双击该项，人材机汇总中钢筋市场价和价格来源就会自动调整。

图 8-48　载入信息价

广材助手 批量载价

数据包使用顺序：　优先使用　信息价　　　　双击载价

待载条数/总条数：　30/110　　材料分类筛选：☑全部 ☑人工 ☑材料 ☑机械 ☑主材 ☑设备 ☑苗木

全选	序号	定额材料编码	定额材料名称	定额材料规格	单位	待载价格(不含税)	待载价格(含税)	参考税率	信息价(不含税)
☑	6	01030755	镀锌铁丝	φ4.0	kg	信 3.717			3.717
☑	7	01050156	钢丝绳	φ8	m	3.1	3.1		
☑	8	01130301	镀锌扁钢	综合	kg	信 3.85			3.85
☑	9	01390111	铜条	4mm*6mm	m	9.76	9.76		
☑	10	01610506	铈钨棒		g	0.46	0.46		
☑	11	02050536	密封圈		个	5	5		
☑	12	02090101	塑料薄膜		m2	0.26	0.26		
☑	13	02270123	棉纱头		kg	12	12		
☑	14	02270133	土工布		m2	11.7	11.7		
☑	15	03010328	沉头木螺钉	L30	个	0.03	0.03		
☑	16	03010329	沉头木螺钉	L32	个	0.03	0.03		
☑	17	03010619	镀锌自攻螺钉	ST5*16	个	0.03	0.03		
☑	18	03010942	圆钉		kg	7	7		
☑	19	03011069	对拉螺栓		kg	信 4.425			4.425

调整前材料总价：5408955.8

调整后材料总价：5740579.85　　变化率：6.13%

上一步　下一步

图 8-49　载入信息价范围调整

	编码	类别	名称	规格型号	单位	数量	预算价	市场价	价格来源
1	00010101	人	普工		工日	1370.298817	87.1	87.1	
2	00010102	人	一般技工		工日	2585.843277	134	134	
3	00010103	人	高级技工		工日	682.128128	201	201	
4	01010165	材	钢筋	综合	kg	69.64699	3.4	3.469	郑州信息价(2020年05月)
5	01030727	材	镀锌铁丝	φ0.7	kg	11.866986	5.95	3.717	郑州信息价(2020年05月)
6	01030755	材	镀锌铁丝	φ4.0	kg	225.983352	5.18	3.717	郑州信息价(2020年05月)
7	01050156	材	钢丝绳	φ8	m	4.477871	3.1	3.1	
8	01130301	材	镀锌扁钢	综合	kg	69.369003	4.08	3.85	郑州信息价(2020年05月)

图 8-50　查看价格来源

8.9.2　工程造价调价

8.9.2.1　造价系数调整

造价系数调整可通过设置调整范围和调整系数，直接对造价进行快速调

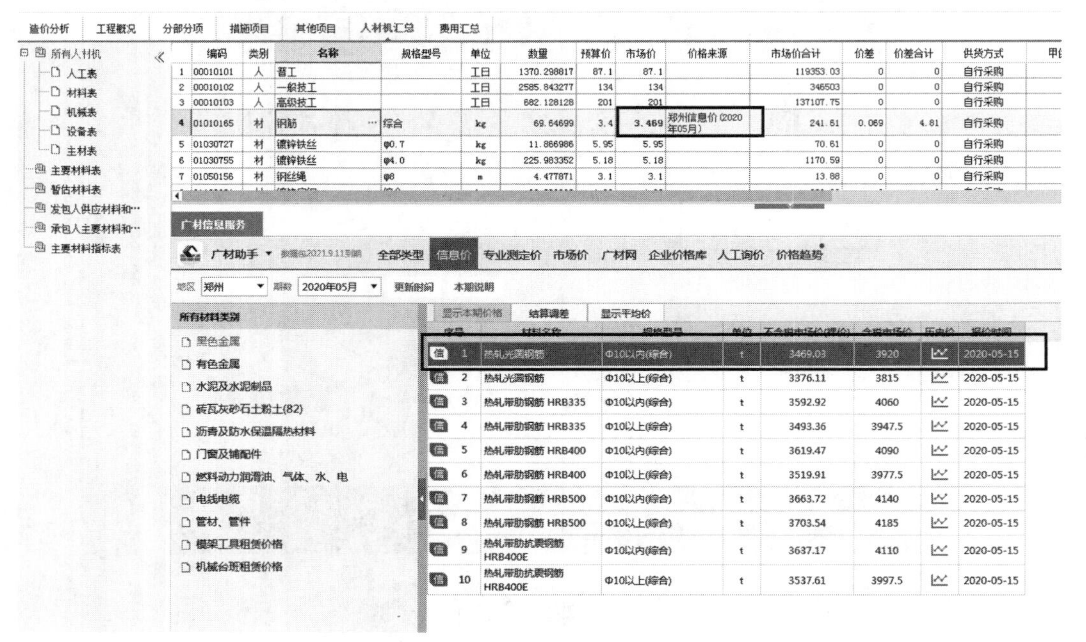

	编码	类别	名称	规格型号	单位	数量	预算价	市场价	价格来源	市场价合计	价差	价差合计	供货方式
1	00010101	人	普工		工日	1370.298817	87.1	87.1		119353.03	0	0	自行采购
2	00010102	人	一般技工		工日	2585.843277	134	134		346503	0	0	自行采购
3	00010103	人	高级技工		工日	682.128128	201	201		137107.75	0	0	自行采购
4	01010165	材	钢筋	综合	kg	69.64699	3.4	3.469	郑州信息价(2020年05月)	241.61	0.069	4.81	自行采购
5	01030727	材	镀锌铁丝	φ0.7	kg	11.866986	5.95	5.95		70.61	0	0	自行采购
6	01030755	材	镀锌铁丝	φ4.0	kg	225.983352	5.18	5.18		1170.59	0	0	自行采购
7	01050156	材	钢丝绳	φ8	m	4.477871	3.1	3.1		13.88	0	0	自行采购

序号	材料名称	规格型号	单位	不含税市场价(除税价)	含税市场价	历史价	报价时间
1	热轧光圆钢筋	Φ10以内(综合)	t	3469.03	3920		2020-05-15
2	热轧光圆钢筋	Φ10以上(综合)	t	3376.11	3815		2020-05-15
3	热轧带肋钢筋 HRB335	Φ10以内(综合)	t	3592.92	4060		2020-05-15
4	热轧带肋钢筋 HRB335	Φ10以上(综合)	t	3493.36	3947.5		2020-05-15
5	热轧带肋钢筋 HRB400	Φ10以内(综合)	t	3619.47	4090		2020-05-15
6	热轧带肋钢筋 HRB400	Φ10以上(综合)	t	3519.91	3977.5		2020-05-15
7	热轧带肋钢筋 HRB500	Φ10以内(综合)	t	3663.72	4140		2020-05-15
8	热轧带肋钢筋 HRB500	Φ10以上(综合)	t	3703.54	4185		2020-05-15
9	热轧带肋抗震钢筋 HRB400E	Φ10以内(综合)	t	3637.17	4110		2020-05-15
10	热轧带肋抗震钢筋 HRB400E	Φ10以上(综合)	t	3537.61	3997.5		2020-05-15

图 8-51　手动调整信息价

整。在人材机汇总界面选择“统一调价”中的“造价系数调整”，如图 8-52 所示。然后在弹出的调整界面中设置调整范围和调整系数，如图 8-53 所示，完成后点击“调整”，然后根据提示选择是否进行调整前备份，如图 8-54 所示，如不需要备份可选择“直接调整”。

项目自检　费用查看　载价　调整市场价系数　人材机无价差　存价　显示对应子目　其他　颜色　过滤　查找　计算器　工具　统一调价　智能组价　云检查

指定造价调整
造价系数调整

造价分析　工程概况　分部分项　措施项目　其他项目　人材机汇总　费用汇总

所有人材机
人工表
材料表
机械表
设备表

	编码	类别	名称	规格型号	单位	数量	预算价	市场价	价格来源
1	00010101	人	普工		工日	1363.[illegible]	[illegible]	[illegible]	
2	00010102	人	一般技工		工日	2572.873017	134	134	
3	00010103	人	高级技工		工日	679.966418	201	201	
4	01010165	材	钢筋	综合	kg	69.64699	3.4	3.4	
5	01030727	材	镀锌铁丝	φ0.7	kg	11.866986	5.95	5.95	

图 8-52　统一调价

8.9.2.2　指定造价调整

扫码看视频

指定造价调整

指定造价调整是直接输入目标造价，快速把工程造价调整到目标值。具体操作为：在“统一调价”中选择“指定造价调整”，如图 8-55 所示。进入调整界面，在目标造价中输入目标数据，比如输入 4000000 元，然后在调整明细中选择调整内容，如全部调整，就在整个项目中打钩，如图 8-56 所示，然后点击“调整”，软件会弹出提示窗口，提示调整前是否进行备份，如图 8-57 所示，如不备份就选择“直接调整”，备份就选择“备份后调整”。如选择“备份后调整”，就会出现备份保存的界面，输入保存文件名称，如图 8-58 所示，备份成功后，会出现备份成功提示，如图 8-59 所示。之后软件就会自动进行调整。

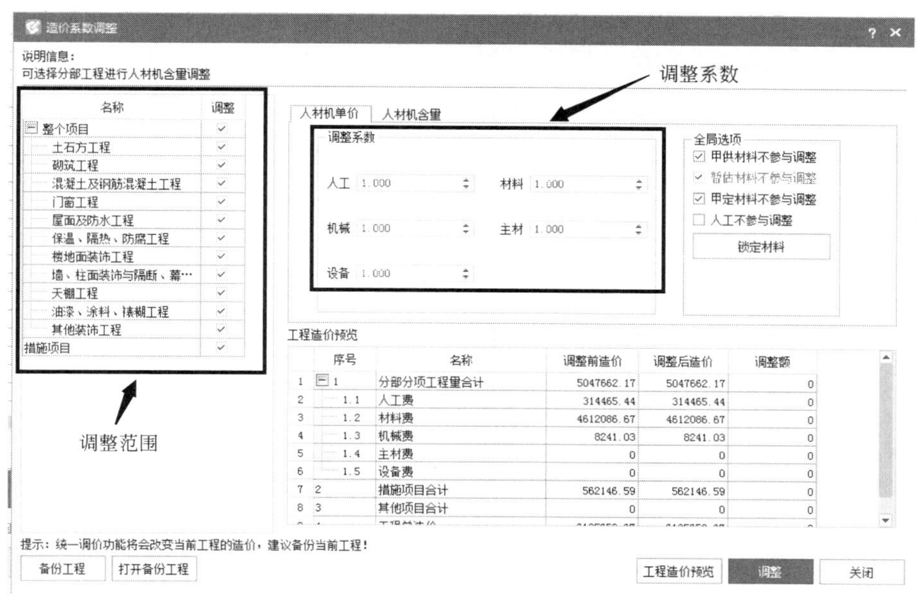

图 8-53　设置调整范围

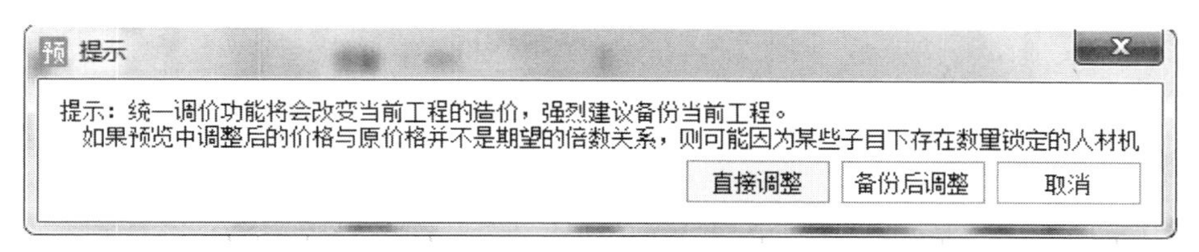

图 8-54　备份提示

调整市场价系数　人材机无价差　存价　显示对应子目　其他　颜色　过滤　查找　计算器　工具　统一调价　智能组价　云检查

指定造价调整　造价系数调整

分部分项　措施项目　其他项目　人材机汇总　费用汇总

	编码	类别	名称	规格型号	单位	数量	预算价	市场价	价格来源
1	00010101	人	普工		工日	2915.536744	87.1	87.1	
2	00010102	人	一般技工		工日	5493.454644	134	134	
3	00010103	人	高级技工		工日	3216.412376	201	201	
4	01010165	材	钢筋	综合	kg	19.726104	3.4	3.4	
5	01030727	材	镀锌铁丝	φ0.7	kg	14.212278	5.95	5.95	
6	01130301	材	镀锌扁钢	综合	kg	121.176687	4.08	4.08	

图 8-55　指定造价调整

调整界面如图 8-60 所示，图 8-60 中标注的是调整进度，调整完成后可在人材机汇总查看调整后的市场价，如图 8-61 所示。调整前的含税工程造价合计的为 4912825.04 元，如图 8-62 所示，目标造价为 4000000 元，调整后含税工程造价合计为 3999552.41 元，如图 8-63 所示。

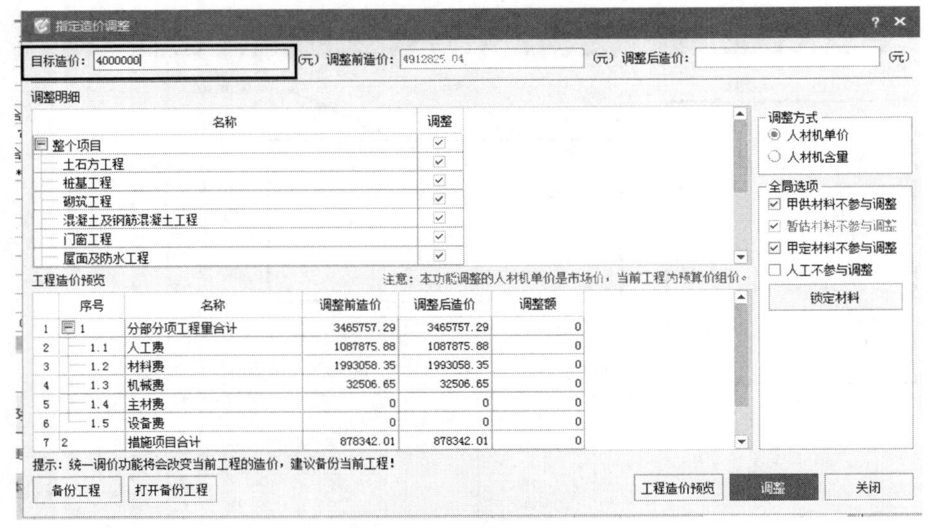

图 8-56 选择调整内容

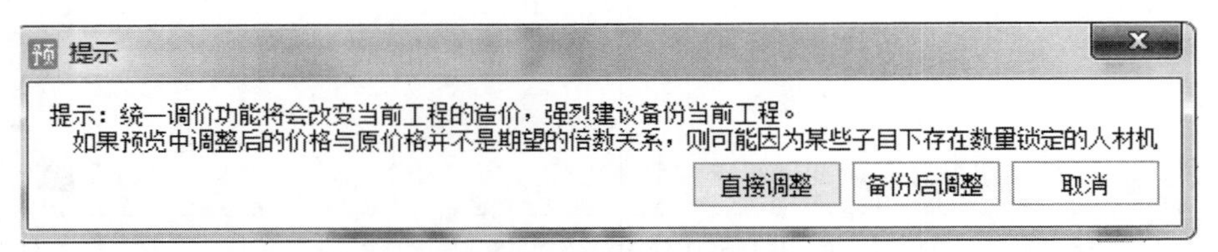

图 8-57 备份提示

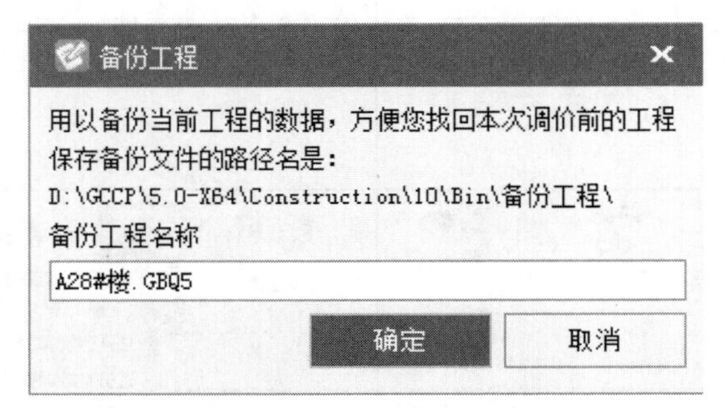

图 8-58 输入保存文件名称

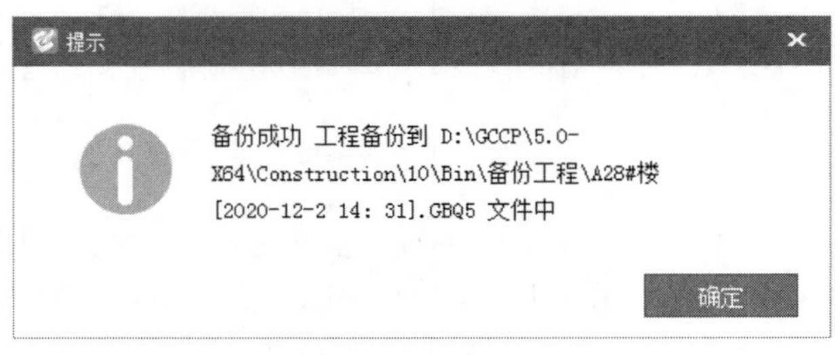

图 8-59 备份成功

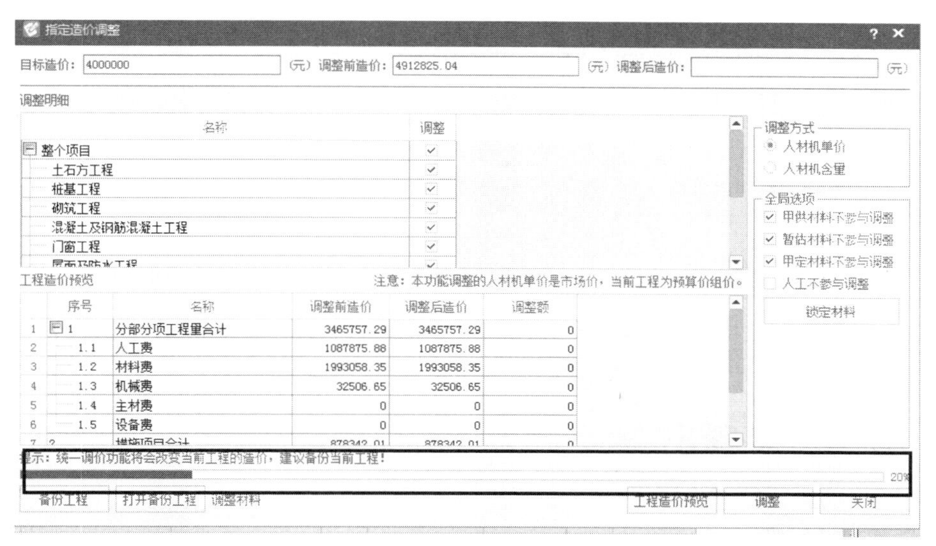

图 8-60　调整界面

调整市场价系数　人材机无价差　存价　显示对应子目　其他　颜色　过滤　查找　计算器　工具　统一调价　智能组价　云检查

分部分项　措施项目　其他项目　人材机汇总　费用汇总

	编码	类别	名称	规格型号	单位	数量	预算价	市场价	价格来源	市场
1	00010101	人	普工		工日	2915.536744	87.1	55.23	自行询价	
2	00010102	人	一般技工		工日	5493.454644	134	84.96	自行询价	
3	00010103	人	高级技工		工日	3216.412376	201	127.47	自行询价	
4	01010165	材	钢筋	综合	kg	19.726104	3.4	2.14	自行询价	
5	01030727	材	镀锌铁丝	φ0.7	kg	14.212278	5.95	3.77	自行询价	
6	01130301	材	镀锌扁钢	综合	kg	121.176687	4.08	2.6	自行询价	
7	01390111	材	铜条	4mm*6mm	m	482.3	9.76	6.17	自行询价	
8	01610506	材	铈钨棒		g	41.732226	0.46	0.28	自行询价	
9	02090101	材	塑料薄膜		m2	809.617449	0.26	0.16	自行询价	
10	02270121	材	棉纱		kg	41.40902	12	7.63	自行询价	
11	02270123	材	棉纱头		kg	44.283295	12	7.63	自行询价	
12	02270133	材	土工布		m2	88.094487	11.7	7.42	自行询价	
13	03010328	材	沉头木螺钉	L30	个	766.446564	0.03	0.02	自行询价	
14	03010329	材	沉头木螺钉	L32	个	806.4	0.03	0.02	自行询价	
15	03010421	材	半圆头螺钉	M6*(30~40)	10个	113.75153	0.8	0.52	自行询价	

图 8-61　查看调整后的市场价

项目自检　费用查看　智能组价　云检查　删除　载入模板　工具

造价分析　工程概况　分部分项　措施项目　其他项目　人材机汇总　费用汇总

	序号	费用代号	名称	计算基数	基数说明	费率(%)	金额	费用类别
1	1	A	分部分项工程	FBFXHJ	分部分项合计		3,465,757.29	分部分项工程费
2	2	B	措施项目	CSXMHJ	措施项目合计		878,342.01	措施项目费
6	3	C	其他项目	C1 + C2 + C3 + C4 + C5	其中：1）暂列金额+2）专业工程暂估价+3）计日工+4）总承包服务费+5）其他		0.00	其他项目费
12	4	D	规费	D1 + D2 + D3	定额规费+工程排污费+其他		163,079.64	规费
16	5	E	不含税工程造价合计	A + B + C + D	分部分项工程+措施项目+其他项目+规费		4,507,178.94	
17	6	F	增值税	E	不含税工程造价合计	9	405,646.10	增值税
18	7	G	含税工程造价合计	E + F	不含税工程造价合计+增值税		4,912,825.04	工程造价

图 8-62　调整前费用汇总

造价分析 | 工程概况 | 分部分项 | 措施项目 | 其他项目 | 人材机汇总 | 费用汇总

	序号	费用代号	名称	计算基数	基数说明	费率(%)	金额	费用类别
1	1	A	分部分项工程	FBFXHJ	分部分项合计		2,731,881.17	分部分项工程费
2	⊞ 2	B	措施项目	CSXMHJ	措施项目合计		774,353.33	措施项目费
6	⊞ 3	C	其他项目	C1 + C2 + C3 + C4 + C5	其中：1）暂列金额+2）专业工程暂估价+3）计日工+4）总承包服务费+5）其他		0.00	其他项目费
12	⊞ 4	D	规费	D1 + D2 + D3	定额规费+工程排污费+其他		163,079.64	规费
16	5	E	不含税工程造价合计	A + B + C + D	分部分项工程+措施项目+其他项目+规费		3,669,314.14	
17	6	F	增值税	E	不含税工程造价合计	9	330,238.27	增值税
18	7	G	含税工程造价合计	E + F	不含税工程造价合计+增值税		3,999,552.41	工程造价

图 8-63 调整后费用汇总

8.10 报表导出

8.10.1 投标方

计价文件编制完成后，需要根据实际需要导出报表。接下来，介绍一下招标文件报表的导出步骤。

首先，在一级导航栏中把页签切换至“报表”，如图 8-64 所示。

选择需要导出的报表类型并点击“批量导出 Excel”（这里以 Excel 为例，故选择“批量导出 Excel”），在弹出的“批量导出 Excel”窗口中的选择报表类型和需要导出的报表，选择完成后单击“导出选择表”选项，选择合适的位置保存报表，如图 8-65 所示。

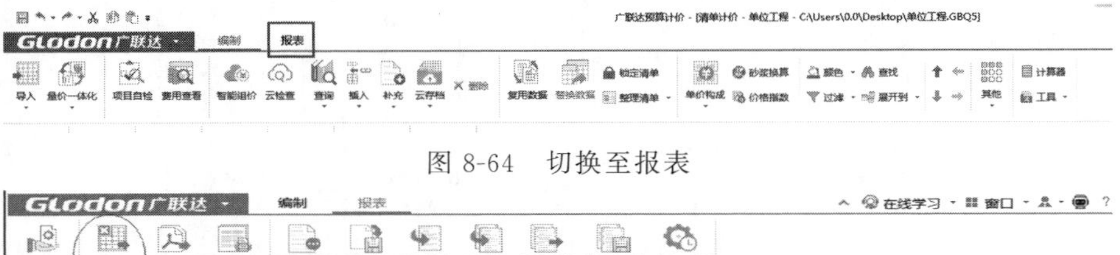

图 8-64 切换至报表

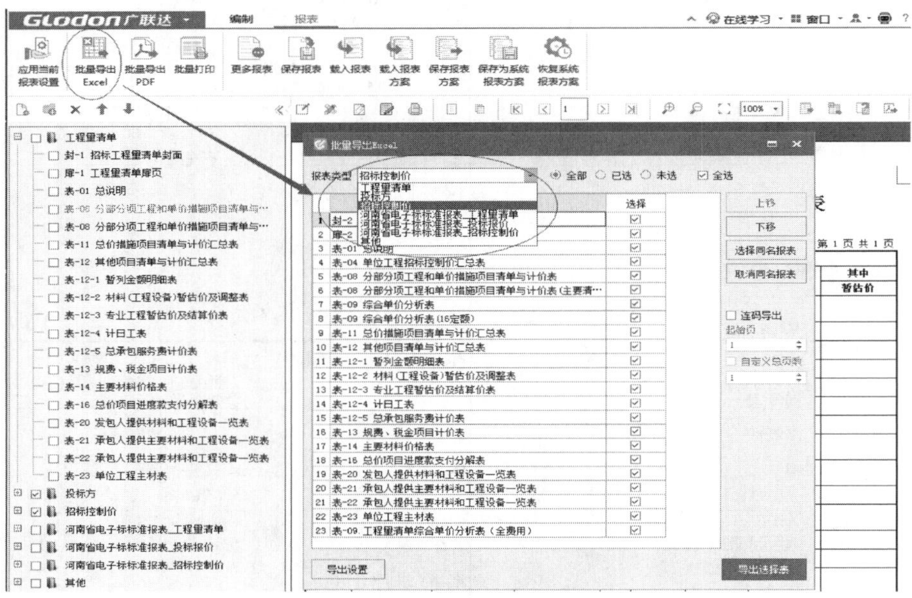

图 8-65 导出选择表

8.10.2　招标控制价

招标控制价报表包含的内容较多，如图 8-66 所示。招标控制价报表导出是在报表界面左上角的导出，有导出为表格和导出 PDF 两种形式，如图 8-67 所示。根据需要选择导出形式，如导出为 PDF，可直接选择“批量导出 PDF”按键，然后在弹出的导出界面中选择需要导出的表格，如图 8-68 所示。

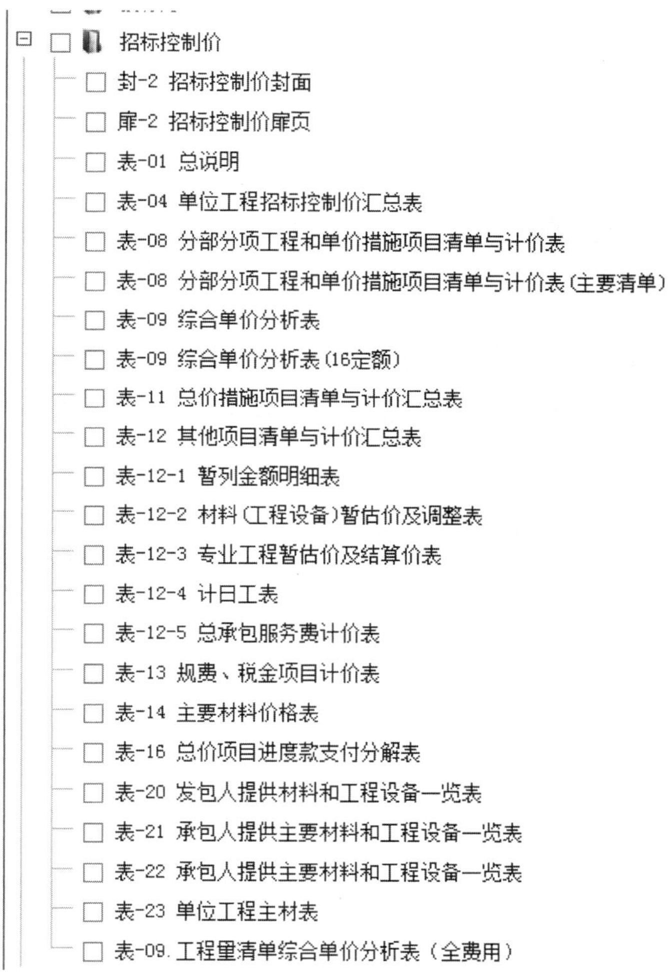

招标控制价
封-2 招标控制价封面
扉-2 招标控制价扉页
表-01 总说明
表-04 单位工程招标控制价汇总表
表-08 分部分项工程和单价措施项目清单与计价表
表-08 分部分项工程和单价措施项目清单与计价表(主要清单)
表-09 综合单价分析表
表-09 综合单价分析表(16定额)
表-11 总价措施项目清单与计价汇总表
表-12 其他项目清单与计价汇总表
表-12-1 暂列金额明细表
表-12-2 材料(工程设备)暂估价及调整表
表-12-3 专业工程暂估价及结算价表
表-12-4 计日工表
表-12-5 总承包服务费计价表
表-13 规费、税金项目计价表
表-14 主要材料价格表
表-16 总价项目进度款支付分解表
表-20 发包人提供材料和工程设备一览表
表-21 承包人提供主要材料和工程设备一览表
表-22 承包人提供主要材料和工程设备一览表
表-23 单位工程主材表
表-09.工程量清单综合单价分析表（全费用）

图 8-66　招标控制价报表内容

应用当前报表设置
批量导出Excel
批量导出PDF
批量打印

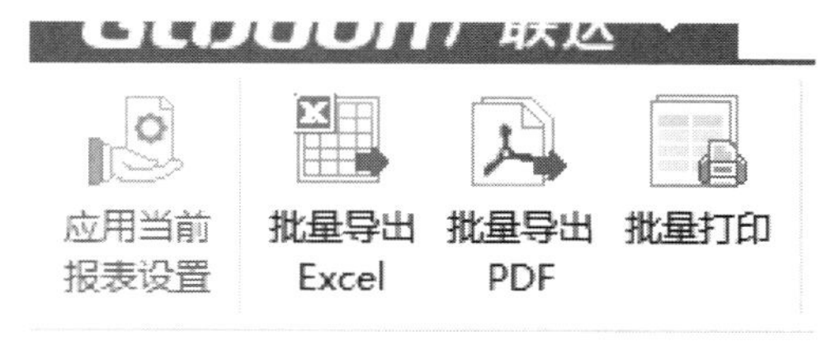

图 8-67　报表导出类型

图 8-68　招标控制价报表导出

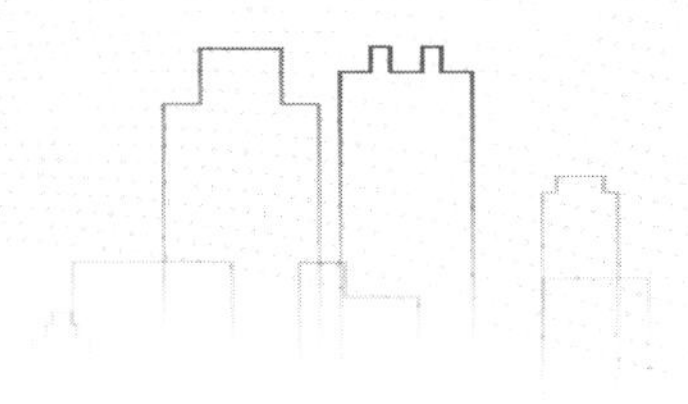

第9章 某食堂、宿舍装修计量与计价

9.1 某食堂、宿舍装修计量

9.1.1 楼地面计量

(1) 一层楼地面

某食堂、宿舍项目共地上2层，楼地面做法见表9-1，一层平面图如图9-1所示。

表9-1 楼地面做法表

序号	房间名称	用料做法	备注
地(楼)面1	卫生间、厨房、餐厅	12YJ1 第33页 地201F(楼201F)	地砖选用防滑地砖，防水选用1.5厚聚氨酯防水涂料
地(楼)面2	其余房间	12YJ1 第32页 地201(楼201)	陶瓷地砖地面

① 卫生间、厨房、餐厅 卫生间、厨房、餐厅地面做法相同，平面布置图如图9-2所示。

卫生间地面工程量计算式：

地面积 $=\underset{\text{长度}}{\underline{\underline{2.0498}}}\times\underset{\text{宽度}}{\underline{\underline{1.95}}}=3.9971(\mathrm{m}^2)$

块料地面积 $=\underset{\text{长度}}{\underline{\underline{2.0498}}}\times\underset{\text{宽度}}{\underline{\underline{1.95}}}=3.9971(\mathrm{m}^2)$

地面周长 $=(\underset{\text{长度}}{\underline{\underline{2.0498}}}+\underset{\text{宽度}}{\underline{\underline{1.95}}})\times 2=7.9996(\mathrm{m})$

厨房地面工程量计算式：

地面积 $=\underset{\text{原始地面积}}{\underline{\underline{54.6795}}}=54.6795(\mathrm{m}^2)$

块料地面积 $=\underset{\text{原始块料地面积}}{\underline{\underline{54.6795}}}=54.6795(\mathrm{m}^2)$

地面周长 $=38.1996\mathrm{m}$

餐厅地面工程量计算式：

地面积 $=\underset{\text{长度}}{\underline{\underline{8.2}}}\times\underset{\text{宽度}}{\underline{\underline{6.6998}}}=54.9384(\mathrm{m}^2)$

块料地面积 $=\underset{\text{长度}}{\underline{\underline{8.2}}}\times\underset{\text{宽度}}{\underline{\underline{6.6998}}}=54.9384(\mathrm{m}^2)$

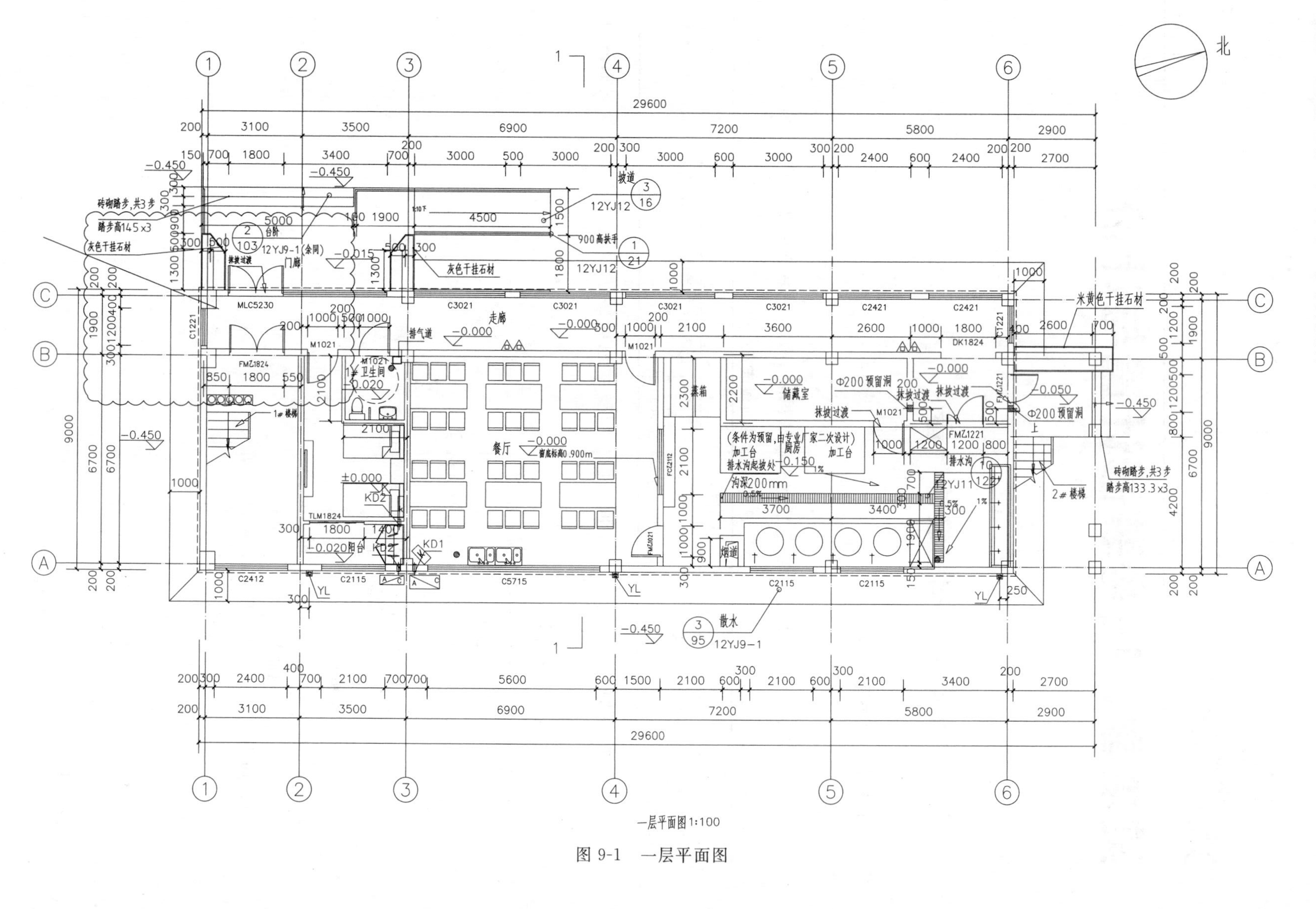
北
29600
餐厅
走廊
储藏室
厨房
门廊
卫生间
1#楼梯
2#楼梯
灰色干挂石材
米黄色干挂石材
砖砌踏步,共3步
散水
12YJ9-1
一层平面图 1:100

图 9-1 一层平面图

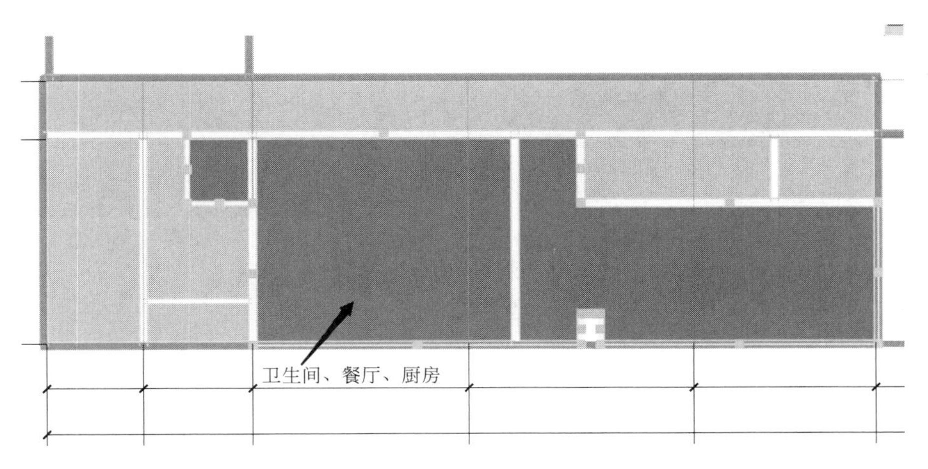

图 9-2　平面布置图

地面周长＝(8.2＋6.6998)×2＝29.7996(m)

　　　　　长度　　宽度

卫生间、厨房、餐厅工程量如图 9-3 所示。

构件工程量　做法工程量

清单工程量　定额工程量　显示房间、组合构件量　只显示标准层单层量

	楼层	名称	工程量名称					
			地面积(m2)	块料地面积(m2)	地面周长(m)	水平防水面积(m2)	立面防水面积(大于最低立面防水高度)(m2)	立面防水面积(小于最低立面防水高度)(m2)
1	首层	卫生间、淋浴间、厨房、餐厅[餐厅]	54.9386	54.9386	29.7997	0	0	0
2		卫生间、淋浴间、厨房、餐厅[厨房]	54.6795	54.6795	38.1996	0	0	0
3		卫生间、淋浴间、厨房、餐厅[卫生间、淋浴间]	3.9971	3.9971	7.9996	0	0	0
4		**小计**	**113.6152**	**113.6152**	**75.9989**	**0**	**0**	**0**
5	合计		113.6152	113.6152	75.9989	0	0	0

图 9-3　卫生间、厨房、餐厅工程量

② 其余房间　其余房间平面布置图如图 9-4 所示。

走廊面工程量计算式：

地面积＝(26.5×1.7)－0.0001＝45.0499(m^2)

　　　　长度　宽度　扣孤墙

块料地面积＝(26.5×1.7)－0.0001＝45.0499(m^2)

　　　　　　长度　宽度　扣孤墙

地面周长＝(26.5＋1.7001)×2＝56.4002(m)

　　　　　长度　宽度

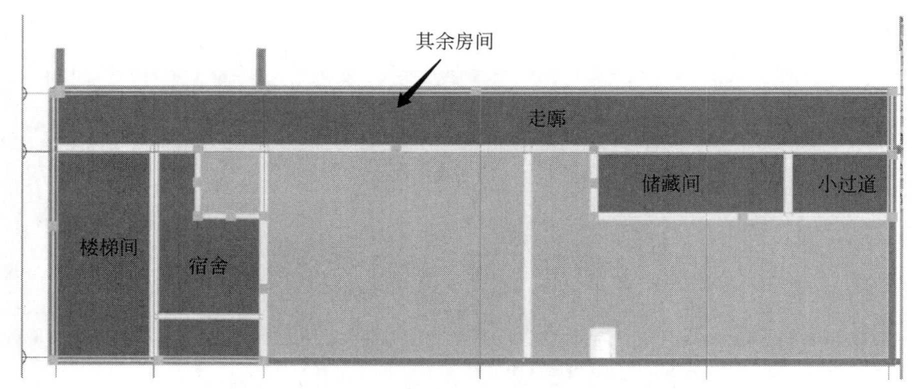

图 9-4 其余房间平面布置图

宿舍地面工程量计算式：

地面积＝3.15×2.05＋5.2998×1.25＝13.0823(m^2)
　　　长度　宽度　长度　宽度

块料地面积＝3.15×2.05＋5.2998×1.25＝13.0823(m^2)
　　　　长度　宽度　长度　宽度

地面周长＝17.1996m

阳台地面工程量计算式：

地面积＝3.3×1.3＝4.29(m^2)
　　　长度　宽度

块料地面积＝3.3×1.3＝4.29(m^2)
　　　　长度　宽度

地面周长＝(3.3＋1.3)×2＝9.2(m)
　　　　长度　宽度

楼梯间地面工程量计算式：

地面积＝6.6998×3＝20.0994(m^2)
　　　长度　宽度

块料地面积＝6.6998×3＝20.0994(m^2)
　　　　长度　宽度

地面周长＝(6.6998＋3)×2＝19.3996(m)
　　　　长度　宽度

储藏室地面工程量计算式：

地面积＝6×1.9998＝11.9988(m^2)
　　　长度　宽度

块料地面积＝6×1.9998＝11.9988(m^2)
　　　　长度　宽度

地面周长＝(6＋1.9998)×2＝15.9996(m)
　　　　长度　宽度

小过道地面工程量计算式：

地面积＝3.0999×1.9998＝6.1992(m^2)
　　　长度　宽度

块料地面积＝3.0999×1.9998＝6.1992(m^2)
　　　　　　长度　　宽度

地面周长＝(3.0999＋1.9998)×2＝10.1994(m)
　　　　　　长度　　宽度

其他房间楼地面工程量如图 9-5 所示。

◉ 清单工程量 ○ 定额工程量 ☑ 显示房间、组合构件量 ☑ 只显示标准层单层量

	楼层	名称	工程量名称					
			地面积(m2)	块料地面积(m2)	地面周长(m)	水平防水面积(m2)	立面防水面积(大于最低立面防水高度)(m2)	立面防水面积(小于最低立面防水高度)(m2)
1	首层	其他[其他房间]	100.7223	100.7223	128.3986	0	0	0
2		**小计**	**100.7223**	**100.7223**	**128.3986**	**0**	**0**	**0**
3	合计		100.7223	100.7223	128.3986	0	0	0

图 9-5　其他房间楼地面工程量

(2) 二层楼地面

二层平面图如图 9-6 所示。

① 卫生间、餐厅　卫生间、餐厅布置图如图 9-7 所示。

卫生间地面工程量计算式如下。

卫生间 1：

地面积＝1.8998× 1.8 ＝3.4197(m^2)
　　　　长度　　宽度

块料地面积＝1.8998× 1.8 ＝3.4196(m^2)
　　　　　　长度　　宽度

地面周长＝(1.8998＋ 1.8)×2＝7.3996(m)
　　　　　　长度　　宽度

卫生间 2：

地面积＝ 2.2 ×2.0003＝4.4007(m^2)
　　　　长度　　宽度

块料地面积＝ 2.2 ×2.0003＝4.4007(m^2)
　　　　　　长度　　宽度

地面周长＝(2.2 ＋2.0003)×2＝8.4006(m)
　　　　　　长度　　宽度

餐厅地面工程量计算式：

地面积＝ 52.3671 － 0.22 ＝52.1471(m^2)
　　　　原始地面积　扣孤墙

块料地面积＝ 52.3671 － 0.22 ＝52.1471(m^2)
　　　　　　原始块料地面积　扣孤墙

地面周长＝32.0996m

第二层楼地面工程量如图 9-8 所示。

② 其余房间　其余房间布置图如图 9-9 所示。

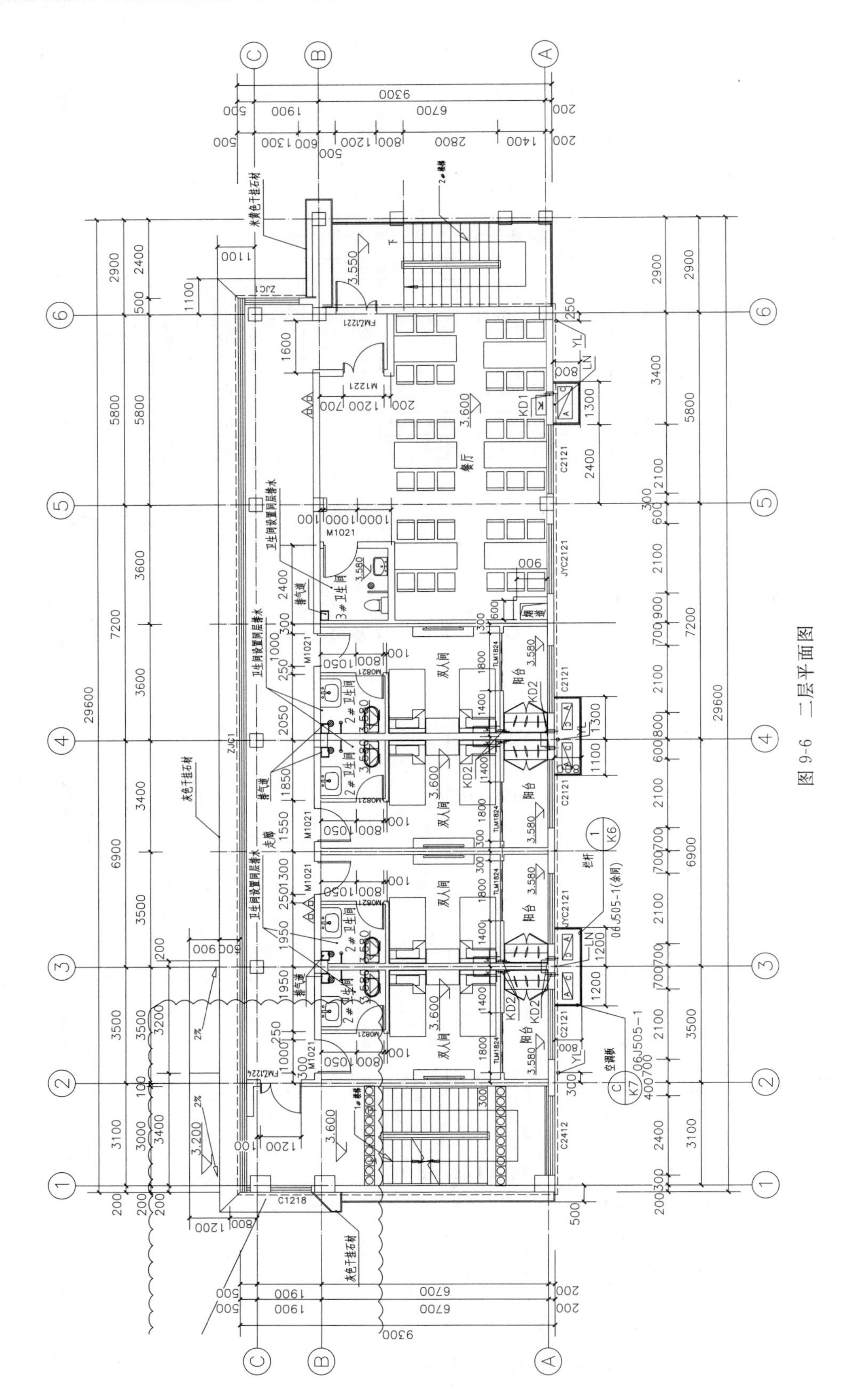

图 9-6　二层平面图

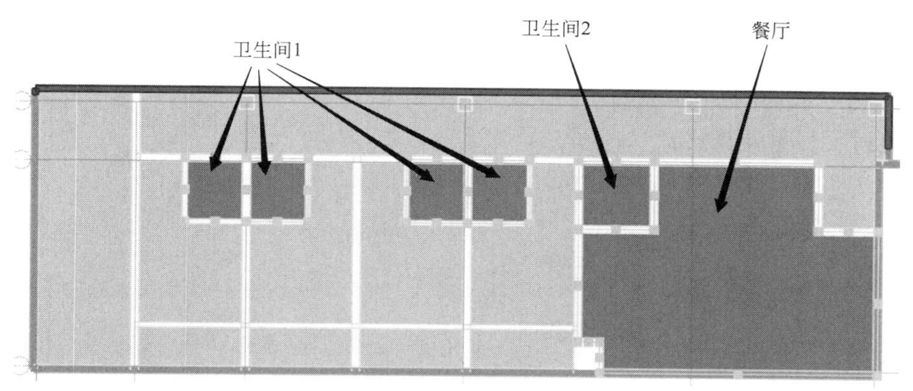

图 9-7　卫生间、餐厅布置图

构件工程量　做法工程量

◉ 清单工程量　○ 定额工程量　☑ 显示房间、组合构件量　☑ 只显示标准层单层量

	楼层	名称	工程量名称					
			地面积(m2)	块料地面积(m2)	地面周长(m)	水平防水面积(m2)	立面防水面积(大于最低立面防水高度)(m2)	立面防水面积(小于最低立面防水高度)(m2)
1	第2层	卫生间、淋浴间、厨房、餐厅[餐厅]	52.1471	52.1471	32.0996	0	0	0
2		卫生间、淋浴间、厨房、餐厅[卫生间、淋浴间]	18.0794	18.0794	37.9989	0	0	0
3		**小计**	**70.2265**	**70.2265**	**70.0985**	**0**	**0**	**0**
4	合计		70.2265	70.2265	70.0985	0	0	0

图 9-8　第二层楼地面工程量

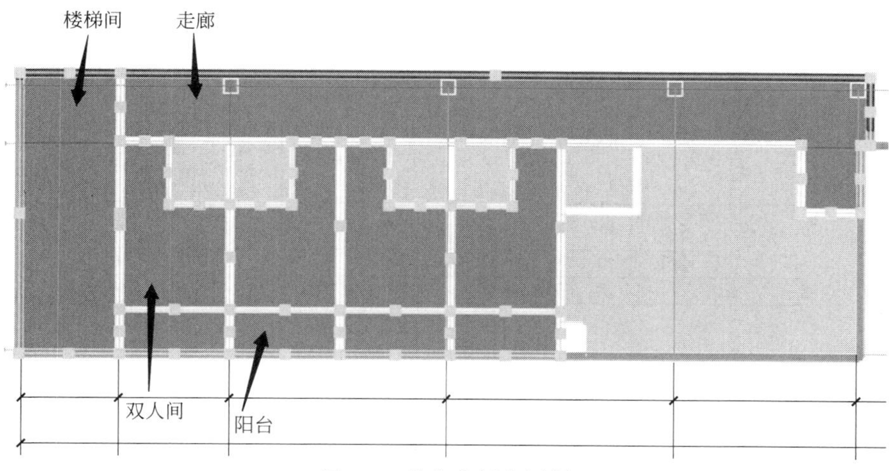

图 9-9　其余房间布置图

走廊地面工程量计算式：

$$地面积=\underbrace{51.3384}_{原始地面积}-\underbrace{0.4053}_{扣孤墙}=50.9331(m^2)$$

块料地面积＝$\underbrace{51.3384}_{\text{原始块料地面积}}-\underbrace{0.4053}_{\text{扣孤墙}}=50.9331(m^2)$

地面周长＝55.8003m

阳台地面工程量计算式：

地面积＝$\underbrace{3.3}_{\text{长度}}\times\underbrace{1.3}_{\text{宽度}}=4.29(m^2)$

块料地面积＝$\underbrace{3.3}_{\text{长度}}\times\underbrace{1.3}_{\text{宽度}}=4.29(m^2)$

地面周长＝$(\underbrace{3.3}_{\text{长度}}+\underbrace{1.3}_{\text{宽度}})\times2=9.2(m)$

楼梯间地面工程量计算式：

地面积＝$\underbrace{8.8995}_{\text{长度}}\times\underbrace{3}_{\text{宽度}}=26.6985(m^2)$

块料地面积＝$\underbrace{8.8995}_{\text{长度}}\times\underbrace{3}_{\text{宽度}}=26.6985(m^2)$

地面周长＝$(\underbrace{8.8995}_{\text{长度}}+\underbrace{3}_{\text{宽度}})\times2=23.799(m)$

双人间地面工程量计算式：

地面积＝$\underbrace{1.9998}_{\text{长度}}\times\underbrace{1.4}_{\text{宽度}}+\underbrace{3.3}_{\text{长度}}\times\underbrace{3.3}_{\text{宽度}}=13.6897(m^2)$

块料地面积＝$\underbrace{1.9998}_{\text{长度}}\times\underbrace{1.4}_{\text{宽度}}+\underbrace{3.3}_{\text{长度}}\times\underbrace{3.3}_{\text{宽度}}=13.6897(m^2)$

地面周长＝17.1996m

二层其余房间内楼地面工程量如图 9-10 所示。

构件工程量　做法工程量

◉ 清单工程量 ○ 定额工程量 ☑ 显示房间、组合构件量 ☑ 只显示标准层单层量

	楼层	名称	工程量名称					
			地面积(m2)	块料地面积(m2)	地面周长(m)	水平防水面积(m2)	立面防水面积(大于最低立面防水高度)(m2)	立面防水面积(小于最低立面防水高度)(m2)
1	第2层	其他[其他房间]	149.5504	149.5504	185.1977	0	0	0
2		**小计**	**149.5504**	**149.5504**	**185.1977**	**0**	**0**	**0**
3	合计		149.5504	149.5504	185.1977	0	0	0

图 9-10　二层其余房间内楼地面工程量

(3) 屋面层

屋顶平面图如图 9-11 所示，屋面层楼面三维图如图 9-12 所示。

地面积＝$\underbrace{6.6987}_{\text{长度}}\times\underbrace{3}_{\text{宽度}}=20.0961(m^2)$

块料地面积＝$\underbrace{6.6987}_{\text{长度}}\times\underbrace{3}_{\text{宽度}}=20.0961(m^2)$

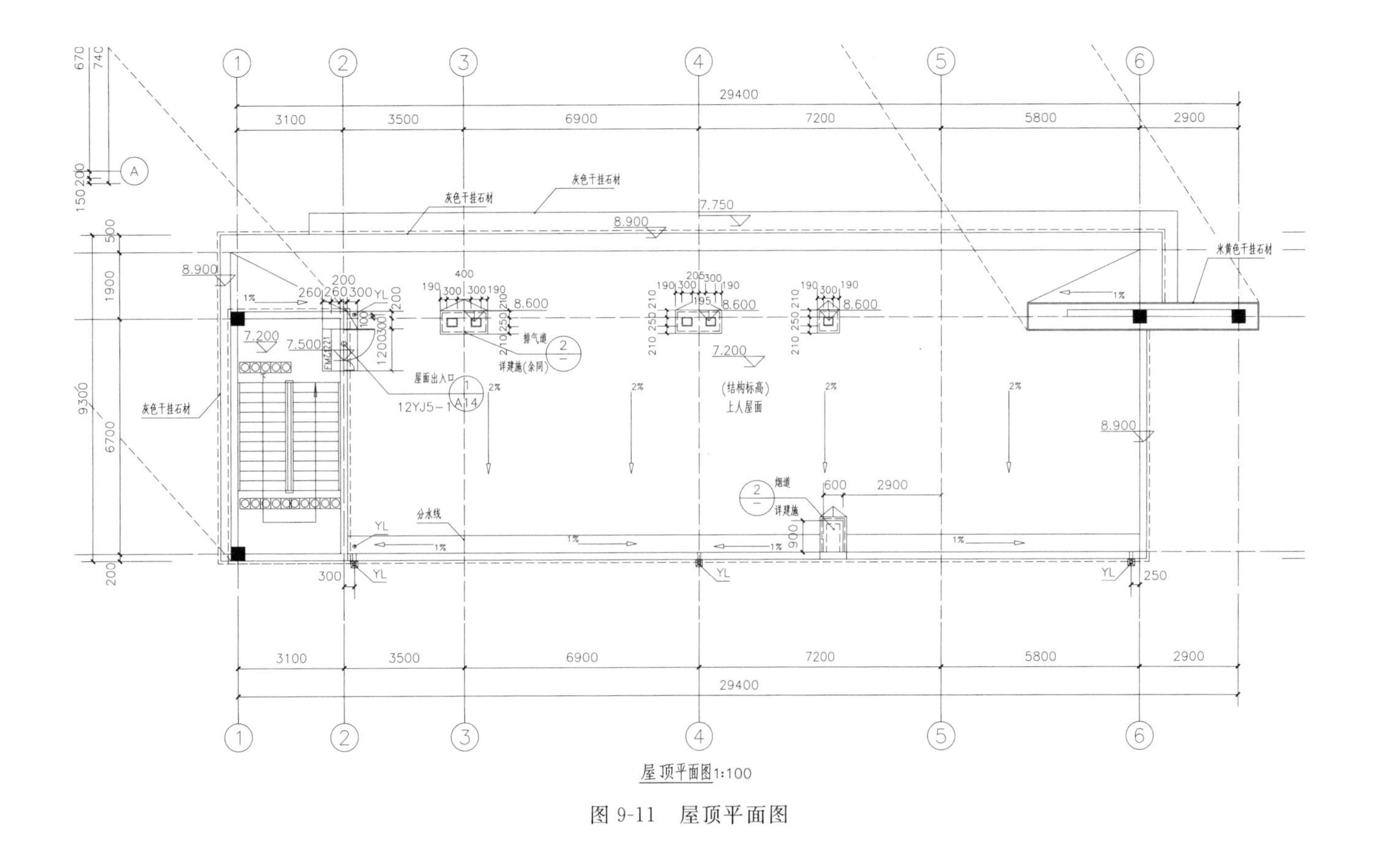
29400
3100
3500
6900
7200
5800
2900
灰色干挂石材
米黄色干挂石材
7.750
8.900
7.200
7.500
8.600
排气道
详建施(余同)
屋面出入口
12YJ5-1 A14
(结构标高)
上人屋面
烟道
详建施
分水线
YL
9300
6700
1900
屋顶平面图1:100

图 9-11 屋顶平面图

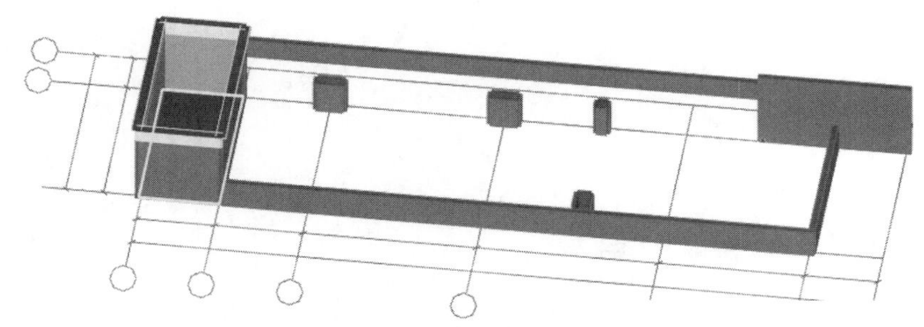

图 9-12　屋面层楼面三维图

地面周长＝19.3964m

9.1.2 踢脚线计量

某食堂、宿舍项目踢脚线做法见表 9-2。

表 9-2　踢脚线做法表

序号	房间名称	用料做法	备注
踢 1	所有房间(除卫生间外)	12YJ1　第 61 页　踢 3C	面砖踢脚

(1) *首层踢脚线*

首层踢脚线三维图如图 9-13 所示。首层踢脚线布置图如图 9-14 所示。

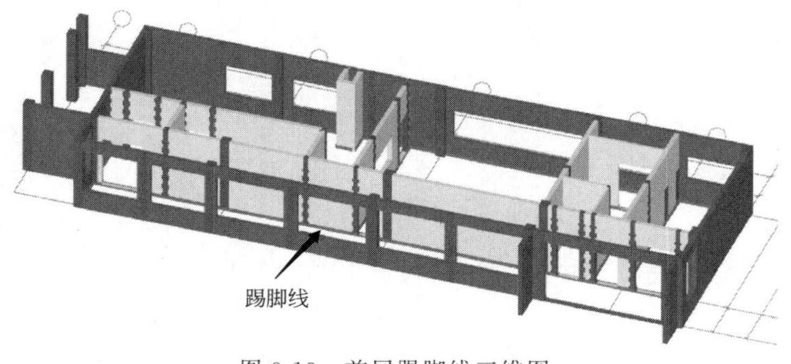

图 9-13　首层踢脚线三维图

① 走廊踢脚线工程量计算

a. 走廊踢脚线 1 计算式：

$$\text{踢脚抹灰长度}=\underbrace{26.3}_{\text{抹灰长度}}=26.3(\mathrm{m})$$

$$\text{踢脚块料长度}=\underbrace{26.3}_{\text{块料长度}}+\underbrace{0.2}_{\text{加门侧壁}}-\underbrace{5.2}_{\text{扣门}}+\underbrace{2.6011}_{\text{加柱外露}}-\underbrace{1.4}_{\text{扣柱}}=22.5011(\mathrm{m})$$

$$\text{踢脚抹灰面积}=\underbrace{26.3}_{\text{抹灰长度}}\times\underbrace{0.15}_{\text{踢脚高度}}=3.945(\mathrm{m}^2)$$

$$\text{踢脚块料面积}=\underbrace{26.3}_{\text{块料长度}}\times\underbrace{0.15}_{\text{踢脚高度}}+\underbrace{0.03}_{\text{加门侧壁}}-\underbrace{0.78}_{\text{扣门}}+\underbrace{0.3902}_{\text{加柱外露}}-\underbrace{0.21}_{\text{扣柱}}=3.3752(\mathrm{m}^2)$$

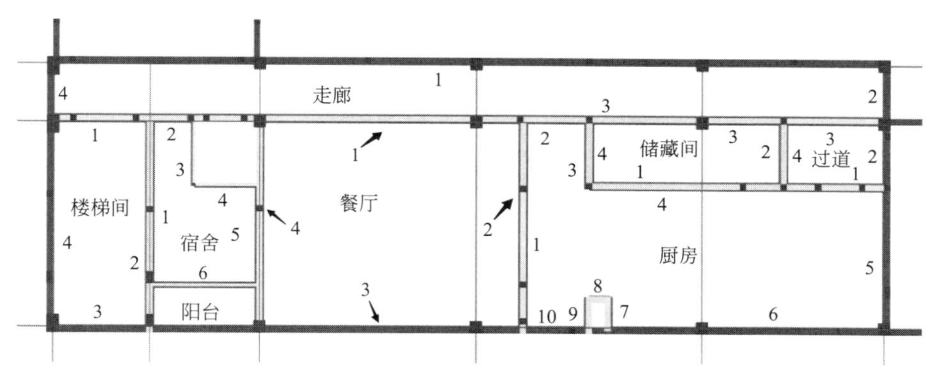

图 9-14 首层踢脚线布置图

b. 走廊踢脚线 2 计算式：

踢脚抹灰长度 $=\underbrace{1.7002}_{\text{抹灰长度}}=1.7002(\mathrm{m})$

踢脚块料长度 $=\underbrace{1.7002}_{\text{块料长度}}+\underbrace{0.2002}_{\text{加柱外露}}-\underbrace{0.2002}_{\text{扣柱}}=1.7002(\mathrm{m})$

踢脚抹灰面积 $=\underbrace{1.7002}_{\text{抹灰长度}}\times\underbrace{0.15}_{\text{踢脚高度}}=0.255(\mathrm{m}^2)$

踢脚块料面积 $=\underbrace{1.7002}_{\text{块料长度}}\times\underbrace{0.15}_{\text{踢脚高度}}+\underbrace{0.03}_{\text{加柱外露}}-\underbrace{0.03}_{\text{扣柱}}=0.255(\mathrm{m}^2)$

c. 走廊踢脚线 3 计算式：

踢脚抹灰长度 $=\underbrace{26}_{\text{抹灰长度}}=26(\mathrm{m})$

踢脚块料长度 $=\underbrace{26}_{\text{块料长度}}+\underbrace{0.8}_{\text{加门侧壁}}-\underbrace{4.8}_{\text{扣门}}+\underbrace{0.2}_{\text{加洞侧壁}}-\underbrace{1.8}_{\text{扣墙洞}}+\underbrace{1.4}_{\text{加柱外露}}-\underbrace{1.4}_{\text{扣柱}}=20.4(\mathrm{m})$

踢脚抹灰面积 $=\underbrace{26}_{\text{抹灰长度}}\times\underbrace{0.15}_{\text{踢脚高度}}=3.9(\mathrm{m}^2)$

踢脚块料面积 $=\underbrace{26}_{\text{块料长度}}\times\underbrace{0.15}_{\text{踢脚高度}}+\underbrace{0.12}_{\text{加门侧壁}}-\underbrace{0.72}_{\text{扣门}}+\underbrace{0.03}_{\text{加洞侧壁}}-\underbrace{0.27}_{\text{扣墙洞}}+\underbrace{0.21}_{\text{加柱外露}}-\underbrace{0.21}_{\text{扣柱}}=3.06(\mathrm{m}^2)$

d. 走廊踢脚线 4 计算式：

踢脚抹灰长度 $=\underbrace{1.7}_{\text{抹灰长度}}=1.7(\mathrm{m})$

踢脚块料长度 $=\underbrace{1.7}_{\text{块料长度}}+\underbrace{0.3001}_{\text{加柱外露}}-\underbrace{0.4}_{\text{扣柱}}=1.6001(\mathrm{m})$

踢脚抹灰面积 $=\underbrace{1.7}_{\text{抹灰长度}}\times\underbrace{0.15}_{\text{踢脚高度}}=0.255(\mathrm{m}^2)$

踢脚块料面积 $=\underbrace{1.7}_{\text{块料长度}}\times\underbrace{0.15}_{\text{踢脚高度}}+\underbrace{0.045}_{\text{加柱外露}}-\underbrace{0.06}_{\text{扣柱}}=0.24(\mathrm{m}^2)$

走廊踢脚线工程量如图 9-15 所示。

构件工程量　做法工程量

◉ 清单工程量 ○ 定额工程量 ☑ 显示房间、组合构件量 ☑ 只显示标准层单层量

	楼层	名称	工程量名称							
			踢脚抹灰长度(m)	踢脚块料长度(m)	踢脚抹灰面积(m2)	踢脚块料面积(m2)	柱踢脚抹灰长度(m)	柱踢脚块料长度(m)	柱踢脚抹灰面积(m2)	柱踢脚块料面积(m2)
1	首层	TIJ-1[其他房间]	55.7002	46.2014	8.355	6.9302	4.5014	4.5014	0.6752	0.6752
2		**小计**	**55.7002**	**46.2014**	**8.355**	**6.9302**	**4.5014**	**4.5014**	**0.6752**	**0.6752**
3	合计		55.7002	46.2014	8.355	6.9302	4.5014	4.5014	0.6752	0.6752

图 9-15　走廊踢脚线工程量

② 餐厅踢脚线工程量计算

a. 餐厅踢脚线 1 计算式：

踢脚抹灰长度$=\underbrace{8.2}_{\text{抹灰长度}}=8.2(\text{m})$

踢脚块料长度$=\underbrace{8.2}_{\text{块料长度}}+\underbrace{0.2}_{\text{加门侧壁}}-\underbrace{1}_{\text{扣门}}+\underbrace{0.9}_{\text{加柱外露}}-\underbrace{0.5}_{\text{扣柱}}=7.8(\text{m})$

踢脚抹灰面积$=\underbrace{8.2}_{\text{抹灰长度}}\times\underbrace{0.15}_{\text{踢脚高度}}=1.23(\text{m}^2)$

踢脚块料面积$=\underbrace{8.2}_{\text{块料长度}}\times\underbrace{0.15}_{\text{踢脚高度}}+\underbrace{0.03}_{\text{加门侧壁}}-\underbrace{0.15}_{\text{扣门}}+\underbrace{0.135}_{\text{加柱外露}}-\underbrace{0.075}_{\text{扣柱}}=1.17(\text{m}^2)$

b. 餐厅踢脚线 2 计算式：

踢脚抹灰长度$=\underbrace{6.6998}_{\text{抹灰长度}}=6.6998(\text{m})$

踢脚块料长度$=\underbrace{6.6998}_{\text{块料长度}}+\underbrace{0.2}_{\text{加门侧壁}}-\underbrace{1}_{\text{扣门}}=5.8998(\text{m})$

踢脚抹灰面积$=\underbrace{6.6998}_{\text{抹灰长度}}\times\underbrace{0.15}_{\text{踢脚高度}}=1.005(\text{m}^2)$

踢脚块料面积$=\underbrace{6.6998}_{\text{块料长度}}\times\underbrace{0.15}_{\text{踢脚高度}}+\underbrace{0.03}_{\text{加门侧壁}}-\underbrace{0.15}_{\text{扣门}}=0.885(\text{m}^2)$

c. 餐厅踢脚线 3 计算式：

踢脚抹灰长度$=\underbrace{8.2}_{\text{抹灰长度}}=8.2(\text{m})$

踢脚块料长度$=\underbrace{8.2}_{\text{块料长度}}+\underbrace{0.8996}_{\text{加柱外露}}-\underbrace{0.5}_{\text{扣柱}}=8.5996(\text{m})$

踢脚抹灰面积$=\underbrace{8.2}_{\text{抹灰长度}}\times\underbrace{0.15}_{\text{踢脚高度}}=1.23(\text{m}^2)$

踢脚块料面积$=\underbrace{8.2}_{\text{块料长度}}\times\underbrace{0.15}_{\text{踢脚高度}}+\underbrace{0.1349}_{\text{加柱外露}}-\underbrace{0.075}_{\text{扣柱}}=1.2899(\text{m}^2)$

d. 餐厅踢脚线 4 计算式：

踢脚抹灰长度$=\underbrace{6.6998}_{\text{抹灰长度}}=6.6998(\text{m})$

踢脚块料长度$=\underset{\text{块料长度}}{\underline{6.6998}}+\underset{\text{加柱外露}}{\underline{0.3998}}-\underset{\text{扣柱}}{\underline{0.3998}}=6.6998(\text{m})$

踢脚抹灰面积$=\underset{\text{抹灰长度}}{\underline{6.6998}}\times\underset{\text{踢脚高度}}{\underline{0.15}}=1.005(\text{m}^2)$

踢脚块料面积$=\underset{\text{块料长度}}{\underline{6.6998}}\times\underset{\text{踢脚高度}}{\underline{0.15}}+\underset{\text{加柱外露}}{\underline{0.06}}-\underset{\text{扣柱}}{\underline{0.06}}=1.005(\text{m}^2)$

餐厅踢脚线工程量如图 9-16 所示。

构件工程量　做法工程量

清单工程量　定额工程量　显示房间、组合构件量　只显示标准层单层量

	楼层	名称	工程量名称							
			踢脚抹灰长度(m)	踢脚块料长度(m)	踢脚抹灰面积(m2)	踢脚块料面积(m2)	柱踢脚抹灰长度(m)	柱踢脚块料长度(m)	柱踢脚抹灰面积(m2)	柱踢脚块料面积(m2)
1	首层	TIJ-1[餐厅]	29.7996	28.9992	4.47	4.3499	2.1994	2.1994	0.3299	0.3299
2		**小计**	**29.7996**	**28.9992**	**4.47**	**4.3499**	**2.1994**	**2.1994**	**0.3299**	**0.3299**
3	合计		29.7996	28.9992	4.47	4.3499	2.1994	2.1994	0.3299	0.3299

图 9-16　餐厅踢脚线工程量

③ 宿舍踢脚线

a. 宿舍踢脚线 1 计算式：

踢脚抹灰长度$=\underset{\text{抹灰长度}}{\underline{5.2998}}=5.2998(\text{m})$

踢脚块料长度$=\underset{\text{块料长度}}{\underline{5.2998}}+\underset{\text{加柱外露}}{\underline{0.4}}-\underset{\text{扣柱}}{\underline{0.3998}}=5.3(\text{m})$

踢脚抹灰面积$=\underset{\text{抹灰长度}}{\underline{5.2998}}\times\underset{\text{踢脚高度}}{\underline{0.15}}=0.795(\text{m}^2)$

踢脚块料面积$=\underset{\text{块料长度}}{\underline{5.2998}}\times\underset{\text{踢脚高度}}{\underline{0.15}}+\underset{\text{加柱外露}}{\underline{0.06}}-\underset{\text{扣柱}}{\underline{0.06}}=0.795(\text{m}^2)$

b. 宿舍踢脚线 2 计算式：

踢脚抹灰长度$=\underset{\text{抹灰长度}}{\underline{1.25}}=1.25(\text{m})$

踢脚块料长度$=\underset{\text{块料长度}}{\underline{1.25}}+\underset{\text{加门侧壁}}{\underline{0.2}}-\underset{\text{扣门}}{\underline{1}}=0.45(\text{m})$

踢脚抹灰面积$=\underset{\text{抹灰长度}}{\underline{1.25}}\times\underset{\text{踢脚高度}}{\underline{0.15}}=0.1875(\text{m}^2)$

踢脚块料面积$=\underset{\text{块料长度}}{\underline{1.25}}\times\underset{\text{踢脚高度}}{\underline{0.15}}+\underset{\text{加门侧壁}}{\underline{0.03}}-\underset{\text{扣门}}{\underline{0.15}}=0.0675(\text{m}^2)$

c. 宿舍踢脚线 3 计算式：

踢脚抹灰长度$=\underset{\text{抹灰长度}}{\underline{2.1498}}=2.1498(\text{m})$

踢脚块料长度$=\underset{\text{块料长度}}{\underline{2.1498}}=2.1498(\text{m})$

$$踢脚抹灰面积=\underbrace{2.1498}_{\text{抹灰长度}}\times\underbrace{0.15}_{\text{踢脚高度}}=0.3225(m^2)$$

$$踢脚块料面积=\underbrace{2.1498}_{\text{块料长度}}\times\underbrace{0.15}_{\text{踢脚高度}}=0.3225(m^2)$$

d. 宿舍踢脚线 4 计算式：

$$踢脚抹灰长度=\underbrace{2.05}_{\text{抹灰长度}}=2.05(m)$$

$$踢脚块料长度=\underbrace{2.05}_{\text{块料长度}}=2.05(m)$$

$$踢脚抹灰面积=\underbrace{2.05}_{\text{抹灰长度}}\times\underbrace{0.15}_{\text{踢脚高度}}=0.3075(m^2)$$

$$踢脚块料面积=\underbrace{2.05}_{\text{块料长度}}\times\underbrace{0.15}_{\text{踢脚高度}}=0.3075(m^2)$$

e. 宿舍踢脚线 5 计算式：

$$踢脚抹灰长度=\underbrace{3.15}_{\text{抹灰长度}}=3.15(m)$$

$$踢脚块料长度=\underbrace{3.15}_{\text{块料长度}}=3.15(m)$$

$$踢脚抹灰面积=\underbrace{3.15}_{\text{抹灰长度}}\times\underbrace{0.15}_{\text{踢脚高度}}=0.4725(m^2)$$

$$踢脚块料面积=\underbrace{3.15}_{\text{块料长度}}\times\underbrace{0.15}_{\text{踢脚高度}}=0.4725(m^2)$$

f. 宿舍踢脚线 6 计算式：

$$踢脚抹灰长度=\underbrace{3.3}_{\text{抹灰长度}}=3.3(m)$$

$$踢脚块料长度=\underbrace{3.3}_{\text{块料长度}}+\underbrace{0.1}_{\text{加门侧壁}}-\underbrace{1.8}_{\text{扣门}}=1.6(m)$$

$$踢脚抹灰面积=\underbrace{3.3}_{\text{抹灰长度}}\times\underbrace{0.15}_{\text{踢脚高度}}=0.495(m^2)$$

$$踢脚块料面积=\underbrace{3.3}_{\text{块料长度}}\times\underbrace{0.15}_{\text{踢脚高度}}+\underbrace{0.015}_{\text{加门侧壁}}-\underbrace{0.27}_{\text{扣门}}=0.24(m^2)$$

宿舍踢脚线工程量如图 9-17 所示。

构件工程量 做法工程量

清单工程量 定额工程量 显示房间、组合构件量 只显示标准层单层量

	楼层	名称	工程量名称							
			踢脚抹灰长度(m)	踢脚块料长度(m)	踢脚抹灰面积(m2)	踢脚块料面积(m2)	柱踢脚抹灰长度(m)	柱踢脚块料长度(m)	柱踢脚抹灰面积(m2)	柱踢脚块料面积(m2)
1	首层	TIJ-1[其他房间]	17.1996	14.6998	2.58	2.205	0.4	0.4	0.06	0.06
2		**小计**	**17.1996**	**14.6998**	**2.58**	**2.205**	**0.4**	**0.4**	**0.06**	**0.06**
3	合计		17.1996	14.6998	2.58	2.205	0.4	0.4	0.06	0.06

图 9-17　宿舍踢脚线工程量

④ 楼梯间踢脚线

a. 楼梯间踢脚线 1：

踢脚抹灰长度 $=\underset{\text{抹灰长度}}{\underline{\underline{3}}}=3(\text{m})$

踢脚块料长度 $=\underset{\text{块料长度}}{\underline{\underline{3}}}+\underset{\text{加门侧壁}}{\underline{\underline{0.2}}}-\underset{\text{扣门}}{\underline{\underline{1.8}}}+\underset{\text{加柱外露}}{\underline{\underline{0.2}}}-\underset{\text{扣柱}}{\underline{\underline{0.2}}}=1.4(\text{m})$

踢脚抹灰面积 $=\underset{\text{抹灰长度}}{\underline{\underline{3}}}\times\underset{\text{踢脚高度}}{\underline{\underline{0.15}}}=0.45(\text{m}^2)$

踢脚块料面积 $=\underset{\text{块料长度}}{\underline{\underline{3}}}\times\underset{\text{踢脚高度}}{\underline{\underline{0.15}}}+\underset{\text{加门侧壁}}{\underline{\underline{0.03}}}-\underset{\text{扣门}}{\underline{\underline{0.27}}}+\underset{\text{加柱外露}}{\underline{\underline{0.03}}}-\underset{\text{扣柱}}{\underline{\underline{0.03}}}=0.21(\text{m}^2)$

b. 楼梯间踢脚线 2：

踢脚抹灰长度 $=\underset{\text{抹灰长度}}{\underline{\underline{6.6998}}}=6.6998(\text{m})$

踢脚块料长度 $=\underset{\text{块料长度}}{\underline{\underline{6.6998}}}+\underset{\text{加柱外露}}{\underline{\underline{0.8}}}-\underset{\text{扣柱}}{\underline{\underline{0.7998}}}=6.7(\text{m})$

踢脚抹灰面积 $=\underset{\text{抹灰长度}}{\underline{\underline{6.6998}}}\times\underset{\text{踢脚高度}}{\underline{\underline{0.15}}}=1.005(\text{m}^2)$

踢脚块料面积 $=\underset{\text{块料长度}}{\underline{\underline{6.6998}}}\times\underset{\text{踢脚高度}}{\underline{\underline{0.15}}}+\underset{\text{加柱外露}}{\underline{\underline{0.12}}}-\underset{\text{扣柱}}{\underline{\underline{0.12}}}=1.005(\text{m}^2)$

c. 楼梯间踢脚线 3：

踢脚抹灰长度 $=\underset{\text{抹灰长度}}{\underline{\underline{3}}}=3(\text{m})$

踢脚块料长度 $=\underset{\text{块料长度}}{\underline{\underline{3}}}+\underset{\text{加柱外露}}{\underline{\underline{0.2}}}-\underset{\text{扣柱}}{\underline{\underline{0.2}}}=3(\text{m})$

踢脚抹灰面积 $=\underset{\text{抹灰长度}}{\underline{\underline{3}}}\times\underset{\text{踢脚高度}}{\underline{\underline{0.15}}}=0.45(\text{m}^2)$

踢脚块料面积 $=\underset{\text{块料长度}}{\underline{\underline{3}}}\times\underset{\text{踢脚高度}}{\underline{\underline{0.15}}}+\underset{\text{加柱外露}}{\underline{\underline{0.03}}}-\underset{\text{扣柱}}{\underline{\underline{0.03}}}=0.45(\text{m}^2)$

d. 楼梯间踢脚线 4：

踢脚抹灰长度 $=\underset{\text{抹灰长度}}{\underline{\underline{6.6998}}}=6.6998(\text{m})$

踢脚块料长度 $=\underset{\text{块料长度}}{\underline{\underline{6.6998}}}+\underset{\text{加柱外露}}{\underline{\underline{1.1998}}}-\underset{\text{扣柱}}{\underline{\underline{1.1998}}}=6.6998(\text{m})$

踢脚抹灰面积 $=\underset{\text{抹灰长度}}{\underline{\underline{6.6998}}}\times\underset{\text{踢脚高度}}{\underline{\underline{0.15}}}=1.005(\text{m}^2)$

踢脚块料面积 $=\underset{\text{块料长度}}{\underline{\underline{6.6998}}}\times\underset{\text{踢脚高度}}{\underline{\underline{0.15}}}+\underset{\text{加柱外露}}{\underline{\underline{0.18}}}-\underset{\text{扣柱}}{\underline{\underline{0.18}}}=1.005(\text{m}^2)$

楼梯间踢脚线工程量如图 9-18 所示。

⑤ 厨房踢脚线

a. 厨房踢脚线 1：

踢脚抹灰长度 $=\underset{\text{抹灰长度}}{\underline{\underline{6.6998}}}=6.6998(\text{m})$

构件工程量 做法工程量

◉ 清单工程量 ○ 定额工程量 ☑ 显示房间、组合构件量 ☑ 只显示标准层单层量

	楼层	名称	工程量名称							
			踢脚抹灰长度(m)	踢脚块料长度(m)	踢脚抹灰面积(m2)	踢脚块料面积(m2)	柱踢脚抹灰长度(m)	柱踢脚块料长度(m)	柱踢脚抹灰面积(m2)	柱踢脚块料面积(m2)
1	首层	TIJ-1[厨房]	38.1996	35.9992	5.73	5.3999	1.5994	1.5994	0.2399	0.2399
2		**小计**	**38.1996**	**35.9992**	**5.73**	**5.3999**	**1.5994**	**1.5994**	**0.2399**	**0.2399**
3	合计		38.1996	35.9992	5.73	5.3999	1.5994	1.5994	0.2399	0.2399

图 9-18 楼梯间踢脚线工程量

$$\text{踢脚块料长度}=\underset{\text{块料长度}}{\underline{6.6998}}+\underset{\text{加门侧壁}}{\underline{0.2}}-\underset{\text{扣门}}{\underline{1}}=5.8998(\text{m})$$

$$\text{踢脚抹灰面积}=\underset{\text{抹灰长度}}{\underline{6.6998}}\times\underset{\text{踢脚高度}}{\underline{0.15}}=1.005(\text{m}^2)$$

$$\text{踢脚块料面积}=\underset{\text{块料长度}}{\underline{6.6998}}\times\underset{\text{踢脚高度}}{\underline{0.15}}+\underset{\text{加门侧壁}}{\underline{0.03}}-\underset{\text{扣门}}{\underline{0.15}}=0.885(\text{m}^2)$$

b. 厨房踢脚线 2：

$$\text{踢脚抹灰长度}=\underset{\text{抹灰长度}}{\underline{1.9}}=1.9(\text{m})$$

$$\text{踢脚块料长度}=\underset{\text{块料长度}}{\underline{1.9}}=1.9(\text{m})$$

$$\text{踢脚抹灰面积}=\underset{\text{抹灰长度}}{\underline{1.9}}\times\underset{\text{踢脚高度}}{\underline{0.15}}=0.285(\text{m}^2)$$

$$\text{踢脚块料面积}=\underset{\text{块料长度}}{\underline{1.9}}\times\underset{\text{踢脚高度}}{\underline{0.15}}=0.285(\text{m}^2)$$

c. 厨房踢脚线 3：

$$\text{踢脚抹灰长度}=\underset{\text{抹灰长度}}{\underline{2.1998}}=2.1998(\text{m})$$

$$\text{踢脚块料长度}=\underset{\text{块料长度}}{\underline{2.1998}}=2.1998(\text{m})$$

$$\text{踢脚抹灰面积}=\underset{\text{抹灰长度}}{\underline{2.1998}}\times\underset{\text{踢脚高度}}{\underline{0.15}}=0.33(\text{m}^2)$$

$$\text{踢脚块料面积}=\underset{\text{块料长度}}{\underline{2.1998}}\times\underset{\text{踢脚高度}}{\underline{0.15}}=0.33(\text{m}^2)$$

d. 厨房踢脚线 4：

$$\text{踢脚抹灰长度}=\underset{\text{抹灰长度}}{\underline{9.5}}=9.5(\text{m})$$

$$\text{踢脚块料长度}=\underset{\text{块料长度}}{\underline{9.5}}+\underset{\text{加门侧壁}}{\underline{0.4}}-\underset{\text{扣门}}{\underline{2.2}}=7.7(\text{m})$$

$$\text{踢脚抹灰面积}=\underset{\text{抹灰长度}}{\underline{9.5}}\times\underset{\text{踢脚高度}}{\underline{0.15}}=1.425(\text{m}^2)$$

踢脚块料面积＝$\underset{\text{块料长度}}{\underline{9.5}}\times\underset{\text{踢脚高度}}{\underline{0.15}}+\underset{\text{加门侧壁}}{\underline{0.06}}-\underset{\text{扣门}}{\underline{0.33}}=1.155(\text{m}^2)$

e. 厨房踢脚线5：

踢脚抹灰长度＝$\underset{\text{抹灰长度}}{\underline{4.5}}=4.5(\text{m})$

踢脚块料长度＝$\underset{\text{块料长度}}{\underline{4.5}}+\underset{\text{加柱外露}}{\underline{0.5998}}-\underset{\text{扣柱}}{\underline{0.5998}}=4.5(\text{m})$

踢脚抹灰面积＝$\underset{\text{抹灰长度}}{\underline{4.5}}\times\underset{\text{踢脚高度}}{\underline{0.15}}=0.675(\text{m}^2)$

踢脚块料面积＝$\underset{\text{块料长度}}{\underline{4.5}}\times\underset{\text{踢脚高度}}{\underline{0.15}}+\underset{\text{加柱外露}}{\underline{0.09}}-\underset{\text{扣柱}}{\underline{0.09}}=0.675(\text{m}^2)$

f. 厨房踢脚线6：

踢脚抹灰长度＝$\underset{\text{抹灰长度}}{\underline{8.7}}=8.7(\text{m})$

踢脚块料长度＝$\underset{\text{块料长度}}{\underline{8.7}}+\underset{\text{加柱外露}}{\underline{0.9996}}-\underset{\text{扣柱}}{\underline{0.6}}=9.0996(\text{m})$

踢脚抹灰面积＝$\underset{\text{抹灰长度}}{\underline{8.7}}\times\underset{\text{踢脚高度}}{\underline{0.15}}=1.305(\text{m}^2)$

踢脚块料面积＝$\underset{\text{块料长度}}{\underline{8.7}}\times\underset{\text{踢脚高度}}{\underline{0.15}}+\underset{\text{加柱外露}}{\underline{0.1499}}-\underset{\text{扣柱}}{\underline{0.09}}=1.3649(\text{m}^2)$

柱踢脚抹灰长度＝0.9996(m)

g. 厨房踢脚线7：

踢脚抹灰长度＝$\underset{\text{抹灰长度}}{\underline{1}}=1(\text{m})$

踢脚块料长度＝$\underset{\text{块料长度}}{\underline{1}}=1(\text{m})$

踢脚抹灰面积＝$\underset{\text{抹灰长度}}{\underline{1}}\times\underset{\text{踢脚高度}}{\underline{0.15}}=0.15(\text{m}^2)$

踢脚块料面积＝$\underset{\text{块料长度}}{\underline{1}}\times\underset{\text{踢脚高度}}{\underline{0.15}}=0.15(\text{m}^2)$

h. 厨房踢脚线8：

踢脚抹灰长度＝$\underset{\text{抹灰长度}}{\underline{0.8}}=0.8(\text{m})$

踢脚块料长度＝$\underset{\text{块料长度}}{\underline{0.8}}=0.8(\text{m})$

踢脚抹灰面积＝$\underset{\text{抹灰长度}}{\underline{0.8}}\times\underset{\text{踢脚高度}}{\underline{0.15}}=0.12(\text{m}^2)$

踢脚块料面积＝$\underset{\text{块料长度}}{\underline{0.8}}\times\underset{\text{踢脚高度}}{\underline{0.15}}=0.12(\text{m}^2)$

i. 厨房踢脚线9：

踢脚抹灰长度＝$\underset{\text{抹灰长度}}{\underline{1}}=1(\text{m})$

踢脚块料长度$=\underset{\text{块料长度}}{\underline{1}}=1(\text{m})$

踢脚抹灰面积$=\underset{\text{抹灰长度}}{\underline{1}}\times\underset{\text{踢脚高度}}{\underline{0.15}}=0.15(\text{m}^2)$

踢脚块料面积$=\underset{\text{块料长度}}{\underline{1}}\times\underset{\text{踢脚高度}}{\underline{0.15}}=0.15(\text{m}^2)$

j. 厨房踢脚线 10：

踢脚抹灰长度$=\underset{\text{抹灰长度}}{\underline{1.9}}=1.9(\text{m})$

踢脚块料长度$=\underset{\text{块料长度}}{\underline{1.9}}=1.9(\text{m})$

踢脚抹灰面积$=\underset{\text{抹灰长度}}{\underline{1.9}}\times\underset{\text{踢脚高度}}{\underline{0.15}}=0.285(\text{m}^2)$

踢脚块料面积$=\underset{\text{块料长度}}{\underline{1.9}}\times\underset{\text{踢脚高度}}{\underline{0.15}}=0.285(\text{m}^2)$

厨房踢脚线工程量如图 9-19 所示。

构件工程量 | 做法工程量

◉ 清单工程量 ○ 定额工程量 ☑ 显示房间、组合构件量 ☑ 只显示标准层单层量

	楼层	名称	工程量名称							
			踢脚抹灰长度(m)	踢脚块料长度(m)	踢脚抹灰面积(m2)	踢脚块料面积(m2)	柱踢脚抹灰长度(m)	柱踢脚块料长度(m)	柱踢脚抹灰面积(m2)	柱踢脚块料面积(m2)
1	首层	TIJ-1[厨房]	38.1996	35.9992	5.73	5.3999	1.5994	1.5994	0.2399	0.2399
2		**小计**	**38.1996**	**35.9992**	**5.73**	**5.3999**	**1.5994**	**1.5994**	**0.2399**	**0.2399**
3	合计		38.1996	35.9992	5.73	5.3999	1.5994	1.5994	0.2399	0.2399

图 9-19 厨房踢脚线工程量

⑥ 储藏室踢脚线

a. 储藏室踢脚线 1：

踢脚抹灰长度$=\underset{\text{抹灰长度}}{\underline{6}}=6(\text{m})$

踢脚块料长度$=\underset{\text{块料长度}}{\underline{6}}+\underset{\text{加门侧壁}}{\underline{0.2}}-\underset{\text{扣门}}{\underline{1}}=5.2(\text{m})$

踢脚抹灰面积$=\underset{\text{抹灰长度}}{\underline{6}}\times\underset{\text{踢脚高度}}{\underline{0.15}}=0.9(\text{m}^2)$

踢脚块料面积$=\underset{\text{块料长度}}{\underline{6}}\times\underset{\text{踢脚高度}}{\underline{0.15}}+\underset{\text{加门侧壁}}{\underline{0.03}}-\underset{\text{扣门}}{\underline{0.15}}=0.78(\text{m}^2)$

b. 储藏室踢脚线 2：

踢脚抹灰长度$=\underset{\text{抹灰长度}}{\underline{1.9998}}=1.9998(\text{m})$

踢脚块料长度$=\underset{\text{块料长度}}{\underline{1.9998}}=1.9998(\text{m})$

踢脚抹灰面积 $=\underset{\text{抹灰长度}}{\underline{1.9998}}\times\underset{\text{踢脚高度}}{\underline{0.15}}=0.3(\text{m}^2)$

踢脚块料面积 $=\underset{\text{块料长度}}{\underline{1.9998}}\times\underset{\text{踢脚高度}}{\underline{0.15}}=0.3(\text{m}^2)$

c. 储藏室踢脚线 3：

踢脚抹灰长度 $=\underset{\text{抹灰长度}}{\underline{6}}=6(\text{m})$

踢脚块料长度 $=\underset{\text{块料长度}}{\underline{6}}+\underset{\text{加柱外露}}{\underline{0.8}}-\underset{\text{扣柱}}{\underline{0.4}}=6.4(\text{m})$

踢脚抹灰面积 $=\underset{\text{抹灰长度}}{\underline{6}}\times\underset{\text{踢脚高度}}{\underline{0.15}}=0.9(\text{m}^2)$

踢脚块料面积 $=\underset{\text{块料长度}}{\underline{6}}\times\underset{\text{踢脚高度}}{\underline{0.15}}+\underset{\text{加柱外露}}{\underline{0.12}}-\underset{\text{扣柱}}{\underline{0.06}}=0.96(\text{m}^2)$

d. 储藏室踢脚线 4：

踢脚抹灰长度 $=\underset{\text{抹灰长度}}{\underline{1.9998}}=1.9998(\text{m})$

踢脚块料长度 $=\underset{\text{块料长度}}{\underline{1.9998}}=1.9998(\text{m})$

踢脚抹灰面积 $=\underset{\text{抹灰长度}}{\underline{1.9998}}\times\underset{\text{踢脚高度}}{\underline{0.15}}=0.3(\text{m}^2)$

踢脚块料面积 $=\underset{\text{块料长度}}{\underline{1.9998}}\times\underset{\text{踢脚高度}}{\underline{0.15}}=0.3(\text{m}^2)$

储藏室踢脚线工程量如图 9-20 所示。

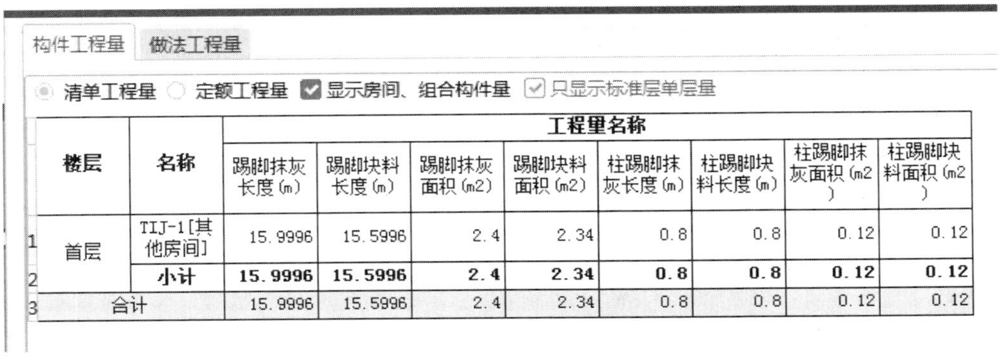

构件工程量 做法工程量

清单工程量 定额工程量 显示房间、组合构件量 只显示标准层单层量

	楼层	名称	工程量名称							
			踢脚抹灰长度(m)	踢脚块料长度(m)	踢脚抹灰面积(m2)	踢脚块料面积(m2)	柱踢脚抹灰长度(m)	柱踢脚块料长度(m)	柱踢脚抹灰面积(m2)	柱踢脚块料面积(m2)
1	首层	TIJ-1[其他房间]	15.9996	15.5996	2.4	2.34	0.8	0.8	0.12	0.12
2		**小计**	**15.9996**	**15.5996**	**2.4**	**2.34**	**0.8**	**0.8**	**0.12**	**0.12**
3	合计		15.9996	15.5996	2.4	2.34	0.8	0.8	0.12	0.12

图 9-20 储藏室踢脚线工程量

⑦ 过道踢脚线

a. 过道踢脚线 1：

踢脚抹灰长度 $=\underset{\text{抹灰长度}}{\underline{3.0999}}=3.0999(\text{m})$

踢脚块料长度 $=\underset{\text{块料长度}}{\underline{3.0999}}+\underset{\text{加门侧壁}}{\underline{0.2}}-\underset{\text{扣门}}{\underline{1.2}}=2.0999(\text{m})$

踢脚抹灰面积 $=\underset{\text{抹灰长度}}{\underline{3.0999}}\times\underset{\text{踢脚高度}}{\underline{0.15}}=0.465(\text{m}^2)$

踢脚块料面积＝$\underset{块料长度}{\underline{\underline{3.0999}}}\times\underset{踢脚高度}{\underline{\underline{0.15}}}+\underset{加门侧壁}{\underline{\underline{0.03}}}-\underset{扣门}{\underline{\underline{0.18}}}=0.315(m^2)$

b. 过道踢脚线 2：

踢脚抹灰长度＝$\underset{抹灰长度}{\underline{\underline{1.9998}}}=1.9998(m)$

踢脚块料长度＝$\underset{块料长度}{\underline{\underline{1.9998}}}+\underset{加门侧壁}{\underline{\underline{0.2}}}-\underset{扣门}{\underline{\underline{1.2}}}+\underset{加柱外露}{\underline{\underline{0.2}}}-\underset{扣柱}{\underline{\underline{0.2}}}=0.9998(m)$

踢脚抹灰面积＝$\underset{抹灰长度}{\underline{\underline{1.9998}}}\times\underset{踢脚高度}{\underline{\underline{0.15}}}=0.3(m^2)$

踢脚块料面积＝$\underset{块料长度}{\underline{\underline{1.9998}}}\times\underset{踢脚高度}{\underline{\underline{0.15}}}+\underset{加门侧壁}{\underline{\underline{0.03}}}-\underset{扣门}{\underline{\underline{0.18}}}+\underset{加柱外露}{\underline{\underline{0.03}}}-\underset{扣柱}{\underline{\underline{0.03}}}=0.15(m^2)$

c. 过道踢脚线 3：

踢脚抹灰长度＝$\underset{抹灰长度}{\underline{\underline{3.0999}}}=3.0999(m)$

踢脚块料长度＝$\underset{块料长度}{\underline{\underline{3.0999}}}+\underset{加洞侧壁}{\underline{\underline{0.2}}}-\underset{扣墙洞}{\underline{\underline{1.8}}}+\underset{加柱外露}{\underline{\underline{0.2}}}-\underset{扣柱}{\underline{\underline{0.2}}}=1.4999(m)$

踢脚抹灰面积＝$\underset{抹灰长度}{\underline{\underline{3.0999}}}\times\underset{踢脚高度}{\underline{\underline{0.15}}}=0.465(m^2)$

踢脚块料面积＝$\underset{块料长度}{\underline{\underline{3.0999}}}\times\underset{踢脚高度}{\underline{\underline{0.15}}}+\underset{加洞侧壁}{\underline{\underline{0.03}}}-\underset{扣墙洞}{\underline{\underline{0.27}}}+\underset{加柱外露}{\underline{\underline{0.03}}}-\underset{扣柱}{\underline{\underline{0.03}}}$

$=0.225(m^2)$

d. 过道踢脚线 4：

踢脚抹灰长度＝$\underset{抹灰长度}{\underline{\underline{1.9998}}}=1.9998(m)$

踢脚块料长度＝$\underset{块料长度}{\underline{\underline{1.9998}}}=1.9998(m)$

踢脚抹灰面积＝$\underset{抹灰长度}{\underline{\underline{1.9998}}}\times\underset{踢脚高度}{\underline{\underline{0.15}}}=0.3(m^2)$

踢脚块料面积＝$\underset{块料长度}{\underline{\underline{1.9998}}}\times\underset{踢脚高度}{\underline{\underline{0.15}}}=0.3(m^2)$

过道踢脚线工程量如图 9-21 所示。

构件工程量 | 做法工程量

◉ 清单工程量 ○ 定额工程量 ☑ 显示房间、组合构件量 ☑ 只显示标准层单层量

	楼层	名称	踢脚抹灰长度(m)	踢脚块料长度(m)	踢脚抹灰面积(m2)	踢脚块料面积(m2)	柱踢脚抹灰长度(m)	柱踢脚块料长度(m)	柱踢脚抹灰面积(m2)	柱踢脚块料面积(m2)
1	首层	TIJ-1[其他房间]	10.1994	6.5994	1.53	0.99	0.4	0.4	0.06	0.06
2		**小计**	**10.1994**	**6.5994**	**1.53**	**0.99**	**0.4**	**0.4**	**0.06**	**0.06**
3	合计		10.1994	6.5994	1.53	0.99	0.4	0.4	0.06	0.06

图 9-21 过道踢脚线工程量

⑧ 阳台踢脚线　阳台踢脚线如图 9-22 所示。

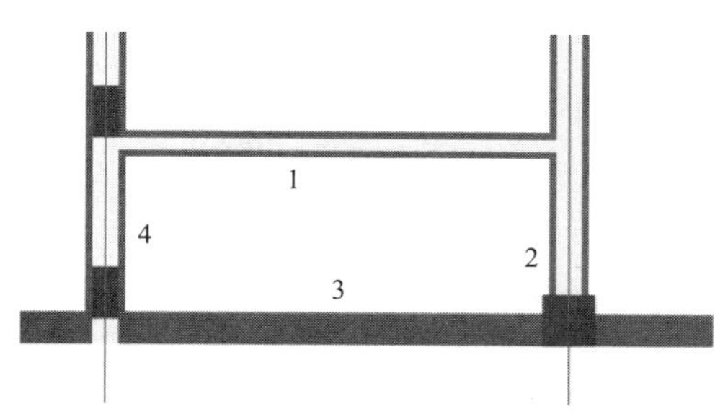

图 9-22　阳台踢脚线

a. 阳台踢脚线 1：

踢脚抹灰长度 $= \underset{\text{抹灰长度}}{\underline{3.3}} = 3.3(\mathrm{m})$

踢脚块料长度 $= \underset{\text{块料长度}}{\underline{3.3}} + \underset{\text{加门侧壁}}{\underline{0.1}} - \underset{\text{扣门}}{\underline{1.8}} = 1.6(\mathrm{m})$

踢脚抹灰面积 $= \underset{\text{抹灰长度}}{\underline{3.3}} \times \underset{\text{踢脚高度}}{\underline{0.15}} = 0.495(\mathrm{m}^2)$

踢脚块料面积 $= \underset{\text{块料长度}}{\underline{3.3}} \times \underset{\text{踢脚高度}}{\underline{0.15}} + \underset{\text{加门侧壁}}{\underline{0.015}} - \underset{\text{扣门}}{\underline{0.27}} = 0.24(\mathrm{m}^2)$

b. 阳台踢脚线 2：

踢脚抹灰长度 $= \underset{\text{抹灰长度}}{\underline{1.3}} = 1.3(\mathrm{m})$

踢脚块料长度 $= \underset{\text{块料长度}}{\underline{1.3}} + \underset{\text{加柱外露}}{\underline{0.1998}} - \underset{\text{扣柱}}{\underline{0.1998}} = 1.3(\mathrm{m})$

踢脚抹灰面积 $= \underset{\text{抹灰长度}}{\underline{1.3}} \times \underset{\text{踢脚高度}}{\underline{0.15}} = 0.195(\mathrm{m}^2)$

c. 阳台踢脚线 3：

踢脚抹灰长度 $= \underset{\text{抹灰长度}}{\underline{3.3}} = 3.3(\mathrm{m})$

踢脚块料长度 $= \underset{\text{块料长度}}{\underline{3.3}} + \underset{\text{加柱外露}}{\underline{0.1}} - \underset{\text{扣柱}}{\underline{0.1}} = 3.3(\mathrm{m})$

踢脚抹灰面积 $= \underset{\text{抹灰长度}}{\underline{3.3}} \times \underset{\text{踢脚高度}}{\underline{0.15}} = 0.495(\mathrm{m}^2)$

踢脚块料面积 $= \underset{\text{块料长度}}{\underline{3.3}} \times \underset{\text{踢脚高度}}{\underline{0.15}} + \underset{\text{加柱外露}}{\underline{0.015}} - \underset{\text{扣柱}}{\underline{0.015}} = 0.495(\mathrm{m}^2)$

d. 阳台踢脚线 4：

踢脚抹灰长度 $= \underset{\text{抹灰长度}}{\underline{1.3}} = 1.3(\mathrm{m})$

踢脚块料长度 $= \underset{\text{块料长度}}{\underline{1.3}} + \underset{\text{加柱外露}}{\underline{0.4}} - \underset{\text{扣柱}}{\underline{0.3998}} = 1.3002(\mathrm{m})$

踢脚抹灰面积 $= \underset{\text{抹灰长度}}{\underline{1.3}} \times \underset{\text{踢脚高度}}{\underline{0.15}} = 0.195(\mathrm{m}^2)$

踢脚块料面积 $= \underset{\text{块料长度}}{\underline{1.3}} \times \underset{\text{踢脚高度}}{\underline{0.15}} + \underset{\text{加柱外露}}{\underline{0.06}} - \underset{\text{扣柱}}{\underline{0.06}} = 0.195(\mathrm{m}^2)$

阳台踢脚线工程量如图 9-23 所示。

构件工程量 做法工程量

清单工程量 定额工程量 显示房间、组合构件量 只显示标准层单层量

	楼层	名称	工程量名称							
			踢脚抹灰长度(m)	踢脚块料长度(m)	踢脚抹灰面积(m2)	踢脚块料面积(m2)	柱踢脚抹灰长度(m)	柱踢脚块料长度(m)	柱踢脚抹灰面积(m2)	柱踢脚块料面积(m2)
1	首层	TIJ-1[其他房间]	9.2	7.5002	1.38	1.125	0.6998	0.6998	0.105	0.105
2		**小计**	**9.2**	**7.5002**	**1.38**	**1.125**	**0.6998**	**0.6998**	**0.105**	**0.105**
3	合计		9.2	7.5002	1.38	1.125	0.6998	0.6998	0.105	0.105

图 9-23　阳台踢脚线工程量

首层踢脚线工程量如图 9-24 所示。

构件工程量 做法工程量

清单工程量 定额工程量 显示房间、组合构件量 只显示标准层单层量

	楼层	名称	工程量名称							
			踢脚抹灰长度(m)	踢脚块料长度(m)	踢脚抹灰面积(m2)	踢脚块料面积(m2)	柱踢脚抹灰长度(m)	柱踢脚块料长度(m)	柱踢脚抹灰面积(m2)	柱踢脚块料面积(m2)
1	首层	TIJ-1[餐厅]	29.7996	28.9992	4.47	4.3499	2.1994	2.1994	0.3299	0.3299
2		TIJ-1[厨房]	38.1996	35.9992	5.73	5.3999	1.5994	1.5994	0.2399	0.2399
3		TIJ-1[其他房间]	128.0008	109.0025	19.2002	16.3504	9.5011	9.5011	1.4252	1.4252
4		**小计**	**196**	**174.0009**	**29.4002**	**26.1002**	**13.2999**	**13.2999**	**1.995**	**1.995**
5	合计		196	174.0009	29.4002	26.1002	13.2999	13.2999	1.995	1.995

图 9-24　首层踢脚线工程量

（2）二层踢脚线

二层踢脚线三维图如图 9-25 所示。二层踢脚线工程量如图 9-26 所示。

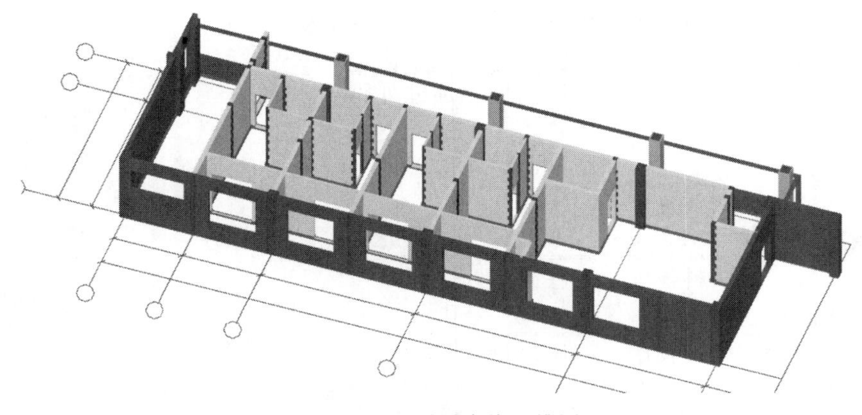

图 9-25　二层踢脚线三维图

构件工程量　做法工程量

◉ 清单工程量　○ 定额工程量　☑ 显示房间、组合构件量　☑ 只显示标准层单层量

	楼层	名称	工程量名称							
			踢脚抹灰长度(m)	踢脚块料长度(m)	踢脚抹灰面积(m2)	踢脚块料面积(m2)	柱踢脚抹灰长度(m)	柱踢脚块料长度(m)	柱踢脚抹灰面积(m2)	柱踢脚块料面积(m2)
1	第2层	TIJ-1[餐厅]	31.9996	30.9992	4.7998	4.6497	1.9994	1.9994	0.2999	0.2999
2		TIJ-1[其他房间]	184.8022	159.4028	27.7204	23.9105	7.799	7.799	1.17	1.17
3		**小计**	**216.8018**	**190.402**	**32.5202**	**28.5602**	**9.7984**	**9.7984**	**1.4699**	**1.4699**
4	合计		216.8018	190.402	32.5202	28.5602	9.7984	9.7984	1.4699	1.4699

图 9-26　二层踢脚线工程量

9.1.3　墙柱面计量

墙柱面做法见表 9-3。

表 9-3　墙柱面做法表

序号	房间名称	用料做法	备注
内墙 1	卫生间、厨房、淋浴间	12YJ1　第 81 页　内墙 6CF	颜色根据实际情况自选
内墙 2	其余房间	12YJ1　第 78 页　内墙 3C	白色乳胶漆(楼梯间采用防火乳胶漆)
外墙 1	详立面图	12YJ1　第 124 页　外墙 14	保温层为 80 厚 B1 级模塑聚苯板　米黄色外墙涂料
外墙 2	详立面图	12YJ1　第 124 页　外墙 14	保温层为 80 厚 B1 级模塑聚苯板　灰色外墙涂料
外墙 3	详立面图	12YJ1　第 121 页　外墙 13C	保温层为 80 厚 B1 级模塑聚苯板　灰色大理石干挂石材
外墙 4	详立面图	12YJ1　第 121 页　外墙 13C	米黄色大理石干挂石材
外墙 5	详立面图	12YJ1　第 117 页　外墙 6C	蓝色质感涂料
门卫外墙 1	详立面图	12YJ1　第 123 页　外墙 13B	保温层为 80 厚 B1 级模塑聚苯板　仿黄金麻光面干挂石材
门卫外墙 2	详立面图	12YJ1　第 123 页　外墙 13B	保温层为 80 厚 B1 级模塑聚苯板　灰色大理石干挂石材
牌墙外饰	详立面图	12YJ1　第 123 页　外墙 13A	仿黄金麻荔枝面干挂石材
花坛外饰	详立面图	12YJ1　第 121 页　外墙 11A	深褐色石材

(1) 首层内墙面

首层墙面三维图如图 9-27 所示，首层内墙面平面布置图如图 9-28 所示。

① 餐厅内墙面

a. 墙面 1：

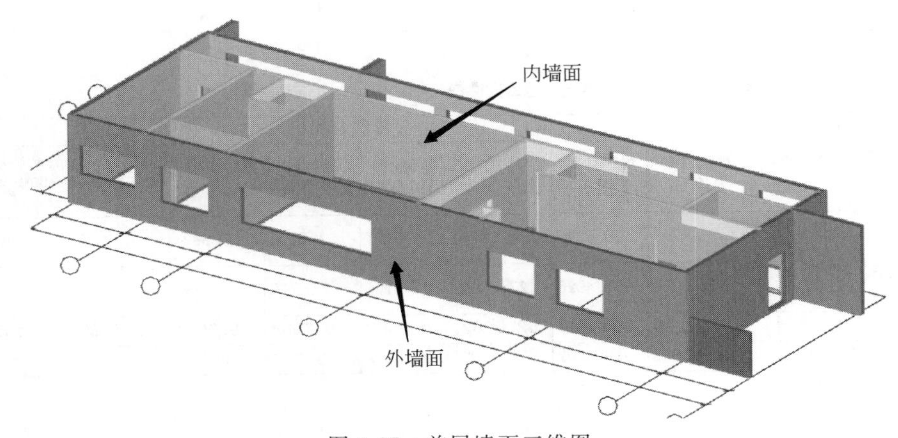

图 9-27 首层墙面三维图

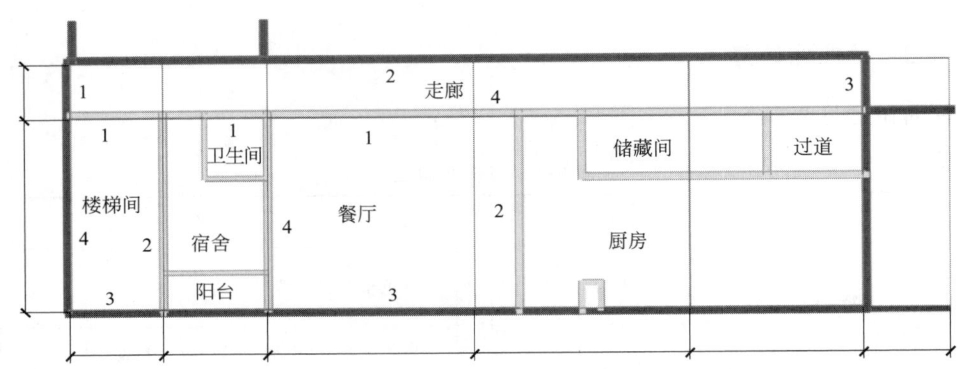

图 9-28 首层内墙面平面布置图

墙面抹灰面积 $=\underbrace{29.2201}_{\text{原始墙面抹灰面积}}+\underbrace{2.9382}_{\text{加柱外露}}+\underbrace{3.4675}_{\text{加墙上板下梁侧面面积}}-\underbrace{1.8}_{\text{扣柱}}-\underbrace{4.32}_{\text{扣平行梁}}-\underbrace{2.1}_{\text{扣门}}=27.4058(\text{m}^2)$

墙面块料面积 $=\underbrace{29.2201}_{\text{原始墙面块料面积}}+\underbrace{2.9382}_{\text{加柱外露}}+\underbrace{3.4675}_{\text{加墙上板下梁侧面面积}}-\underbrace{1.8}_{\text{扣柱}}-\underbrace{4.32}_{\text{扣平行梁}}-\underbrace{2.1}_{\text{扣门}}+\underbrace{0.52}_{\text{加门侧壁}}=27.9258(\text{m}^2)$

b. 墙面 2：

墙面抹灰面积 $=\underbrace{23.6493}_{\text{原始墙面抹灰面积}}-\underbrace{2.1}_{\text{扣门}}-\underbrace{2.52}_{\text{扣窗}}-\underbrace{0.24}_{\text{扣现浇板}}=18.7893(\text{m}^2)$

墙面块料面积 $=\underbrace{23.6493}_{\text{原始墙面块料面积}}-\underbrace{0.2249}_{\text{扣非平行梁}}-\underbrace{2.1}_{\text{扣门}}-\underbrace{2.52}_{\text{扣窗}}-\underbrace{0.222}_{\text{扣现浇板}}+\underbrace{0.52}_{\text{加门侧壁}}+\underbrace{0.66}_{\text{加窗侧壁}}=19.7624(\text{m}^2)$

c. 墙面 3：

墙面抹灰面积 $=\underbrace{8.2\times3.5}_{\text{原始墙面抹灰面积}}+\underbrace{2.9476}_{\text{加柱外露}}+\underbrace{3.7375}_{\text{加墙上板下梁侧面面积}}-\underbrace{1.75}_{\text{扣柱}}-$

$$\underbrace{3.85}_{\text{扣平行梁}}-\underbrace{8.55}_{\text{扣窗}}=21.2351(\text{m}^2)$$

$$\text{墙面块料面积}=\underbrace{8.2\times3.5}_{\text{原始墙面块料面积}}+\underbrace{2.9476}_{\text{加柱外露}}+\underbrace{3.7375}_{\text{加墙上板下梁侧面面积}}-\underbrace{1.75}_{\text{扣柱}}-\underbrace{3.85}_{\text{扣平行梁}}-\underbrace{8.55}_{\text{扣窗}}+\underbrace{1.44}_{\text{加窗侧壁}}=22.6751(\text{m}^2)$$

d. 墙面 4：

$$\text{墙面抹灰面积}=\underbrace{23.6493}_{\text{原始墙面抹灰面积}}+\underbrace{1.3464}_{\text{加柱外露}}+\underbrace{3.271}_{\text{加墙上板下梁侧面面积}}-\underbrace{1.4193}_{\text{扣柱}}-\underbrace{3.645}_{\text{扣平行梁}}=23.2024(\text{m}^2)$$

$$\text{墙面块料面积}=\underbrace{23.6493}_{\text{原始墙面块料面积}}+\underbrace{1.3464}_{\text{加柱外露}}+\underbrace{3.271}_{\text{加墙上板下梁侧面面积}}-\underbrace{1.4193}_{\text{扣柱}}-\underbrace{3.645}_{\text{扣平行梁}}=23.2024(\text{m}^2)$$

餐厅内墙面工程量如图 9-29 所示。

查看构件图元工程量

构件工程量　做法工程量

清单工程量　定额工程量　显示房间、组合构件量　只显示标准层单层量

	楼层	名称	所附墙材质	内/外墙面标志	墙面抹灰面积(m2)	墙面块料面积(m2)	凸出墙面柱抹灰面积(m2)	凸出墙面柱块料面积(m2)	平齐墙面柱抹灰面积(m2)	平齐墙面柱块料面积(m2)
1	首层	其他[内墙面][餐厅]	砖	内墙面	90.6327	93.5658	7.2322	7.2322	2.9201	2.9201
2				小计	**90.6327**	**93.5658**	**7.2322**	**7.2322**	**2.9201**	**2.9201**
3			小计		**90.6327**	**93.5658**	**7.2322**	**7.2322**	**2.9201**	**2.9201**
4		小计			**90.6327**	**93.5658**	**7.2322**	**7.2322**	**2.9201**	**2.9201**
5	合计				90.6327	93.5658	7.2322	7.2322	2.9201	2.9201

图 9-29　餐厅内墙面工程量

② 走廊墙面

a. 内墙面 1：

$$\text{墙面抹灰面积}=\underbrace{3.48\times1.7}_{\text{原始墙面抹灰面积}}+\underbrace{1.0153}_{\text{加柱外露}}+\underbrace{0.5741}_{\text{加墙上板下梁侧面面积}}-\underbrace{1.392}_{\text{扣柱}}-\underbrace{0.754}_{\text{扣平行梁}}-\underbrace{2.3391}_{\text{扣窗}}=3.0203(\text{m}^2)$$

$$\text{墙面块料面积}=\underbrace{3.48\times1.7}_{\text{原始墙面块料面积}}+\underbrace{1.0153}_{\text{加柱外露}}+\underbrace{0.5741}_{\text{加墙上板下梁侧面面积}}-\underbrace{1.392}_{\text{扣柱}}-\underbrace{0.754}_{\text{扣平行梁}}-\underbrace{2.3391}_{\text{扣窗}}+\underbrace{0.66}_{\text{加窗侧壁}}=3.6803(\text{m}^2)$$

b. 内墙面 2：

$$\text{墙面抹灰面积}=\underbrace{26.3\times3.48}_{\text{原始墙面抹灰面积}}+\underbrace{8.576}_{\text{加柱外露}}+\underbrace{10.707}_{\text{加墙上板下梁侧面面积}}-\underbrace{4.872}_{\text{扣柱}}-\underbrace{10.707}_{\text{扣平行梁}}-\underbrace{15.6}_{\text{扣门}}-\underbrace{35.28}_{\text{扣窗}}=44.348(\text{m}^2)$$

$$墙面块料面积=\underbrace{26.3\times3.48}_{原始墙面块料面积}+\underbrace{8.576}_{加柱外露}+\underbrace{10.707}_{加墙上板下梁侧面面积}-\underbrace{4.872}_{扣柱}-\underbrace{10.707}_{扣平行梁}-\underbrace{15.6}_{扣门}-\underbrace{35.28}_{扣窗}+\underbrace{1.12}_{加门侧壁}+\underbrace{5.88}_{加窗侧壁}=51.348(m^2)$$

c. 内墙面 3：

$$墙面抹灰面积=\underbrace{3.48\times1.7002}_{原始墙面抹灰面积}+\underbrace{0.6737}_{加柱外露}+\underbrace{0.66}_{加墙上板下梁侧面面积}-\underbrace{0.6967}_{扣柱}-\underbrace{0.72}_{扣平行梁}-\underbrace{2.4587}_{扣窗}=3.3750(m^2)$$

$$墙面块料面积=\underbrace{3.48\times1.7002}_{原始墙面块料面积}+\underbrace{0.6737}_{加柱外露}+\underbrace{0.66}_{加墙上板下梁侧面面积}-\underbrace{0.6967}_{扣柱}-\underbrace{0.72}_{扣平行梁}-\underbrace{2.4587}_{扣窗}+\underbrace{0.66}_{加窗侧壁}=4.035(m^2)$$

d. 内墙面 4：

$$墙面抹灰面积=\underbrace{26.5\times3.48}_{原始墙面抹灰面积}-\underbrace{10.62}_{扣门}-\underbrace{4.32}_{扣墙洞}=77.28(m^2)$$

$$墙面块料面积=\underbrace{26.5\times3.48}_{原始墙面块料面积}-\underbrace{0.3755}_{扣非平行梁}-\underbrace{10.62}_{扣门}-\underbrace{4.32}_{扣墙洞}+\underbrace{2.22}_{加门侧壁}+\underbrace{0.84}_{加洞侧壁}=79.9645(m^2)$$

走廊内墙面工程量如图 9-30 所示。

构件工程量 | 做法工程量

◉ 清单工程量 ○ 定额工程量 ☑ 显示房间、组合构件量 ☑ 只显示标准层单层量

	楼层	名称	所附墙材质	内/外墙面标志	墙面抹灰面积(m2)	墙面块料面积(m2)	凸出墙面柱抹灰面积(m2)	凸出墙面柱块料面积(m2)	平齐墙面柱抹灰面积(m2)	平齐墙面柱块料面积(m2)
1	首层	其他［内墙面］［其他房间］	砖	内墙面	124.6483	134.9928	9.5913	9.5913	13.1797	13.1797
2				**小计**	**124.6483**	**134.9928**	**9.5913**	**9.5913**	**13.1797**	**13.1797**
3			**小计**		**124.6483**	**134.9928**	**9.5913**	**9.5913**	**13.1797**	**13.1797**
4		**小计**			**124.6483**	**134.9928**	**9.5913**	**9.5913**	**13.1797**	**13.1797**
5	合计				124.6483	134.9928	9.5913	9.5913	13.1797	13.1797

图 9-30　走廊内墙面工程量

③ 楼梯间内墙面

a. 楼梯间内墙面 1：

$$墙面抹灰面积=\underbrace{3.5\times3}_{原始墙面抹灰面积}+\underbrace{0.67}_{加柱外露}+\underbrace{1.4}_{加墙上板下梁侧面面积}-\underbrace{0.7}_{扣柱}-\underbrace{1.4}_{扣平行梁}-\underbrace{4.32}_{扣门}=6.15(m^2)$$

$$墙面块料面积=\underbrace{3.5\times3}_{原始墙面块料面积}+\underbrace{0.67}_{加柱外露}+\underbrace{1.4}_{加墙上板下梁侧面面积}-\underbrace{0.7}_{扣柱}-\underbrace{1.4}_{扣平行梁}-\underbrace{4.32}_{扣门}+\underbrace{0.66}_{加门侧壁}=6.81(m^2)$$

b. 楼梯间内墙面 2：

墙面抹灰面积 $=\underbrace{3.5\times3}_{\text{原始墙面抹灰面积}}+\underbrace{0.67}_{\text{加柱外露}}+\underbrace{1.4}_{\text{加墙上板下梁侧面面积}}-\underbrace{0.7}_{\text{扣柱}}-\underbrace{1.4}_{\text{扣平行梁}}-\underbrace{4.32}_{\text{扣门}}=6.15(m^2)$

墙面块料面积 $=\underbrace{3.5\times3}_{\text{原始墙面块料面积}}+\underbrace{0.67}_{\text{加柱外露}}+\underbrace{1.4}_{\text{加墙上板下梁侧面面积}}-\underbrace{0.7}_{\text{扣柱}}-\underbrace{1.4}_{\text{扣平行梁}}-\underbrace{4.32}_{\text{扣门}}+\underbrace{0.66}_{\text{加门侧壁}}=6.81(m^2)$

c. 楼梯间内墙面 3：

墙面抹灰面积 $=\underbrace{23.9473}_{\text{原始墙面抹灰面积}}+\underbrace{0.0003}_{\text{加柱外露}}-\underbrace{0.17}_{\text{扣现浇板}}=23.7776(m^2)$

墙面块料面积 $=\underbrace{23.9473}_{\text{原始墙面块料面积}}+\underbrace{0.0003}_{\text{加柱外露}}-\underbrace{0.2448}_{\text{扣非平行梁}}-\underbrace{0.15}_{\text{扣现浇板}}=23.5528(m^2)$

d. 楼梯间内墙面 4：

墙面抹灰面积 $=\underbrace{3.6\times3}_{\text{原始墙面抹灰面积}}+\underbrace{0.665}_{\text{加柱外露}}+\underbrace{0.1998}_{\text{加腰梁外露}}+\underbrace{1.68}_{\text{加墙上板下梁侧面面积}}-\underbrace{0.72}_{\text{扣柱}}-\underbrace{2.8}_{\text{扣平行梁}}-\underbrace{1.92}_{\text{扣窗}}=7.9048(m^2)$

墙面块料面积 $=\underbrace{3.6\times3}_{\text{原始墙面块料面积}}+\underbrace{0.665}_{\text{加柱外露}}+\underbrace{0.1998}_{\text{加腰梁外露}}+\underbrace{1.68}_{\text{加墙上板下梁侧面面积}}-\underbrace{0.72}_{\text{扣柱}}-\underbrace{2.8}_{\text{扣平行梁}}-\underbrace{1.92}_{\text{扣窗}}+\underbrace{0.72}_{\text{加窗侧壁}}=8.6248(m^2)$

楼梯间内墙面工程量如图 9-31 所示。

构件工程量　做法工程量

清单工程量　定额工程量　显示房间、组合构件量　只显示标准层单层量

	楼层	名称	所附墙材质	内/外墙面标志	墙面抹灰面积(m2)	墙面块料面积(m2)	凸出墙面柱抹灰面积(m2)	凸出墙面柱块料面积(m2)	平齐墙面柱抹灰面积(m2)	平齐墙面柱块料面积(m2)	梁抹灰面积(m2)	梁块料面积(m2)
1	首层	其他[内墙面][其他房间]	砖	内墙面	61.455	62.5401	4.0498	4.0498	4.3897	4.3897	7.7823	7.7823
2				**小计**	**61.455**	**62.5401**	**4.0498**	**4.0498**	**4.3897**	**4.3897**	**7.7823**	**7.7823**
3			**小计**		**61.455**	**62.5401**	**4.0498**	**4.0498**	**4.3897**	**4.3897**	**7.7823**	**7.7823**
4		**小计**			**61.455**	**62.5401**	**4.0498**	**4.0498**	**4.3897**	**4.3897**	**7.7823**	**7.7823**
5	合计				61.455	62.5401	4.0498	4.0498	4.3897	4.3897	7.7823	7.7823

图 9-31　楼梯间内墙面工程量

(2) 首层外墙面

①首层Ⓐ轴涂料外墙　首层外墙面三维图如图 9-32 所示，图 9-32 中标注墙体为Ⓐ轴外墙，墙面为涂料外墙面。

墙面抹灰面积 $=\underbrace{26.5\times3.6}_{\text{原始墙面抹灰面积}}+\underbrace{1.44}_{\text{加柱外露}}-\underbrace{20.88}_{\text{扣窗}}-\underbrace{0.6}_{\text{扣现浇板}}=75.36(m^2)$

墙面块料面积 $=\underbrace{26.5\times3.6}_{\text{原始墙面块料面积}}+\underbrace{1.44}_{\text{加柱外露}}-\underbrace{20.88}_{\text{扣窗}}-\underbrace{0.6}_{\text{扣现浇板}}+\underbrace{4.32}_{\text{加窗侧壁}}$

$=79.68(m^2)$

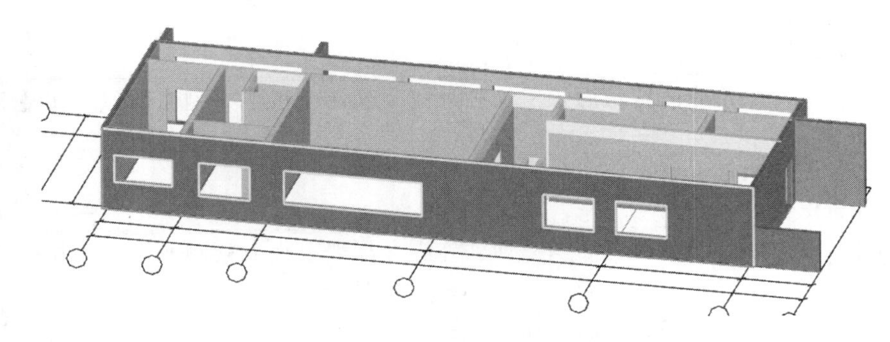

图 9-32 首层外墙面三维图

② 首层①轴外墙面 首层①轴外墙面三维图如图 9-33 所示。

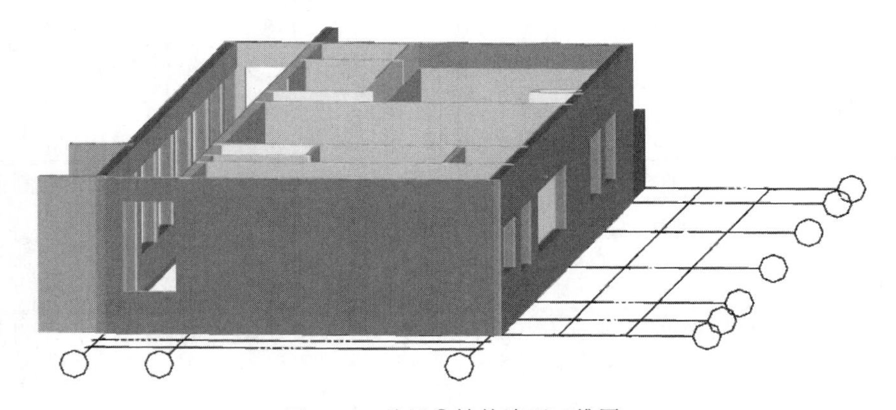

图 9-33 首层①轴外墙面三维图

$$墙面抹灰面积=\underbrace{8.6998\times3.6}_{原始墙面抹灰面积}+\underbrace{1.0407}_{加柱外露}-\underbrace{2.52}_{扣窗}-\underbrace{0.44}_{扣挑檐}=29.4(\mathrm{m}^2)$$

$$墙面块料面积=\underbrace{8.6998\times3.6}_{原始墙面块料面积}+\underbrace{1.0407}_{加柱外露}-\underbrace{2.52}_{扣窗}-\underbrace{0.44}_{扣挑檐}+\underbrace{0.66}_{加窗侧壁}=30.06(\mathrm{m}^2)$$

首层外墙面工程量如图 9-34 所示。

构件工程量 | 做法工程量

◉ 清单工程量 ○ 定额工程量 ☑ 显示房间、组合构件量 ☑ 只显示标准层单层量

	楼层	名称	所附墙材质	内/外墙面标志	墙面抹灰面积(m2)	墙面块料面积(m2)	凸出墙面柱抹灰面积(m2)	凸出墙面柱块料面积(m2)	平齐墙面柱抹灰面积(m2)	平齐墙面柱块料面积(m2)	梁抹灰面积(m2)	梁块料面积(m2)
1	首层	外墙面[外墙面]	砖	外墙面	211.7863	224.7539	8.6092	8.6092	29.5732	29.5732	2.7904	2.7904
2				小计	211.7863	224.7539	8.6092	8.6092	29.5732	29.5732	2.7904	2.7904
3			小计		211.7863	224.7539	8.6092	8.6092	29.5732	29.5732	2.7904	2.7904
4		小计			211.7863	224.7539	8.6092	8.6092	29.5732	29.5732	2.7904	2.7904
5	合计				211.7863	224.7539	8.6092	8.6092	29.5732	29.5732	2.7904	2.7904

图 9-34 首层外墙面工程量

(3) 二层内墙面

二层墙面三维图如图 9-35 所示，二层平面布置图如图 9-36 所示。

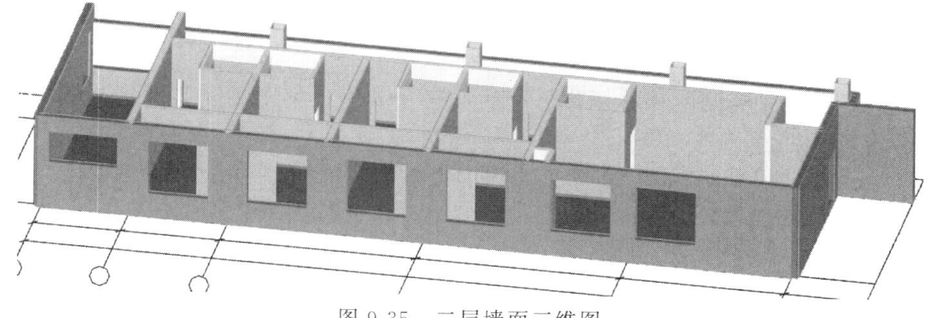

图 9-35　二层墙面三维图

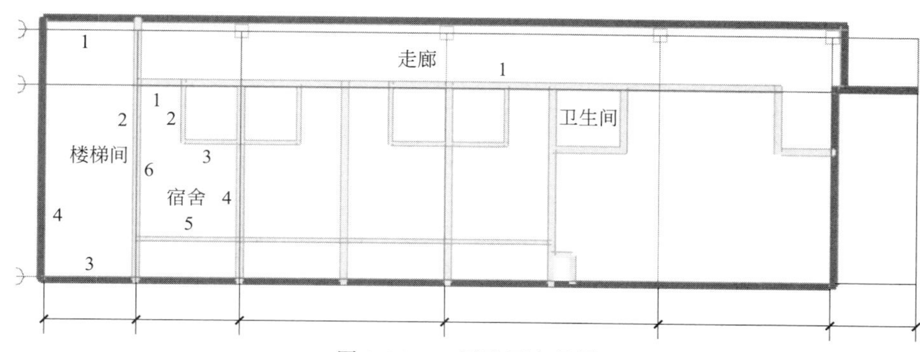

图 9-36　二层平面布置图

① 楼梯间内墙面

a. 楼梯间内墙面 1：

墙面抹灰面积 $=\underbrace{3\times3}_{\text{原始墙面抹灰面积}}-\underbrace{5.4}_{\text{扣带形窗}}=3.6(\mathrm{m}^2)$

墙面块料面积 $=\underbrace{3\times3}_{\text{原始墙面块料面积}}-\underbrace{5.4}_{\text{扣带形窗}}+\underbrace{0.6}_{\text{加带形窗侧壁}}=4.2(\mathrm{m}^2)$

b. 楼梯间内墙面 2：

墙面抹灰面积 $=\underbrace{32.1407}_{\text{原始墙面抹灰面积}}+\underbrace{0.0003}_{\text{加柱外露}}-\underbrace{2.88}_{\text{扣门}}-\underbrace{0.16}_{\text{扣现浇板}}=29.101(\mathrm{m}^2)$

墙面块料面积 $=\underbrace{32.1407}_{\text{原始墙面块料面积}}+\underbrace{0.0003}_{\text{加柱外露}}-\underbrace{0.5858}_{\text{扣非平行梁}}-\underbrace{2.88}_{\text{扣门}}-\underbrace{0.14}_{\text{扣现浇板}}+\underbrace{0.6}_{\text{加门侧壁}}=29.1352(\mathrm{m}^2)$

c. 楼梯间内墙面 3：

墙面抹灰面积 $=\underbrace{3.65\times3}_{\text{原始墙面抹灰面积}}+\underbrace{0.68}_{\text{加柱外露}}+\underbrace{1.96}_{\text{加腰梁外露}}+\underbrace{1.7}_{\text{加墙上板下梁侧面面积}}-\underbrace{0.73}_{\text{扣柱}}-\underbrace{2.94}_{\text{扣平行梁}}-\underbrace{2.76}_{\text{扣窗}}=8.86(\mathrm{m}^2)$

墙面块料面积 $=\underbrace{3.65\times3}_{\text{原始墙面块料面积}}+\underbrace{0.68}_{\text{加柱外露}}+\underbrace{1.96}_{\text{加腰梁外露}}+\underbrace{1.7}_{\text{加墙上板下梁侧面面积}}-\underbrace{0.73}_{\text{扣柱}}-\underbrace{2.94}_{\text{扣平行梁}}-\underbrace{2.76}_{\text{扣窗}}+\underbrace{0.72}_{\text{加窗侧壁}}=9.58(\mathrm{m}^2)$

d. 楼梯间内墙面 4：

墙面抹灰面积 $=\underset{\text{原始墙面抹灰面积}}{\underline{32.1407}}+\underset{\text{加柱外露}}{\underline{7.993}}+\underset{\text{加墙上板下梁侧面面积}}{\underline{3.962}}-\underset{\text{扣柱}}{\underline{5.7198}}-\underset{\text{扣平行梁}}{\underline{4.032}}-\underset{\text{扣窗}}{\underline{2.1597}}-\underset{\text{扣带形窗}}{\underline{0.1795}}-\underset{\text{扣现浇板}}{\underline{0.13}}=31.8747(m^2)$

墙面块料面积 $=\underset{\text{原始墙面块料面积}}{\underline{32.1407}}+\underset{\text{加柱外露}}{\underline{7.993}}+\underset{\text{加墙上板下梁侧面面积}}{\underline{3.962}}-\underset{\text{扣柱}}{\underline{5.7198}}-\underset{\text{扣平行梁}}{\underline{4.032}}-\underset{\text{扣非平行梁}}{\underline{0.08}}-\underset{\text{扣窗}}{\underline{2.1597}}-\underset{\text{扣带形窗}}{\underline{0.1795}}-\underset{\text{扣现浇板}}{\underline{0.12}}+\underset{\text{加窗侧壁}}{\underline{0.6}}+\underset{\text{加带形窗侧壁}}{\underline{0.4}}=32.8047(m^2)$

楼梯间内墙面工程量如图 9-37 所示。

构件工程量 | 做法工程量

◉ 清单工程量 ○ 定额工程量 ☑ 显示房间、组合构件量 ☑ 只显示标准层单层量

	楼层	名称	所附墙材质	内/外墙面标志	墙面抹灰面积(m2)	墙面块料面积(m2)	凸出墙面柱抹灰面积(m2)	凸出墙面柱块料面积(m2)	平齐墙面柱抹灰面积(m2)	平齐墙面柱块料面积(m2)
1	第2层	其他［内墙面］［其他房间］	砖	内墙面	73.4357	75.7199	8.6733	8.6733	5.1299	5.1299
2				小计	73.4357	75.7199	8.6733	8.6733	5.1299	5.1299
3			小计		73.4357	75.7199	8.6733	8.6733	5.1299	5.1299
4		小计			73.4357	75.7199	8.6733	8.6733	5.1299	5.1299
5	合计				73.4357	75.7199	8.6733	8.6733	5.1299	5.1299

图 9-37 楼梯间内墙面工程量

② 宿舍内墙面

a. 宿舍内墙面 1：

墙面抹灰面积 $=\underset{\text{原始墙面抹灰面积}}{\underline{3.53\times1.4}}+\underset{\text{加柱外露}}{\underline{0.1765}}+\underset{\text{加墙上板下梁侧面面积}}{\underline{0.6915}}-\underset{\text{扣柱}}{\underline{0.1765}}-\underset{\text{扣平行梁}}{\underline{0.7155}}-\underset{\text{扣门}}{\underline{2.1}}=2.818(m^2)$

墙面块料面积 $=\underset{\text{原始墙面块料面积}}{\underline{3.53\times1.4}}+\underset{\text{加柱外露}}{\underline{0.1765}}+\underset{\text{加墙上板下梁侧面面积}}{\underline{0.6915}}-\underset{\text{扣柱}}{\underline{0.1765}}-\underset{\text{扣平行梁}}{\underline{0.7155}}-\underset{\text{扣门}}{\underline{2.1}}+\underset{\text{加门侧壁}}{\underline{0.52}}=3.338(m^2)$

b. 宿舍内墙面 2：

墙面抹灰面积 $=\underset{\text{原始墙面抹灰面积}}{\underline{3.53\times1.9998}}+\underset{\text{加柱外露}}{\underline{0.3}}-\underset{\text{扣柱}}{\underline{0.353}}-\underset{\text{扣门}}{\underline{1.68}}=5.3263(m^2)$

墙面块料面积 $=\underset{\text{原始墙面块料面积}}{\underline{3.53\times1.9998}}+\underset{\text{加柱外露}}{\underline{0.3}}-\underset{\text{扣柱}}{\underline{0.353}}-\underset{\text{扣门}}{\underline{1.68}}+\underset{\text{加门侧壁}}{\underline{0.25}}=5.5763(m^2)$

c. 宿舍内墙面 3：

墙面抹灰面积 $=\underset{\text{原始墙面抹灰面积}}{\underline{3.53\times1.9}}=6.707(m^2)$

墙面块料面积$=\underbrace{3.53\times1.9}_{\text{原始墙面块料面积}}-\underbrace{0.0265}_{\text{扣非平行梁}}=6.6805(m^2)$

d. 宿舍内墙面4：

墙面抹灰面积$=\underbrace{3.53\times3.3}_{\text{原始墙面抹灰面积}}+\underbrace{1.6415}_{\text{加墙上板下梁侧面面积}}-\underbrace{1.749}_{\text{扣平行梁}}=11.5415(m^2)$

墙面块料面积$=\underbrace{3.53\times3.3}_{\text{原始墙面块料面积}}+\underbrace{1.6415}_{\text{加墙上板下梁侧面面积}}-\underbrace{1.749}_{\text{扣平行梁}}=11.5415(m^2)$

e. 宿舍内墙面5：

墙面抹灰面积$=\underbrace{3.53\times3.3}_{\text{原始墙面抹灰面积}}-\underbrace{4.32}_{\text{扣门}}=7.329(m^2)$

墙面块料面积$=\underbrace{3.53\times3.3}_{\text{原始墙面块料面积}}-\underbrace{0.0505}_{\text{扣非平行梁}}-\underbrace{4.32}_{\text{扣门}}+\underbrace{0.33}_{\text{加门侧壁}}=7.6085(m^2)$

f. 宿舍内墙面6：

墙面抹灰面积$=\underbrace{5.2998\times3.53}_{\text{原始墙面抹灰面积}}+\underbrace{0.0003}_{\text{加柱外露}}+\underbrace{2.3884}_{\text{加墙上板下梁侧面面积}}-\underbrace{2.5439}_{\text{扣平行梁}}$
$=18.5531(m^2)$

墙面块料面积$=\underbrace{5.2998\times3.53}_{\text{原始墙面块料面积}}+\underbrace{0.0003}_{\text{加柱外露}}+\underbrace{2.3884}_{\text{加墙上板下梁侧面面积}}-\underbrace{2.5439}_{\text{扣平行梁}}-$
$\underbrace{0.005}_{\text{扣非平行梁}}=18.5481(m^2)$

宿舍内墙面工程量如图9-38所示。

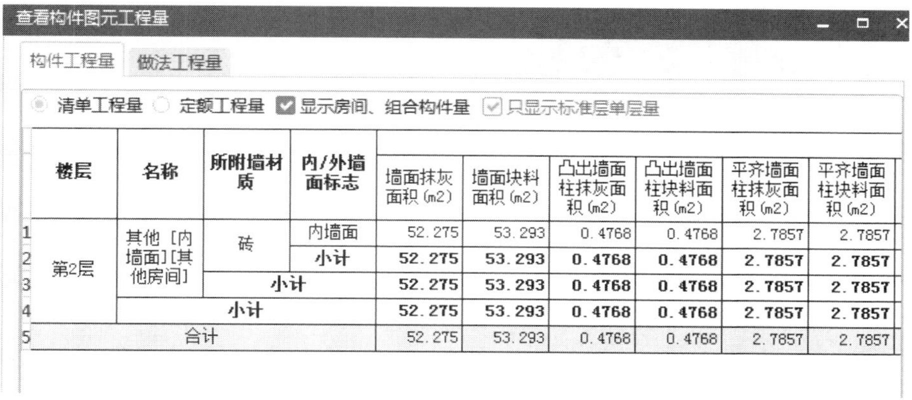

查看构件图元工程量

构件工程量　做法工程量

◉ 清单工程量　○ 定额工程量　☑ 显示房间、组合构件量　☑ 只显示标准层单层量

	楼层	名称	所附墙材质	内/外墙面标志	墙面抹灰面积(m2)	墙面块料面积(m2)	凸出墙面柱抹灰面积(m2)	凸出墙面柱块料面积(m2)	平齐墙面柱抹灰面积(m2)	平齐墙面柱块料面积(m2)
1	第2层	其他[内墙面][其他房间]	砖	内墙面	52.275	53.293	0.4768	0.4768	2.7857	2.7857
2				小计	**52.275**	**53.293**	**0.4768**	**0.4768**	**2.7857**	**2.7857**
3			小计		**52.275**	**53.293**	**0.4768**	**0.4768**	**2.7857**	**2.7857**
4		小计			**52.275**	**53.293**	**0.4768**	**0.4768**	**2.7857**	**2.7857**
5	合计				52.275	53.293	0.4768	0.4768	2.7857	2.7857

图9-38　宿舍内墙面工程量

③ 走廊内墙面

墙面抹灰面积$=\underbrace{23.6\times3}_{\text{原始墙面抹灰面积}}-\underbrace{42.48}_{\text{扣带形窗}}=28.32(m^2)$

墙面块料面积$=\underbrace{23.6\times3}_{\text{原始墙面块料面积}}-\underbrace{42.48}_{\text{扣带形窗}}+\underbrace{4.72}_{\text{加带形窗侧壁}}=33.04(m^2)$

(4) 二层外墙面

二层Ⓐ轴外墙面如图9-39所示。

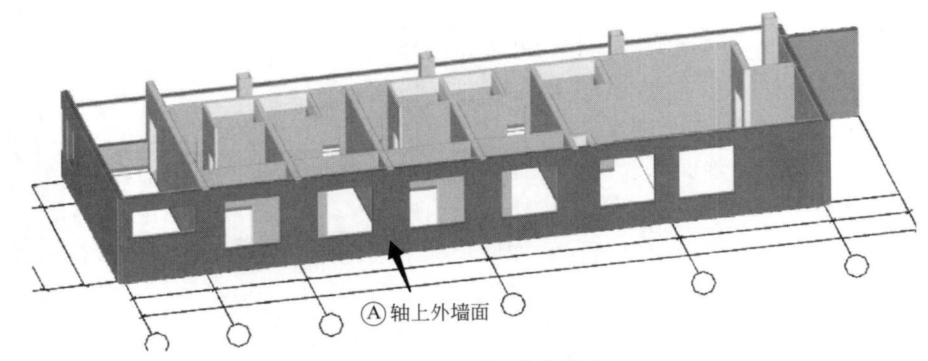

图 9-39　二层Ⓐ轴外墙面

$$\text{墙面抹灰面积}=\underset{\text{原始墙面抹灰面积}}{\underline{\underline{26.5\times3.65}}}+\underset{\text{加柱外露}}{\underline{\underline{0.6}}}+\underset{\text{加梁外露面积}}{\underline{\underline{4.2541}}}-\underset{\text{扣平行梁}}{\underline{\underline{4.3809}}}-\underset{\text{扣窗}}{\underline{\underline{29.115}}}=68.0832(\text{m}^2)$$

$$\text{墙面块料面积}=\underset{\text{原始墙面块料面积}}{\underline{\underline{26.5\times3.65}}}+\underset{\text{加柱外露}}{\underline{\underline{0.6}}}+\underset{\text{加梁外露面积}}{\underline{\underline{4.2541}}}-\underset{\text{扣平行梁}}{\underline{\underline{4.3809}}}-\underset{\text{扣窗}}{\underline{\underline{29.115}}}+\underset{\text{加窗侧壁}}{\underline{\underline{5.76}}}=73.8432(\text{m}^2)$$

9.1.4　天棚计量

（1）首层天棚

首层天棚三维图如图 9-40 所示。

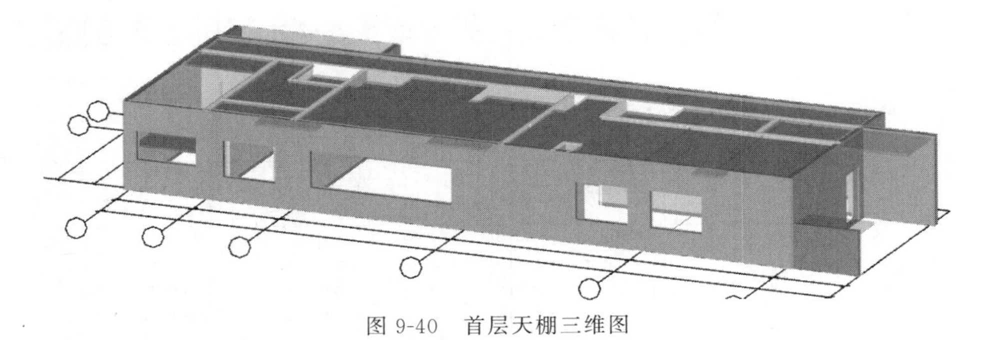

图 9-40　首层天棚三维图

① 卫生间天棚

$$\text{天棚抹灰面积}=(\underset{\text{长度}}{\underline{\underline{2}}}\times\underset{\text{宽度}}{\underline{\underline{1.9}}})=3.8(\text{m}^2)$$

$$\text{天棚装饰面积}=(\underset{\text{长度}}{\underline{\underline{2}}}\times\underset{\text{宽度}}{\underline{\underline{1.9}}})=3.8(\text{m}^2)$$

② 其他天棚

a. 走廊天棚工程量计算式：

$$\text{天棚抹灰面积}=(\underset{\text{长度}}{\underline{\underline{26.5}}}\times\underset{\text{宽度}}{\underline{\underline{1.7}}})+\underset{\text{加悬空梁外露面积}}{\underline{\underline{4.9943}}}-\underset{\text{扣悬空梁}}{\underline{\underline{1.275}}}=48.7693(\text{m}^2)$$

天棚装饰面积 $= \underset{长度}{\underline{26.5}} \times \underset{宽度}{\underline{1.7}} = 45.05(m^2)$

b. 宿舍天棚工程量计算式：

天棚抹灰面积 $= (\underset{长度}{\underline{5.2998}} \times \underset{宽度}{\underline{1.25}} + \underset{长度}{\underline{3.15}} \times \underset{宽度}{\underline{2.05}}) + \underset{加悬空梁外露面积}{\underline{1.32}} - \underset{扣悬空梁}{\underline{0.25}}$

$= 14.1523(m^2)$

天棚装饰面积 $= \underset{长度}{\underline{5.2998}} \times \underset{宽度}{\underline{1.25}} + \underset{长度}{\underline{3.15}} \times \underset{宽度}{\underline{2.05}} = 13.0823(m^2)$

c. 阳台天棚工程量计算式：

天棚抹灰面积 $= \underset{长度}{\underline{3.3}} \times \underset{宽度}{\underline{1.3}} = 4.29(m^2)$

天棚装饰面积 $= \underset{长度}{\underline{3.3}} \times \underset{宽度}{\underline{1.3}} = 4.29(m^2)$

厨房天棚工程量如图 9-41 所示。

构件工程量　做法工程量

◉ 清单工程量　○ 定额工程量　☑ 显示房间、组合构件量　☑ 只显示标准层单层量

	楼层	名称	工程量名称					
			天棚抹灰面积(m2)	天棚装饰面积(m2)	梁抹灰面积(m2)	满堂脚手架面积(m2)	天棚周长(m)	天棚投影面积(m2)
1	首层	其他[厨房]	69.6151	54.6796	19.1955	54.6796	71.0699	54.6796
2		**小计**	**69.6151**	**54.6796**	**19.1955**	**54.6796**	**71.0699**	**54.6796**
3	合计		69.6151	54.6796	19.1955	54.6796	71.0699	54.6796

图 9-41　厨房天棚工程量

储藏室工程量如图 9-42 所示。

◉ 清单工程量　○ 定额工程量　☑ 显示房间、组合构件量　☑ 只显示标准层单层量

	楼层	名称	工程量名称					
			天棚抹灰面积(m2)	天棚装饰面积(m2)	梁抹灰面积(m2)	满堂脚手架面积(m2)	天棚周长(m)	天棚投影面积(m2)
1	首层	其他[其他房间]	14.7436	11.9989	3.6446	11.9989	22.749	11.9989
2		**小计**	**14.7436**	**11.9989**	**3.6446**	**11.9989**	**22.749**	**11.9989**
3	合计		14.7436	11.9989	3.6446	11.9989	22.749	11.9989

图 9-42　储藏室工程量

(2) 二层天棚

二层天棚三维图如图 9-43 所示。二层天棚布置图如图 9-44 所示。

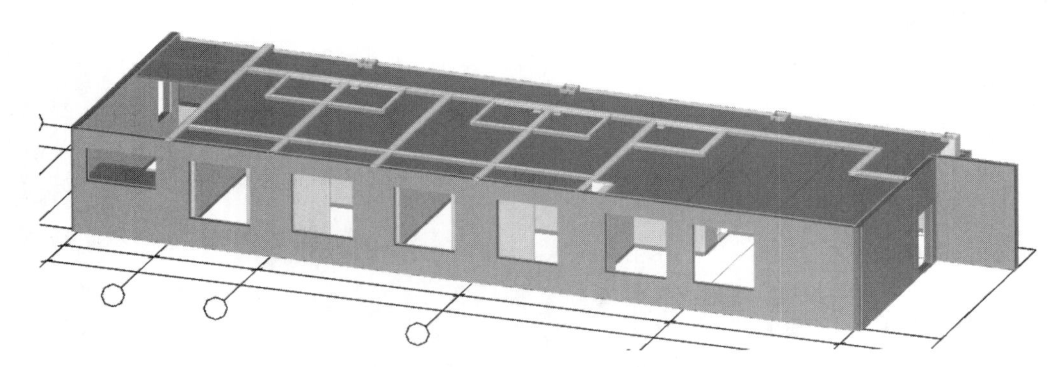

图 9-43　二层天棚三维图

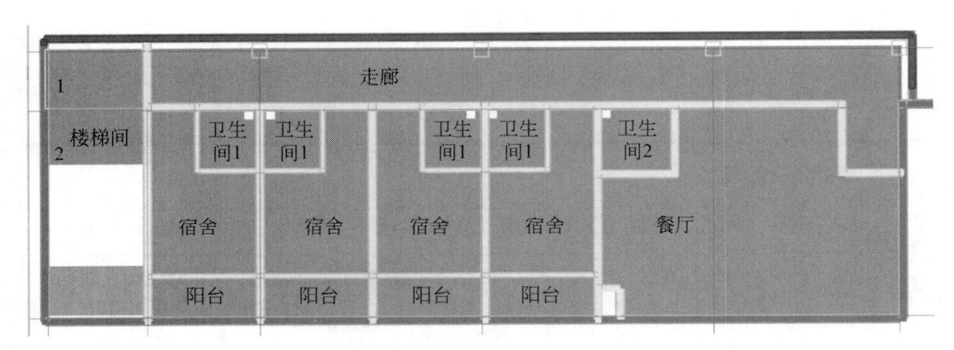

图 9-44　二层天棚布置图

① 走廊天棚工程量计算

天棚抹灰面积 $=\underset{原始面积}{\underline{\underline{45.436}}}+\underset{加悬空梁外露面积}{\underline{\underline{38.0643}}}-\underset{扣悬空梁}{\underline{\underline{4.8729}}}=78.6274(m^2)$

天棚装饰面积 $=\underset{原始面积（装饰）}{\underline{\underline{45.436}}}-\underset{扣独立柱截面积}{\underline{\underline{0.4056}}}=45.0304(m^2)$

② 卫生间 1 天棚工程量计算

天棚抹灰面积 $=\underset{长度}{\underline{\underline{1.5998}}}\times\underset{宽度}{\underline{\underline{0.275}}}+\underset{长度}{\underline{\underline{0.275}}}\times\underset{宽度}{\underline{\underline{0.05}}}+\underset{长度}{\underline{\underline{1.8998}}}\times\underset{宽度}{\underline{\underline{1.525}}}=3.3509(m^2)$

天棚装饰面积 $=\underset{长度}{\underline{\underline{1.5998}}}\times\underset{宽度}{\underline{\underline{0.275}}}+\underset{长度}{\underline{\underline{0.275}}}\times\underset{宽度}{\underline{\underline{0.05}}}+\underset{长度}{\underline{\underline{1.8998}}}\times\underset{宽度}{\underline{\underline{1.525}}}=3.3509(m^2)$

③ 卫生间 2 天棚工程量计算

天棚抹灰面积 $=\underset{原始面积}{\underline{\underline{4.3318}}}=4.3318(m^2)$

天棚装饰面积 $=\underset{原始面积（装饰）}{\underline{\underline{4.3318}}}=4.3318(m^2)$

满堂脚手架面积 $=\underset{长度}{\underline{\underline{2.2}}}\times\underset{宽度}{\underline{\underline{2.0003}}}-(\underset{长度}{\underline{\underline{0.275}}}\times\underset{宽度}{\underline{\underline{0.25}}})=4.3319(m^2)$

天棚周长 $=8.2505m$

$$\text{天棚投影面积}=\underbrace{2.2}_{\text{长度}}\times\underbrace{2.0003}_{\text{宽度}}-(\underbrace{0.275}_{\text{长度}}\times\underbrace{0.25}_{\text{宽度}})=4.3319(\text{m}^2)$$

④ 宿舍天棚工程量计算

$$\text{天棚抹灰面积}=(\underbrace{5.2998}_{\text{长度}}\times\underbrace{1.4}_{\text{宽度}}+\underbrace{3.3}_{\text{长度}}\times\underbrace{1.9}_{\text{宽度}})+\underbrace{3.552}_{\text{加悬空梁外露面积}}-\underbrace{0.825}_{\text{扣悬空梁}}$$
$$=16.4167(\text{m}^2)$$

$$\text{天棚装饰面积}=\underbrace{5.2998}_{\text{长度}}\times\underbrace{1.4}_{\text{宽度}}+\underbrace{3.3}_{\text{长度}}\times\underbrace{1.9}_{\text{宽度}}=13.6897(\text{m}^2)$$

⑤ 阳台天棚工程量计算

$$\text{天棚抹灰面积}=\underbrace{3.3}_{\text{长度}}\times\underbrace{1.3}_{\text{宽度}}=4.29(\text{m}^2)$$

$$\text{天棚装饰面积}=\underbrace{3.3}_{\text{长度}}\times\underbrace{1.3}_{\text{宽度}}=4.29(\text{m}^2)$$

⑥ 餐厅天棚工程量计算

$$\text{天棚抹灰面积}=\underbrace{52.3671}_{\text{原始面积}}+\underbrace{25.0995}_{\text{加悬空梁外露面积}}-\underbrace{5.8724}_{\text{扣悬空梁}}=71.5942(\text{m}^2)$$

$$\text{天棚装饰面积}=\underbrace{52.3671}_{\text{原始面积(装饰)}}=52.3671(\text{m}^2)$$

⑦ 楼梯间天棚工程量计算

a. 楼层平台处1：

$$\text{天棚抹灰面积}=(\underbrace{3}_{\text{长度}}\times\underbrace{1.9}_{\text{宽度}})+\underbrace{5.628}_{\text{加悬空梁外露面积}}-\underbrace{0.7488}_{\text{扣悬空梁}}=10.5792(\text{m}^2)$$

$$\text{天棚装饰面积}=\underbrace{3}_{\text{长度}}\times\underbrace{1.9}_{\text{宽度}}=5.7(\text{m}^2)$$

b. 楼层平台处2：

$$\text{天棚抹灰面积}=(\underbrace{3}_{\text{长度}}\times\underbrace{1.795}_{\text{宽度}})+\underbrace{4.615}_{\text{加悬空梁外露面积}}-\underbrace{0.825}_{\text{扣悬空梁}}=9.175(\text{m}^2)$$

$$\text{天棚装饰面积}=\underbrace{3}_{\text{长度}}\times\underbrace{1.795}_{\text{宽度}}=5.385(\text{m}^2)$$

c. 休息平台处：

$$\text{天棚抹灰面积}=(\underbrace{3}_{\text{长度}}\times\underbrace{1.6}_{\text{宽度}})+\underbrace{2.7}_{\text{加悬空梁外露面积}}-\underbrace{0.3}_{\text{扣悬空梁}}=7.2(\text{m}^2)$$

$$\text{天棚装饰面积}=\underbrace{3}_{\text{长度}}\times\underbrace{1.6}_{\text{宽度}}=4.8(\text{m}^2)$$

二层天棚工程量如图9-45所示。

构件工程量　做法工程量

◉ 清单工程量 ○ 定额工程量 ☑ 显示房间、组合构件量 ☑ 只显示标准层单层量

	楼层	名称	工程里名称					
			天棚抹灰面积(m2)	天棚装饰面积(m2)	梁抹灰面积(m2)	满堂脚手架面积(m2)	天棚周长(m)	天棚投影面积(m2)
1	第2层	其他[餐厅]	71.5942	52.3671	25.0995	52.3671	72.8	52.3671
2		其他[其他房间]	188.5103	132.8342	65.3173	133.2398	219.3105	133.2398
3		卫生间、淋浴间[卫生间、淋浴间]	17.7354	17.7354	0	17.7354	37.5489	17.7354
4		**小计**	**277.8399**	**202.9367**	**90.4168**	**203.3423**	**329.6594**	**203.3423**
5	合计		277.8399	202.9367	90.4168	203.3423	329.6594	203.3423

图 9-45　二层天棚工程量

9.1.5　独立柱装修计量

二层独立柱装修三维图如图 9-46 所示。

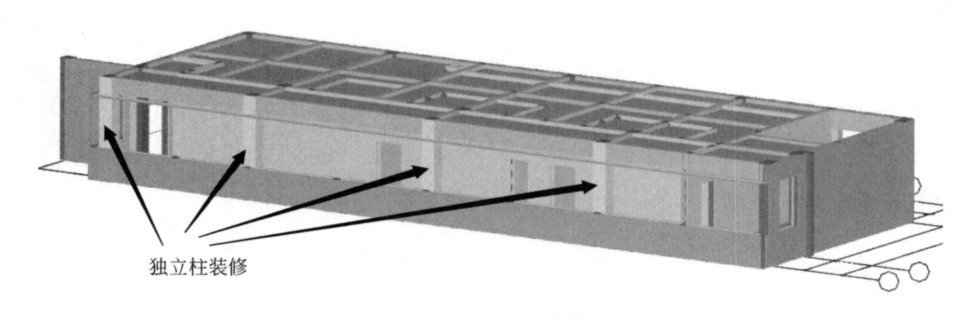

图 9-46　二层独立柱装修三维图

单根柱装修工程量计算式如下。

独立柱周长＝1.6m

独立柱抹灰面积＝$\underset{\text{独立柱截面周长}}{\underline{1.6}} \times \underset{\text{独立柱抹灰高度}}{\underline{3.4588}} - \underset{\text{扣梁}}{\underline{0.27}} = 5.264(m^2)$

独立柱块料面积＝$\underset{\text{独立柱块料长度}}{\underline{1.68}} \times \underset{\text{独立柱块料高度}}{\underline{3.4593}} - \underset{\text{扣梁}}{\underline{0.27}} = 5.5416(m^2)$

独立柱装修工程量如图 9-47 所示。

注：完整工程量汇总可扫右侧二维码查看“食堂-绘图输入工程量汇总表”；详细工程量计算书可扫右侧二维码查看“食堂-绘图输入构件工程量计算书”。

扫码查看文件

工程量计算书及汇总表

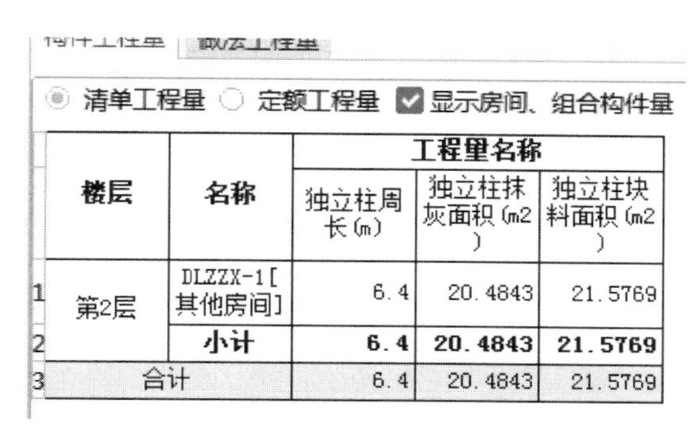
构件工程量　做法工程量

清单工程量　定额工程量　显示房间、组合构件量

	楼层	名称	工程量名称		
			独立柱周长(m)	独立柱抹灰面积(m2)	独立柱块料面积(m2)
1	第2层	DLZZX-1[其他房间]	6.4	20.4843	21.5769
2		小计	6.4	20.4843	21.5769
3	合计		6.4	20.4843	21.5769

图 9-47　独立柱装修工程量

9.2　某食堂、宿舍装修计价

某宿舍装修做法见表 9-4。

表 9-4　装修做法表

序号	房间名称	用料做法	备注
屋 1	食堂宿舍大屋面	12YJ1　第 136 页　屋 101	保温层为 100 厚 B1 级挤塑聚苯板(上人屋面) 防水层为 4 厚 SBS 改性沥青防水卷材
屋 2	食堂宿舍小屋面	12YJ1　第 140 页　屋 105	保温层为 100 厚 B1 级挤塑聚苯板(不上人平屋面) 防水层为 4 厚 SBS 改性沥青防水卷材
屋 3	门卫大屋面	12YJ1　第 140 页　屋 105	保温层为 100 厚 B1 级挤塑聚苯板(不上人平屋面) 防水层为 4 厚 SBS 改性沥青防水卷材
屋 4	小屋面	12YJ1　第 142 页　屋 108	防水层为 4 厚 SBS 改性沥青防水卷材
屋 5	雨篷	详雨篷详图	不上人平屋面(无保温)
顶棚 1	卫生间、淋浴间	12YJ1　第 93 页　顶 9	铝合金板吊顶,吊顶距地 3.0m
顶棚 2	其余房间	12YJ1　第 92 页　顶 6	
地(楼)面 1	卫生间、厨房、餐厅	12YJ1　第 33 页　地 201F(楼 201F)	地砖选用防滑地砖,防水选用 1.5 厚聚氨酯防水涂料
地(楼)面 2	其余房间	12YJ1　第 32 页　地 201(楼 201)	陶瓷地砖地面
内墙 1	卫生间、厨房、淋浴间	12YJ1　第 81 页　内墙 6CF	颜色根据实际情况自选
内墙 2	其余房间	12YJ1　第 78 页　内墙 3C	白色乳胶漆(楼梯间采用防火乳胶漆)
踢	所有房间(除卫生间外)	12YJ1　第 61 页　踢 3C	面砖踢脚

续表

序号	房间名称	用料做法	备注
外墙1	详立面图	12YJ1 第124页 外墙14	保温层为80厚B1级模塑聚苯乙烯板 米黄色外墙涂料
外墙2	详立面图	12YJ1 第124页 外墙14	保温层为80厚B1级模塑聚苯乙烯板 灰色外墙涂料
外墙3	详立面图	12YJ1 第121页 外墙13C	保温层为80厚B1级模塑聚苯乙烯板 灰色大理石干挂石材
外墙4	详立面图	12YJ1 第121页 外墙13C	米黄色大理石干挂石材
外墙5	详立面图	12YJ1 第117页 外墙6C	蓝色质感涂料
门卫外墙1	详立面图	12YJ1 第123页 外墙13B	保温层为80厚B1级模塑聚苯乙烯板 仿黄金麻光面干挂石材
门卫外墙2	详立面图	12YJ1 第123页 外墙13B	保温层为80厚B1级模塑聚苯乙烯板 灰色大理石干挂石材
牌墙外饰	详立面图	12YJ1 第123页 外墙13A	仿黄金麻荔枝面干挂石材
花坛外饰	详立面图	12YJ1 第121页 外墙11A	深褐色石材

9.2.1 屋面计价

(1) 小屋面

小屋面做法如下。

20厚1∶2.5或M15水泥砂浆保护层；

隔离层：0.4厚聚乙烯膜一层；

防水层：4厚SBS改性沥青防水卷材；

20厚1∶2.5水泥砂浆找平层；

最薄处30厚找坡2%找坡层：1∶8水泥憎水性膨胀珍珠岩；

现浇混凝土屋面板。

① 屋面清单定额套取　根据屋面做法一次套取定额，小屋面定额套取如图9-48所示。

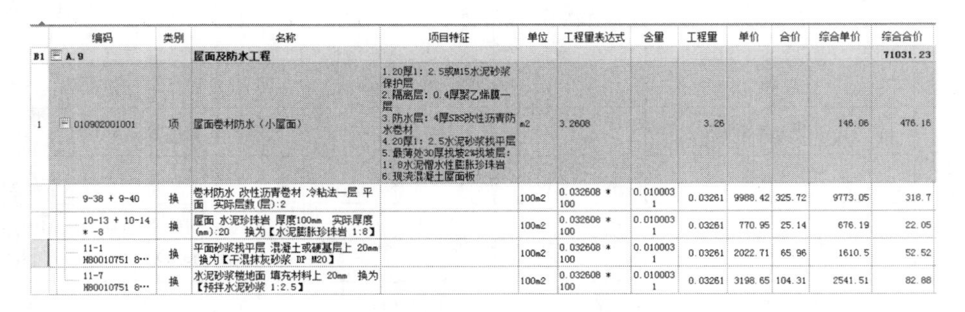

	编码	类别	名称	项目特征	单位	工程量表达式	含量	工程量	单价	合价	综合单价	综合合价
B1	A.9		屋面及防水工程									71031.23
1	010902001001	项	屋面卷材防水（小屋面）	1.20厚1：2.5或M15水泥砂浆保护层 2.隔离层：0.4厚聚乙烯膜一层 3.防水层：4厚SBS改性沥青防水卷材 4.20厚1：2.5水泥砂浆找平层 5.最薄处30厚找坡2%找坡层：1：8水泥憎水性膨胀珍珠岩 6.现浇混凝土屋面板	m2	3.2608		3.26			146.06	476.16
	9-38 + 9-40	换	卷材防水 改性沥青卷材 冷粘法一层 平面 实际层数(层):2		100m2	0.032608 * 100	0.0100031	0.03261	9988.42	325.72	9773.05	318.7
	10-13 + 10-14 * -8	换	屋面 水泥珍珠岩 厚度100mm 实际厚度(mm):20 换为【水泥膨胀珍珠岩 1:8】		100m2	0.032608 * 100	0.0100031	0.03261	770.95	25.14	676.19	22.05
	11-1 H80010751 8···	换	平面砂浆找平层 混凝土或硬基层上 20mm 换为【干混抹灰砂浆 DP M20】		100m2	0.032608 * 100	0.0100031	0.03261	2022.71	65.96	1610.5	52.52
	11-7 H80010751 8···	换	水泥砂浆楼地面 填充材料上 20mm 换为【预拌水泥砂浆 1:2.5】		100m2	0.032608 * 100	0.0100031	0.03261	3198.65	104.31	2541.51	82.88

图9-48　小屋面定额套取

② 卷材层数的换算　防水卷材一般按实际施工的厚度，考虑是否换算层数，如需换算，在标准换算中输入实际层数，如图9-49所示。

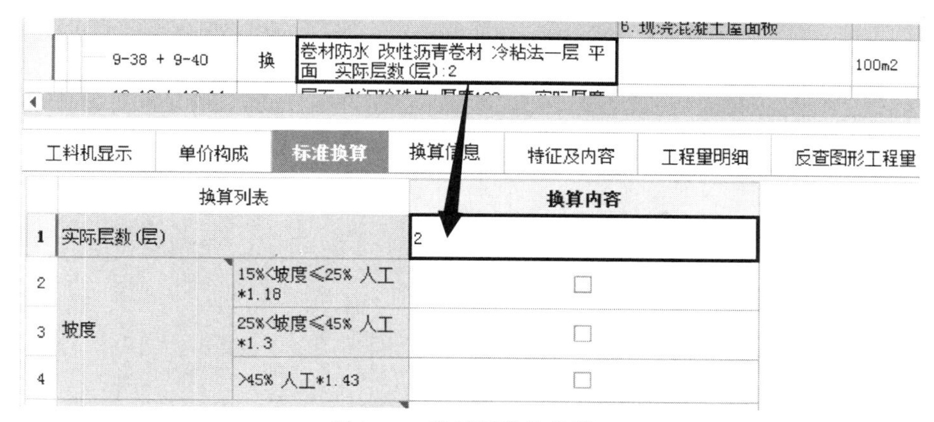

图 9-49　卷材层数的换算

③ 砂浆的换算　如定额中使用砂浆与图纸做法中使用的砂浆种类不同时要进行换算，如图 9-50 所示。

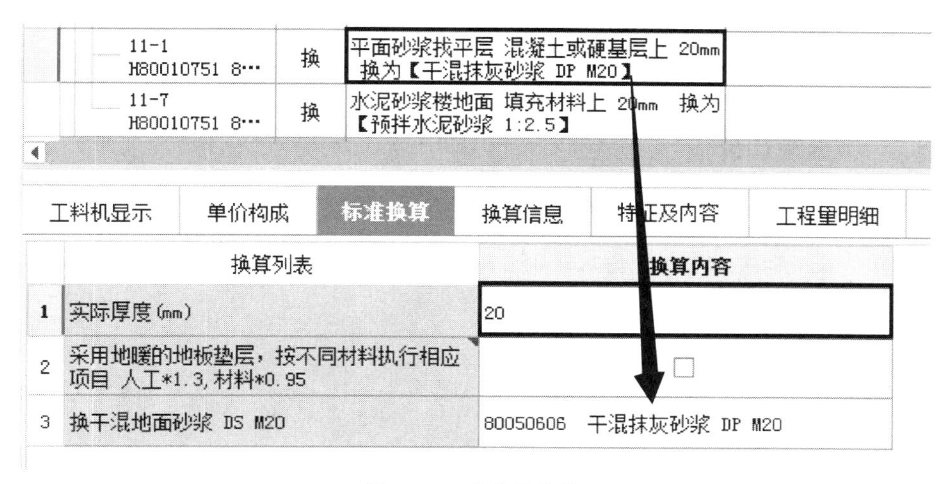

图 9-50　砂浆的换算

（2）大屋面

大屋面做法如下。

8～10 厚屋面防滑地砖铺平拍实；

25 厚 1∶3 干硬性水泥砂浆结合层；

隔离层：0.4 厚聚乙烯膜一层；

防水层：4 厚 SBS 改性沥青防水卷材；

30 厚 C20 细石混凝土找平层；

保温层：100 厚 B1 级挤塑聚苯板；

20 厚 1∶2.5 水泥砂浆找平层；

最薄处 30 厚找坡 2%找坡层：1∶8 水泥憎水性膨胀珍珠岩；

隔汽层：1.5 厚聚氨酯防水涂料；

20 厚 1∶2.5 水泥砂浆找平层；

现浇混凝土屋面板。

大屋面清单描述依照上述做法填写，然后一次套取定额，如图 9-51 所示。

	编码	类别	名称	项目特征	单位	工程量表达式	含量	工程量	单价	合价	综合单价	综合合价
4	010902001004	项	屋面卷材防水（大屋面）	1.8-10厚屋面防滑地砖铺平拍实 2.25厚1：3干硬性水泥砂浆结合层 3.隔离层：0.4厚聚乙烯膜一层 4.防水层：4厚SBS改性沥青防水卷材 5.30厚C20细石混凝土找平层 6.保温层：100厚B1级挤塑聚苯板 7.20厚1：2.5水泥砂浆找平层 8.最薄处30厚找坡2%找坡层：1：8水机憎水性膨胀珍珠岩 9.隔汽层：1.5厚聚氨酯防水涂料 10.20厚1：2.5水泥砂浆找平层 11.现浇混凝土屋面板	m2	210.6046		210.6			309.84	65252.3
	9-38	定	卷材防水 改性沥青卷材 冷粘法一层 平面		100m2	2.520248 * 100	0.011967	2.52025	5115.79	12893.07	5000.01	12601.28
	9-71	定	涂料防水 聚氨酯防水涂膜 2mm厚 平面		100m2	2.313147 * 100	0.0109836	2.31315	3916.26	9058.9	3758.5	8693.97
	10-13	定	屋面 水泥珍珠岩 厚度100mm		100m2	2.106046 * 100	0.0100002	2.10605	3319.37	6990.76	2991.18	6299.57
	10-37	定	屋面 干铺聚苯乙烯板 厚度50mm		100m2	2.106046 * 100	0.0100002	2.10605	1987.64	4186.07	1861.15	3919.67
	11-1	定	平面砂浆找平层 混凝土或硬基层上 20mm		100m2	4.212092 * 100	0.0200004	4.21209	2022.71	8519.84	1610.5	6783.57
	11-4	定	细石混凝土地面找平层 30mm		100m2	2.106046 * 100	0.0100002	2.10605	2997.89	6313.71	2991.99	6301.28
	11-31	定	块料面层 陶瓷地面砖 0.36m2以内		100m2	2.106046 * 100	0.0100002	2.10605	10957.33	23076.68	9807.02	20654.07

图 9-51　大屋面定额套取

9.2.2 楼地面计价

（1）地面 1

地面 1 做法如下。

8～10 厚地砖铺实拍平，稀水泥浆擦缝；

30 厚 1∶3 干硬性水泥砂浆；

素水泥浆一道；

60 厚 C15 混凝土垫层；

150 厚 3∶7 灰土或碎石灌 M5 水泥砂浆；

素土夯实。

地面 1 清单描述按照上述做法填写，然后依次套取定额，如图 9-52 所示。

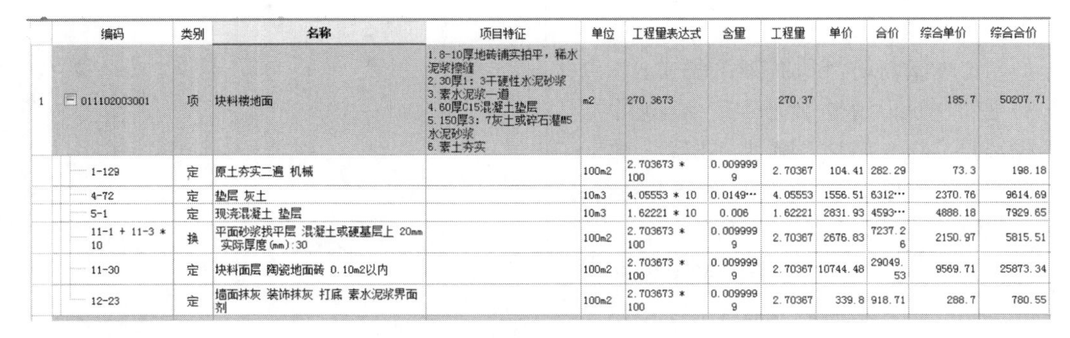

	编码	类别	名称	项目特征	单位	工程量表达式	含量	工程量	单价	合价	综合单价	综合合价
1	011102003001	项	块料楼地面	1.8-10厚地砖铺实拍平，稀水泥浆擦缝 2.30厚1：3干硬性水泥砂浆 3.素水泥浆一道 4.60厚C15混凝土垫层 5.150厚3：7灰土或碎石灌M5水泥砂浆 6.素土夯实	m2	270.3673		270.37			185.7	50207.71
	1-129	定	原土夯实二遍 机械		100m2	2.703673 * 100	0.0099999	2.70367	104.41	282.29	73.3	198.18
	4-72	定	垫层 灰土		10m3	4.05553 * 10	0.0149…	4.05553	1556.51	6312…	2370.76	9614.69
	5-1	定	现浇混凝土 垫层		10m3	1.62221 * 10	0.006	1.62221	2831.93	4593…	4888.18	7929.65
	11-1 + 11-3 * 10	换	平面砂浆找平层 混凝土或硬基层上 20mm 实际厚度(mm):30		100m2	2.703673 * 100	0.0099999	2.70367	2676.83	7237.26	2150.97	5815.51
	11-30	定	块料面层 陶瓷地面砖 0.10m2以内		100m2	2.703673 * 100	0.0099999	2.70367	10744.48	29049.53	9569.71	25873.34
	12-23	定	墙面抹灰 装饰抹灰 打底 素水泥浆界面剂		100m2	2.703673 * 100	0.0099999	2.70367	339.8	918.71	288.7	780.55

图 9-52　地面 1 清单

（2）地面 2

地面 2 做法如下。

8～10 厚地砖铺实拍平，稀水泥浆擦缝；
30 厚 1∶3 干硬性水泥砂浆；
1.5 厚聚氨酯防水涂料；
最薄处 20 厚 1∶3 水泥砂浆或 C20 细石混凝土找坡层抹平；
素水泥浆一道；
60 厚 C15 混凝土垫层；
150 厚 3∶7 灰土或碎石灌 M5 水泥砂浆；
素土夯实。
地面 2 清单描述按照上述做法填写，然后依次套取定额，如图 9-53 所示。

	编码	类别	名称	项目特征	单位	工程量表达式	含量	工程量	单价	合价	综合单价	综合合价
2	011102003002	项	块料楼地面	1.8-10厚地砖铺实拍平，稀水泥浆擦缝 2.30厚1：3干硬性水泥砂浆 3.1.5厚聚氨酯防水涂料 4.最薄处20厚1：3水泥砂浆或C20细石混凝土找坡层抹平 5.素水泥浆一道 6.60厚C15混凝土垫层 7.150厚3：7灰土或碎石灌M5水泥砂浆 8.素土夯实	m2	183.8417		183.84			196.5	36124.56
	1-129	定	原土夯实二遍 机械		100m2	1.838417 * 100	0.0100001	1.83842	104.41	191.95	73.3	134.76
	4-72	定	垫层 灰土		10m3	2.75765 * 10	0.0150003	2.75765	1556.51	4292.31	2370.76	6537.73
	5-1	定	现浇混凝土 垫层		10m3	1.10305 * 10	0.0060001	1.10305	2831.93	3123.76	4888.18	5391.91
	11-4	定	细石混凝土地面找平层 30mm		100m2	1.838417 * 100	0.0100001	1.83842	2997.89	5511.38	2991.99	5500.53
	12-23	定	墙面抹灰 装饰抹灰 打底 素水泥浆界面剂		100m2	1.838417 * 100	0.0100001	1.83842	339.8	624.7	288.7	530.75
	11-31	定	块料面层 陶瓷地面砖 0.36m2以内		100m2	QDL	0.01	1.8384	10957.33	20143.96	9807.02	18029.23

图 9-53　地面 2 清单

（3）踢脚线

踢脚线做法如下。
2 厚配套专用界面砂浆批刮；
7 厚 1∶3 水泥砂浆；
6 厚 1∶2 水泥砂浆；
素水泥浆一道（专用胶黏剂粘贴时无此道工序）；
3～4 厚 1∶1 水泥砂浆加水重 20%建筑胶（或配套专用胶黏剂）黏结层；
5～7 厚面砖，水泥浆擦缝或填缝剂填缝。
踢脚线清单描述按照上述做法填写，然后依次套取定额，如图 9-54 所示。

	编码	类别	名称	项目特征	单位	工程量表达式	含量	工程量	单价	合价	综合单价	综合合价
3	011105003001	项	块料踢脚线	1. 2厚配套专用界面砂浆批刮 2. 7厚1：3水泥砂浆 3. 6厚1：2水泥砂浆 4. 素水泥浆一道（专用胶粘剂粘贴时无此道工序） 5. 3-4厚1：1水泥砂浆加水重20%建筑胶（或配套专用胶粘剂）粘结层 6. 5-7厚面砖，水泥浆擦缝或填缝剂填缝	m2	57.5699		57.57			130.59	7518.07
	11-59	定	踢脚线 陶瓷地面砖		100m2	0.575699 * 100	0.01	0.5757	11156.1	6422.57	8804.23	5068.6
	12-1 + 12-3 * 10	换	墙面抹灰 一般抹灰 内墙 (14+6)mm 实际厚度(mm):30		100m2	0.648299 * 100	0.0112611	0.6483	4102.22	2659.47	3269.34	2119.51
	12-22	定	墙面抹灰 装饰抹灰 打底 墙面界面剂		100m2	0.648299 * 100	0.0112611	0.6483	281	182.17	219.56	142.34
	12-23	定	墙面抹灰 装饰抹灰 打底 素水泥浆界面剂		100m2	0.648299 * 100	0.0112611	0.6483	339.8	220.29	288.7	187.16

图 9-54　踢脚线清单

9.2.3 墙柱面与踢脚线计价

（1）抹灰墙面

抹灰墙面做法如下。

2厚配套专用界面砂浆批刮；

7厚1：1：6水泥石灰砂浆；

6厚1：0.5：3水泥石灰砂浆抹平。

抹灰墙面清单描述按照上述做法填写，然后依次套取定额。涂料外墙及外墙装饰物另计。

（2）块料墙面

块料墙面做法如下。

2厚配套专用界面砂浆抹刮；

7厚1：1：6水泥石灰砂浆；

6厚1：0.5：2.5水泥石灰砂浆压实抹平；

1.5厚聚合物水泥防水涂料；

素水泥浆一道；

3～4厚1：1水泥砂浆加水重20%建筑胶黏结层；

4～5厚釉面砖，白水泥浆擦缝或填缝剂填缝。

块料墙面清单描述按照上述做法填写，然后依次套取定额，如图9-55所示。

	编码	类别	名称	项目特征	单位	工程量表达式	含量	工程量	单价	合价	综合单价	综合合价
B1	A.12		墙、柱面装饰与隔断、幕墙工程									61510.73
1	011201001001	项	墙面一般抹灰	1.2厚配套专用界面砂浆批刮 2.7厚1：1：6水泥石灰砂浆 3.6厚1：0.5：3水泥石灰砂浆抹平	m2	1174.0151		1174.02			20.75	24360.92
	12-1 + 12-3 * -5	换	墙面抹灰 一般抹灰 内墙 (14+6)mm 实际厚度(mm):15		100m2	11.740151 * 100	0.01	11.74015	2635.48	30940.93	2074.38	24353.53
2	011204003001	项	块料墙面	1.2厚配套专用界面砂浆抹刮 2.7厚1：1：6水泥石灰砂浆 3.6厚1：0.5：2.5水泥石灰砂浆压实抹平 4.1.5厚聚合物水泥防水涂料 5.素水泥浆一道 6.3-4厚1：1水泥砂浆加水重20%建筑胶粘结层 7.4-5厚釉面砖，白水泥浆擦缝或填缝剂填缝	m2	237.4731		237.47			156.44	37149.81
	9-76 + 9-78	换	涂料防水 聚合物水泥防水涂料 1.0mm厚 立面 实际厚度(mm):1.5		100m2	2.318081 * 100	0.0097616	2.31808	4896.65	11350.83	4700.48	10896.09
	12-1 + 12-3 * -5	换	墙面抹灰 一般抹灰 内墙 (14+6)mm 实际厚度(mm):15		100m2	2.318081 * 100	0.0097616	2.31808	2635.48	6109.25	2074.38	4808.58
	12-23	定	墙面抹灰 装饰抹灰 打底 素水泥浆界面剂		100m2	2.318081 * 100	0.0097616	2.31808	339.8	787.68	288.7	669.23
	12-61	定	墙面块料面层 面砖 预拌砂浆(干混) 每块面积 ≤0.06m2		100m2	2.319282 * 100	0.0097666	2.31928	11055.99	25641.94	8956.84	20773.42

图9-55 块料墙面清单

9.2.4 天棚面计价

（1）天棚抹灰

天棚面抹灰做法如下。

现浇混凝土板底面清理干净；

5厚1：3水泥砂浆打底；

5厚1：2水泥砂浆抹平；

表面刷涂料另选。

天棚抹灰清单描述按照上述做法填写，然后依次套取定额，如图 9-56 所示。

（2）吊顶天棚

吊顶天棚做法如下。

现浇混凝土板底面清理干净；

5 厚 1∶3 水泥砂浆；

5 厚 1∶2 水泥砂浆；

配套胶黏剂粘贴铝合金板（吊顶离地 3m）。

吊顶天棚清单描述按照上述做法填写，然后依次套取定额，如图 9-56 所示。

	编码	类别	名称	项目特征	单位	工程量表达式	含量	工程量	单价	合价	综合单价	综合合价
B1	A.13		天棚工程									18713.65
1	011301001001	项	天棚抹灰	1.现浇混凝土板底面清理干净 2. 5厚1：3水泥砂浆打底 3. 5厚1：2水泥砂浆抹平 4.表面刷涂料另选	m2	534.8534		534.85			32.26	17254.26
	11-1 + 11-3 * -10,H80010751 80050606	换	平面砂浆找平层 混凝土或硬基层上 20mm 实际厚度(mm):10 换为【干混抹灰砂浆 DP M20】		100m2	QDL	0.01	5.3485	1368.58	7319.85	1070.04	5723.11
	14-215	定	内墙涂料 天棚面 二遍		100m2	QDL	0.01	5.3485	2678.81	1432…	2156.07	11531.74
2	011302001001	项	吊顶天棚	1.现浇混凝土板底面清理干净 2. 5厚1：3水泥砂浆 3. 5厚1：2水泥砂浆 4.配套胶粘剂粘贴铝合金板（吊顶离地3m）	m2	21.7325		21.73			67.16	1459.39
	13-1	定	天棚抹灰 混凝土天棚 一次抹灰(10mm)		100m2	0.217325 * 100	0.0100014	0.21733	2635.46	572.76	2057.94	447.25
	13-62	定	铝合金方板天棚龙骨(不上人型) 嵌入式 规格500mm*500mm		100m2	0.217325 * 100	0.0100014	0.21733	5127.42	1114.34	4657.12	1012.13

图 9-56　天棚清单

9.2.5　措施项目

措施项目安全文明施工费费率计取为夜间施工增加费 25%、二次搬运费 50%、冬雨季施工增加费 25%，措施项目综合单价如图 9-57 所示。

	序号	类别	名称	单位	项目特征	工程量	组价方式	计算基数	费率(%)	综合单价	综合合价
			措施项目								11406.22
	一		总价措施费								11406.22
1	011707001001		安全文明施工费	项		1	计算公式组价	FBFX_AQWMSGF+DJCS_AQWMSGF		7812.13	7812.13
2	01		其他措施费（费率类）	项		1	子措施组价			3594.09	3594.09
3	011707002…		夜间施工增加费	项		1	计算公式组价	FBFX_QTCSF+DJCS_QTCSF	25	898.52	898.52
4	011707004…		二次搬运费	项		1	计算公式组价	FBFX_QTCSF+DJCS_QTCSF	50	1797.05	1797.05
5	011707005…		冬雨季施工增加费	项		1	计算公式组价	FBFX_QTCSF+DJCS_QTCSF	25	898.52	898.52
6	02		其他（费率类）	项		1	计算公式组价			0	0
	二		单价措施费								0
7			自动提示：请输入清单简称			1	可计量清单			0	0
		定	自动提示：请输入子目简称			0				0	0

图 9-57　措施项目综合单价

9.2.6　费用汇总

宿舍装饰计价费用汇总如图 9-58 所示。

9.2.7　投标方报价表汇总

（1）分部分项工程和单价措施项目清单与计价表

分部分项工程和单价措施项目清单与计价见表 9-5。

	序号	费用代号	名称	计算基数	基数说明	费率(%)	金额	费用类别
1	1	A	分部分项工程	FBFXHJ	分部分项合计		244,863.96	分部分项工程费
2	2	B	措施项目	CSXMHJ	措施项目合计		11,406.22	措施项目费
3	2.1	B1	其中：安全文明施工费	AQWMSGF	安全文明施工费		7,812.13	安全文明施工费
4	2.2	B2	其他措施费（费率类）	QTCSF + QTF	其他措施费+其他（费率类）		3,594.09	其他措施费
5	2.3	B3	单价措施费	DJCSHJ	单价措施合计		0.00	单价措施费
6	3	C	其他项目	C1 + C2 + C3 + C4 + C5	其中：1）暂列金额+2）专业工程暂估价+3）计日工+4）总承包服务费+5）其他		0.00	其他项目费
7	3.1	C1	其中：1）暂列金额	ZLJE	暂列金额		0.00	暂列金额
8	3.2	C2	2）专业工程暂估价	ZYGCZGJ	专业工程暂估价		0.00	专业工程暂估价
9	3.3	C3	3）计日工	JRG	计日工		0.00	计日工
10	3.4	C4	4）总承包服务费	ZCBFWF	总承包服务费		0.00	总包服务费
11	3.5	C5	5）其他				0.00	
12	4	D	规费	D1 + D2 + D3	定额规费+工程排污费+其他		9,686.63	规费
13	4.1	D1	定额规费	FBFX_GF + DJCS_GF	分部分项规费+单价措施规费		9,686.63	定额规费
14	4.2	D2	工程排污费				0.00	工程排污费
15	4.3	D3	其他				0.00	
16	5	E	不含税工程造价合计	A + B + C + D	分部分项工程+措施项目+其他项目+规费		265,956.81	
17	6	F	增值税	E	不含税工程造价合计	9	23,936.11	增值税
18	7	G	含税工程造价合计	E + F	不含税工程造价合计+增值税		289,892.92	工程造价

图 9-58　费用汇总

表 9-5　分部分项工程和单价措施项目清单与计价表

分部分项工程和单价措施项目清单与计价表								
工程名称：食堂				标段：			第 1 页　共 4 页	
序号	项目编码	项目名称	项目特征描述	计量单位	工程量	金额/元		
						综合单价	合价	其中 暂估价
	A.9	屋面及防水工程					70789.24	
1	010902001001	屋面卷材防水（小屋面）	1.20 厚 1∶2.5 或 M15 水泥砂浆保护层 2.隔离层：0.4 厚聚乙烯膜一层 3.防水层：4 厚 SBS 改性沥青防水卷材 4.20 厚 1∶2.5 水泥砂浆找平层 5.最薄处 30 厚找坡 2% 找坡层：1∶8 水泥憎水性膨胀珍珠岩 6.现浇混凝土屋面板	m^2	3.26	146.06	476.16	
2	010902001002	屋面卷材防水	1.20 厚 1∶2.5 水泥砂浆保护层 2.3 厚 SBS 改性沥青防水卷材 3.20 厚 1∶2.5 水泥砂浆找平层 4.最薄处 8 厚 1∶2.5 水泥砂浆找 2% 坡钢筋混凝土板	m^2	2.16	131.38	283.78	
3	010902001003	屋面卷材防水（小屋面）	1.20 厚 1∶2.5 或 M15 水泥砂浆保护层 2.隔离层：0.4 厚聚乙烯膜一层 3.防水层：4 厚 SBS 改性沥青防水卷材 4.30 厚 C20 细石混凝土找平层 5.保温层：100 厚 B1 级挤塑聚苯板 6.20 厚 1∶2.5 水泥砂浆找平层 7.最薄处 30 厚找坡 2% 找坡层：1∶8 水泥憎水性膨胀珍珠岩 8.隔汽层：1.5 厚聚氨酯防水涂料 9.20 厚 1∶2.5 水泥砂浆找平层 10.现浇混凝土屋面板	m^2	20.09	237.78	4777	

续表

序号	项目编码	项目名称	项目特征描述	计量单位	工程量	金额/元		
						综合单价	合价	其中 暂估价
4	010902001004	屋面卷材防水（大屋面）	1.8～10厚屋面防滑地砖铺平拍实 2.25厚1∶3干硬性水泥砂浆结合层 3.隔离层:0.4厚聚乙烯膜一层 4.防水层:4厚SBS改性沥青防水卷材 5.30厚C20细石混凝土找平层 6.保温层:100厚B1级挤塑聚苯板 7.20厚1∶2.5水泥砂浆找平层 8.最薄处30厚找坡2%找坡层:1∶8水泥憎水性膨胀珍珠岩 9.隔汽层:1.5厚聚氨酯防水涂料 10.20厚1∶2.5水泥砂浆找平层 11.现浇混凝土屋面板	m^2	210.6	309.84	65252.3	
		分部小计					70789.24	
	A.11	楼地面装饰工程					93850.34	
1	011102003001	块料楼地面	1.8～10厚地砖铺实拍平,稀水泥浆擦缝 2.30厚1∶3干硬性水泥砂浆 3.素水泥浆一道 4.60厚C15混凝土垫层 5.150厚3∶7灰土或碎石灌M5水泥砂浆 6.素土夯实	m^2	270.37	185.7	50207.71	
2	011102003002	块料楼地面	1.8～10厚地砖铺实拍平,稀水泥浆擦缝 2.30厚1∶3干硬性水泥砂浆 3.1.5厚聚氨酯防水涂料 4.最薄处20厚1∶3水泥砂浆或C20细石混凝土找坡层抹平 5.素水泥浆一道 6.60厚C15混凝土垫层 7.150厚3∶7灰土或碎石灌M5水泥砂浆 8.素土夯实	m^2	183.84	196.5	36124.56	
3	011105003001	块料踢脚线	1.2厚配套专用界面砂浆批刮 2.7厚1∶3水泥砂浆 3.6厚1∶2水泥砂浆 4.素水泥浆一道(专用胶黏剂粘贴时无此道工序) 5.3～4厚1∶1水泥砂浆加水重20%建筑胶(或配套专用胶黏剂)黏结层 6.5～7厚面砖,水泥浆擦缝或填缝剂填缝	m^2	57.57	130.59	7518.07	

续表

序号	项目编码	项目名称	项目特征描述	计量单位	工程量	金额/元		
						综合单价	合价	其中
								暂估价
		分部小计					93850.34	
	A.12	墙、柱面装饰与隔断、幕墙工程					61510.73	
1	011201001001	墙面一般抹灰	1.2厚配套专用界面砂浆批刮 2.7厚1∶1∶6水泥石灰砂浆 3.6厚1∶0.5∶3水泥石灰砂浆抹平	m²	1174.02	20.75	24360.92	
2	011204003001	块料墙面	1.2厚配套专用界面砂浆抹刮 2.7厚1∶1∶6水泥石灰砂浆 3.6厚1∶0.5∶2.5水泥石灰砂浆压实抹平 4.1.5厚聚合物水泥防水涂料 5.素水泥浆一道 6.3～4厚1∶1水泥砂浆加水重20%建筑胶黏结层 7.4～5厚釉面砖，白水泥浆擦缝或填缝剂填缝	m²	237.47	156.44	37149.81	
		分部小计					61510.73	
	A.13	天棚工程					18713.65	
1	011301001001	天棚抹灰	1.现浇混凝土板底面清理干净 2.5厚1∶3水泥砂浆打底 3.5厚1∶2水泥砂浆抹平 4.表面刷涂料另选	m²	534.85	32.26	17254.26	
2	011302001001	吊顶天棚	1.现浇混凝土板底面清理干净 2.5厚1∶3水泥砂浆 3.5厚1∶2水泥砂浆 4.配套胶黏剂粘贴铝合金板（吊顶离地3m）	m²	21.73	67.16	1459.39	
		分部小计					18713.65	

（2）规费、税金项目计价表

规费、税金项目计价见表9-6。

表9-6 规费、税金项目计价表

规费、税金项目计价表					
工程名称：食堂		标段：		第1页 共1页	
序号	项目名称	计算基础	计算基数/元	计算费率/%	金额/元
1	规费	定额规费＋工程排污费＋其他	9686.63		9686.63
1.1	定额规费	分部分项规费＋单价措施规费	9686.63		9686.63
1.2	工程排污费				
1.3	其他				
2	增值税	不含税工程造价合计	265956.81	9	23936.11

(3) 主要材料价格表

主要材料价格见表 9-7。

表 9-7　主要材料价格表

主要材料价格表							
工程名称：		食堂				第 1 页　共 1 页	
序号	材料编码	材料名称	规格、型号等特殊要求	单位	数量	单价	合价
1	13050205	防水涂料	JS	kg	786.858348	12.3	9678.36
2	13350117	SBS 弹性改性沥青防水胶		kg	83.380409	10	833.8
3	80010543	干混抹灰砂浆	DP M10	m^3	31.97959	180	5756.33
4	80050606	干混抹灰砂浆 DP M20		m^3	5.521994	180	993.96
5	07050101	陶瓷地砖	综合	m^2	59.8728	18.1	1083.7
6	04090406	黏土		m^3	79.918601	38.83	3103.24
7	04010129	水泥	32.5	t	3.971966	336.28	1335.69
8	04090213	生石灰		t	16.887148	456.31	7705.77
9	13030103	108 内墙涂料		kg	203.831335	12	2445.98
10	14410225	聚丁胶黏合剂		kg	156.904769	18.5	2902.74
11	15090131	珍珠岩		m^3	27.425478	111	3044.23
12	80210701	预拌细石混凝土	C20	m^3	12.560624	446.6	5609.57
13	15130139	聚苯乙烯板		m^3	11.7657	300	3529.71
14	80010751	干混地面砂浆	DS M20	m^3	31.903281	180	5742.59
15	07050166	面砖	200mm×300mm	m^2	241.20512	20	4824.1
16	80210555	预拌混凝土	C15	m^3	27.525126	422.33	11624.69
17	13030237	聚氨酯甲乙涂料		kg	675.911666	12	8110.94
18	13330105	SBS 改性沥青防水卷材		m^2	337.162752	28.84	9723.77
19	07050126	地砖	600mm×600mm	m^2	406.27835	58	23564.14
20	07050111	地砖	300mm×300mm	m^2	278.47801	55	15316.29

(4) 综合单价分析表

烟道小屋面综合单价分析表见表 9-8。

表 9-8 烟道小屋面综合单价分析表

综合单价分析表											
工程名称:食堂						标段:			第 1 页 共 16 页		
项目编码		010902001001		项目名称	屋面卷材防水（小屋面）	计量单位		m²	工程量	3.26	
清单综合单价组成明细											
定额编号	定额项目名称	定额单位	数量	单价/元				合价/元			
				人工费	材料费	机械费	管理费和利润	人工费	材料费	机械费	管理费和利润
9-38+9-40	卷材防水 改性沥青卷材 冷粘法 一层 平面 实际层数(层):2	100m²	0.01	434.49	9196.74		141.82	4.35	92		1.42
10-13+10-14 * -8	屋面 水泥珍珠岩 厚度 100mm 实际厚度(mm):20 换为【水泥膨胀珍珠岩 1:8】	100m²	0.01	215.65	397.52		63.02	2.16	3.98		0.63
11-1 H80010751 80050606	平面砂浆找平层 混凝土或硬基层上 20mm 换为【干混抹灰砂浆 DP M20】	100m²	0.01	913.89	369.38	69.79	257.44	9.14	3.69	0.7	2.58
11-7 H80010751 80010122	水泥砂浆楼地面 填充材料上 20mm 换为【预拌水泥砂浆 1:2.5】	100m²	0.01	1465.07	580.66	87.24	408.54	14.66	5.81	0.87	4.09
人工单价		小计						30.31	105.48	1.57	8.72
高级技工 201 元/工日；普工 87.1 元/工日；一般技工 134 元/工日		未计价材料费									
清单项目综合单价								146.06			

材料费明细	主要材料名称、规格、型号	单位	数量	单价/元	合价/元	暂估单价/元	暂估合价/元
	SBS 改性沥青防水卷材	m²	2.3134	28.84	66.72		
	聚丁胶黏合剂	kg	1.1376	18.5	21.05		
	SBS 弹性改性沥青防水胶	kg	0.2893	10	2.89		
	水泥 32.5	t	0.0035	336.28	1.18		
	珍珠岩	m³	0.0241	111	2.68		

续表

材料费明细	主要材料名称、规格、型号	单位	数量	单价/元	合价/元	暂估单价/元	暂估合价/元
	干混抹灰砂浆 DP M20	m^3	0.0204	180	3.67		
	其他材料费			—	7.29	—	
	材料费小计			—	105.48	—	

注：1. 如不使用省级或行业建设主管部门发布的计价依据，可不填定额编号、名称等。
2. 招标文件提供了暂估单价的材料，按暂估的单价填入表内“暂估单价”栏及“暂估合价”栏。

宿舍小屋面综合单价分析表见表 9-9。

表 9-9　宿舍小屋面综合单价分析表

综合单价分析表											
工程名称：食堂						标段：			第 4 页　共 16 页		
项目编码		010902001003		项目名称		屋面卷材防水（小屋面）	计量单位	m^2	工程量	20.09	
清单综合单价组成明细											
定额编号	定额项目名称	定额单位	数量	单价/元				合价/元			
				人工费	材料费	机械费	管理费和利润	人工费	材料费	机械费	管理费和利润
9-38	卷材防水 改性沥青卷材 冷粘法一层 平面	$100m^2$	0.0148	233.72	4690.08		76.21	3.47	69.55		1.13
9-71+9-73*-1	涂料防水 聚氨酯防水涂膜 2mm 厚平面 实际厚度：1.5mm	$100m^2$	0.0124	238.48	2449.45		77.92	2.96	30.41		0.97
10-13+10-14*-2	屋面水泥珍珠岩厚度 100mm，实际厚度：80mm	$100m^2$	0.01	633.78	1590.07		188.58	6.34	15.9		1.89
10-37	屋面干铺聚苯乙烯板厚度 50mm	$100m^2$	0.01	254.96	1530		76.19	2.55	15.3		0.76
11-1	平面砂浆找平层 混凝土或硬基层上 20mm	$100m^2$	0.02	913.89	369.38	69.79	257.44	18.28	7.39	1.4	5.15
11-4	细石混凝土地面找平层 30mm	$100m^2$	0.01	1289.68	1355.38		346.93	12.9	13.56		3.47
11-7	水泥砂浆楼地面 填充材料上 20mm	$100m^2$	0.01	1465.07	478.66	87.24	408.54	14.65	4.79	0.87	4.09
人工单价		小计						61.15	156.9	2.27	17.46
高级技工 201 元/工日；普工 87.1 元/工日；一般技工 134 元/工日		未计价材料费									

续表

清单项目综合单价				237.78			
材料费明细	主要材料名称、规格、型号	单位	数量	单价/元	合价/元	暂估单价/元	暂估合价/元
	SBS改性沥青防水卷材	m^2	1.7148	28.84	49.45		
	聚丁胶黏合剂	kg	0.797	18.5	14.74		
	SBS弹性改性沥青防水胶	kg	0.4289	10	4.29		
	水泥 32.5	t	0.014	336.28	4.7		
	珍珠岩	m^3	0.0965	111	10.71		
	干混地面砂浆 DS M20	m^3	0.0663	180	11.93		
	聚氨酯甲乙涂料	kg	2.4783	12	29.74		
	聚苯乙烯板	m^3	0.051	300	15.3		
	预拌细石混凝土 C20	m^3	0.0303	446.6	13.53		
	其他材料费			—	2.49	—	
	材料费小计			—	156.87	—	

注：1. 如不使用省级或行业建设主管部门发布的计价依据，可不填定额编号、名称等。
2. 招标文件提供了暂估单价的材料，按暂估的单价填入表内“暂估单价”栏及“暂估合价”栏。

大屋面综合单价分析表见表 9-10。

表 9-10 大屋面综合单价分析表

综合单价分析表											
工程名称：食堂						标段：		第 6 页 共 16 页			
项目编码		010902001004		项目名称		屋面卷材防水（大屋面）		计量单位	m^2	工程量	210.6
清单综合单价组成明细											
定额编号	定额项目名称	定额单位	数量	单价/元				合价/元			
				人工费	材料费	机械费	管理费和利润	人工费	材料费	机械费	管理费和利润
9-38	卷材防水 改性沥青卷材 冷粘法 一层 平面	$100m^2$	0.012	233.72	4690.08		76.21	2.8	56.13		0.91
9-71	涂料防水 聚氨酯防水涂膜 2mm 厚 平面	$100m^2$	0.011	318.25	3336.36		103.89	3.5	36.65		1.14
10-13	屋面 水泥珍珠岩 厚度 100mm	$100m^2$	0.01	773.15	1987.6		230.43	7.73	19.88		2.3

续表

定额编号	定额项目名称	定额单位	数量	单价/元				合价/元			
				人工费	材料费	机械费	管理费和利润	人工费	材料费	机械费	管理费和利润
10-37	屋面 干铺聚苯乙烯板 厚度 50mm	$100m^2$	0.01	254.96	1530		76.19	2.55	15.3		0.76
11-1	平面砂浆找平层 混凝土或硬基层上 20mm	$100m^2$	0.02	913.89	369.38	69.79	257.44	18.28	7.39	1.4	5.15
11-4	细石混凝土地面找平层 30mm	$100m^2$	0.01	1289.68	1355.38		346.93	12.9	13.55		3.47
11-31	块料面层 陶瓷地面砖 $0.36m^2$ 以内	$100m^2$	0.01	2582.45	6448.52	69.79	706.26	25.83	64.49	0.7	7.06
人工单价		小计						73.59	213.39	2.1	20.79
高级技工 201 元/工日；普工 87.1 元/工日；一般技工 134 元/工日		未计价材料费									
清单项目综合单价								347.43			
材料费明细	主要材料名称、规格、型号					单位	数量	单价/元	合价/元	暂估单价/元	暂估合价/元
	SBS 改性沥青防水卷材					m^2	1.3838	28.84	39.91		
	聚丁胶黏合剂					kg	0.6431	18.5	11.9		
	SBS 弹性改性沥青防水胶					kg	0.3461	10	3.46		
	水泥 32.5					t	0.0175	336.28	5.88		
	珍珠岩					m^3	0.1206	111	13.39		
	干混地面砂浆 DS M20					m^3	0.0612	180	11.02		
	聚氨酯甲乙涂料					kg	5.6799	12	68.16		
	聚苯乙烯板					m^3	0.051	300	15.3		
	预拌细石混凝土 C20					m^3	0.0303	446.6	13.53		
	地砖 600mm×600mm					m^2	1.03	58	59.74		
	其他材料费							—	3.57	—	
	材料费小计							—	213.88	—	

注：1. 如不使用省级或行业建设主管部门发布的计价依据，可不填定额编号、名称等。
2. 招标文件提供了暂估单价的材料，按暂估的单价填入表内“暂估单价”栏及“暂估合价”栏。

地面 1 综合单价分析表见表 9-11。

表 9-11　地面 1 综合单价分析表

综合单价分析表											
工程名称：食堂						标段：			第 8 页　共 16 页		
项目编码		011102003001		项目名称		块料楼地面		计量单位	m^2	工程量	270.37
清单综合单价组成明细											
定额编号	定额项目名称	定额单位	数量	单价/元				合价/元			
				人工费	材料费	机械费	管理费和利润	人工费	材料费	机械费	管理费和利润
1-129	原土夯实二遍 机械	$100m^2$	0.01	45.96		16.09	11.25	0.46		0.16	0.11
4-72	垫层 灰土	$10m^3$	0.015	552.83	1597.62	9.9	210.41	8.29	23.96	0.15	3.16
5-1	现浇混凝土垫层	$10m^3$	0.006	387.66	4301.14		199.38	2.33	25.81		1.2
11-1＋11-3＊10	平面砂浆找平层 混凝土或硬基层上 20mm 实际厚度:30mm	$100m^2$	0.01	1163.62	552.98	104.68	329.69	11.64	5.53	1.05	3.3
11-30	块料面层 陶瓷地面砖 $0.10m^2$ 以内	$100m^2$	0.01	2637.86	6141.01	69.79	721.05	26.38	61.41	0.7	7.21
12-23	墙面抹灰 装饰抹灰 打底 素水泥浆界面剂	$100m^2$	0.01	138.23	103.21		47.26	1.38	1.03		0.47
人工单价		小计						50.48	117.74	2.06	15.45
高级技工 201 元/工日；普工 87.1 元/工日；一般技工 134 元/工日		未计价材料费									
清单项目综合单价								185.7			

材料费明细	主要材料名称、规格、型号	单位	数量	单价/元	合价/元	暂估单价/元	暂估合价/元
	干混地面砂浆 DS M20	m^3	0.051	180	9.18		
	生石灰	t	0.0372	456.31	16.97		
	黏土	m^3	0.176	38.83	6.83		
	预拌混凝土 C15	m^3	0.0606	422.33	25.59		
	地砖 300mm×300mm	m^2	1.03	55	56.65		
	其他材料费			—	2.49	—	
	材料费小计			—	117.71		

注：1. 如不使用省级或行业建设主管部门发布的计价依据，可不填定额编号、名称等。

2. 招标文件提供了暂估单价的材料，按暂估的单价填入表内“暂估单价”栏及“暂估合价”栏。

地面 2 综合单价分析表见表 9-12。

表 9-12 地面 2 综合单价分析表

综合单价分析表											
工程名称:食堂						标段:			第 10 页 共 16 页		
项目编码		011102003002		项目名称		块料楼地面		计量单位	m²	工程量	183.84
清单综合单价组成明细											
定额编号	定额项目名称	定额单位	数量	单价/元				合价/元			
				人工费	材料费	机械费	管理费和利润	人工费	材料费	机械费	管理费和利润
1-129	原土夯实二遍机械	100m²	0.01	45.96		16.09	11.25	0.46		0.16	0.11
4-72	垫层 灰土	10m³	0.015	552.83	1597.62	9.9	210.41	8.29	23.96	0.15	3.16
5-1	现浇混凝土垫层	10m³	0.006	387.66	4301.14		199.38	2.33	25.81		1.2
11-4	细石混凝土地面找平层 30mm	100m²	0.01	1289.68	1355.38		346.93	12.9	13.55		3.47
12-23	墙面抹灰 装饰抹灰 打底 素水泥浆界面剂	100m²	0.01	138.23	103.21		47.26	1.38	1.03		0.47
11-31	块料面层 陶瓷地面砖 0.36m²以内	100m²	0.01	2582.45	6448.52	69.79	706.26	25.82	64.49	0.7	7.06
人工单价		小计						51.18	128.84	1.01	15.47
高级技工 201 元/工日; 普工 87.1 元/工日; 一般技工 134 元/工日		未计价材料费									
清单项目综合单价								196.5			
材料费明细	主要材料名称、规格、型号					单位	数量	单价/元	合价/元	暂估单价/元	暂估合价/元
	干混地面砂浆 DS M20					m³	0.0204	180	3.67		
	预拌细石混凝土 C20					m³	0.0303	446.6	13.53		
	地砖 600mm×600mm					m²	1.03	58	59.74		
	生石灰					t	0.0372	456.31	16.97		
	黏土					m³	0.176	38.83	6.83		
	预拌混凝土 C15					m³	0.0606	422.33	25.59		
	其他材料费							—	2.53	—	
	材料费小计							—	128.86	—	

注:1. 如不使用省级或行业建设主管部门发布的计价依据,可不填定额编号、名称等。

2. 招标文件提供了暂估单价的材料,按暂估的单价填入表内“暂估单价”栏及“暂估合价”栏。

踢脚线综合单价分析表见表 9-13。

表 9-13 踢脚线综合单价分析表

综合单价分析表											
工程名称:食堂					标段:			第 12 页 共 16 页			
项目编码		011105003001		项目名称		块料踢脚线		计量单位	m^2	工程量	57.57
清单综合单价组成明细											
定额编号	定额项目名称	定额单位	数量	单价/元				合价/元			
				人工费	材料费	机械费	管理费和利润	人工费	材料费	机械费	管理费和利润
11-59	踢脚线 陶瓷地面砖	$100m^2$	0.01	5292.49	1992.7	82.1	1436.94	52.92	19.93	0.82	14.37
12-1+12-3*10	墙面抹灰 一般抹灰 内墙（14+6）mm 实际厚度:30mm	$100m^2$	0.0113	1858.85	633.26	118.23	659	20.93	7.13	1.33	7.42
12-22	墙面抹灰 装饰抹灰 打底 墙面界面剂	$100m^2$	0.0113	138.31	29.22	3.9	48.13	1.56	0.33	0.04	0.54
12-23	墙面抹灰 装饰抹灰 打底 素水泥浆界面剂	$100m^2$	0.0113	138.23	103.21		47.26	1.56	1.16		0.53
人工单价		小计						76.97	28.55	2.19	22.86
高级技工 201 元/工日；普工 87.1 元/工日；一般技工 134 元/工日		未计价材料费									
清单项目综合单价								130.59			
材料费明细	主要材料名称、规格、型号					单位	数量	单价/元	合价/元	暂估单价/元	暂估合价/元
	陶瓷地砖 综合					m^2	1.04	18.1	18.82		
	干混抹灰砂浆 DP M10					m^3	0.0392	180	7.06		
	其他材料费							—	2.68	—	
	材料费小计							—	28.56	—	

注：1. 如不使用省级或行业建设主管部门发布的计价依据，可不填定额编号、名称等。

2. 招标文件提供了暂估单价的材料，按暂估的单价填入表内“暂估单价”栏及“暂估合价”栏。

墙面抹灰综合单价分析表见表 9-14。

表 9-14　墙面抹灰综合单价分析表

综合单价分析表											
工程名称:食堂						标段:			第 13 页　共 16 页		
项目编码		011201001001		项目名称		墙面一般抹灰		计量单位	m^2	工程量	1174.02
清单综合单价组成明细											
定额编号	定额项目名称	定额单位	数量	单价/元				合价/元			
				人工费	材料费	机械费	管理费和利润	人工费	材料费	机械费	管理费和利润
12-1+12-3*-5	墙面抹灰 一般抹灰 内墙（14+6）mm 实际厚度:15mm	$100m^2$	0.01	1253.86	318.43	59.72	442.37	12.54	3.18	0.6	4.42
人工单价		小计						12.54	3.18	0.6	4.42
高级技工 201 元/工日；普工 87.1 元/工日；一般技工 134 元/工日		未计价材料费									
清单项目综合单价								20.75			
材料费明细	主要材料名称、规格、型号					单位	数量	单价/元	合价/元	暂估单价/元	暂估合价/元
	干混抹灰砂浆 DP M10					m^3	0.0174	180	3.13		
	其他材料费							—	0.05	—	
	材料费小计							—	3.18	—	

注：1. 如不使用省级或行业建设主管部门发布的计价依据，可不填定额编号、名称等。
2. 招标文件提供了暂估单价的材料，按暂估的单价填入表内“暂估单价”栏及“暂估合价”栏。

块料墙面综合单价分析表见表 9-15。

表 9-15　块料墙面综合单价分析表

综合单价分析表											
工程名称:食堂						标段:			第 14 页　共 16 页		
项目编码		011204003001		项目名称		块料墙面		计量单位	m^2	工程量	237.47
清单综合单价组成明细											
定额编号	定额项目名称	定额单位	数量	单价/元				合价/元			
				人工费	材料费	机械费	管理费和利润	人工费	材料费	机械费	管理费和利润
9-76+9-78	涂料防水 聚合物水泥防水涂料 1.0mm 厚 立面 实际厚度:1.5mm	$100m^2$	0.0098	395.86	4175.45		129.17	3.86	40.76		1.26

续表

定额编号	定额项目名称	定额单位	数量	单价/元				合价/元			
				人工费	材料费	机械费	管理费和利润	人工费	材料费	机械费	管理费和利润
12-1+12-3*-5	墙面抹灰 一般抹灰 内墙（14+6)mm 实际厚度：15mm	$100m^2$	0.0098	1253.86	318.43	59.72	442.37	12.24	3.11	0.58	4.32
12-23	墙面抹灰 装饰抹灰 打底 素水泥浆界面剂	$100m^2$	0.0098	138.23	103.21		47.26	1.35	1.01		0.46
12-61	墙面块料面层 面砖 预拌砂浆（干混）每块面积≤$0.06m^2$	$100m^2$	0.0098	4733.01	2515.84	74.09	1633.9	46.23	24.57	0.72	15.96
人工单价		小计						63.68	69.45	1.3	22
高级技工 201 元/工日；普工 87.1 元/工日；一般技工 134 元/工日		未计价材料费									
清单项目综合单价								156.44			

材料费明细	主要材料名称、规格、型号	单位	数量	单价/元	合价/元	暂估单价/元	暂估合价/元
	干混抹灰砂浆 DP M10	m^3	0.0381	180	6.86		
	防水涂料 JS	kg	3.3135	12.3	40.76		
	面砖 200mm×300mm	m^2	1.0157	20	20.31		
	其他材料费			—	1.51	—	
	材料费小计			—	69.44	—	

注：1. 如不使用省级或行业建设主管部门发布的计价依据，可不填定额编号、名称等。
2. 招标文件提供了暂估单价的材料，按暂估的单价填入表内“暂估单价”栏及“暂估合价”栏。

天棚抹灰综合单价分析表见表 9-16。

表 9-16 天棚抹灰综合单价分析表

综合单价分析表							
工程名称：食堂			标段：		第 15 页 共 16 页		
项目编码	011301001001	项目名称	天棚抹灰	计量单位	m^2	工程量	534.85
清单综合单价组成明细							

续表

定额编号	定额项目名称	定额单位	数量	单价/元				合价/元			
				人工费	材料费	机械费	管理费和利润	人工费	材料费	机械费	管理费和利润
11-1 换	平面砂浆找平层 混凝土或硬基层上 20mm 实际厚度:10mm 换为【干混抹灰砂浆 DP M20】	$100m^2$	0.01	664.16	185.78	34.9	185.2	6.64	1.86	0.35	1.85
14-215	内墙涂料 天棚面 二遍	$100m^2$	0.01	1180.12	610.44		365.51	11.8	6.1		3.66
人工单价		小计						18.44	7.96	0.35	5.51
高级技工 201 元/工日；普工 87.1 元/工日；一般技工 134 元/工日		未计价材料费									
清单项目综合单价								32.26			
材料费明细	主要材料名称、规格、型号				单位	数量		单价/元	合价/元	暂估单价/元	暂估合价/元
	干混抹灰砂浆 DP M20				m^3	0.0102		180	1.84		
	108 内墙涂料				kg	0.3811		12	4.57		
	其他材料费							—	1.55	—	
	材料费小计							—	7.96	—	

注：1. 如不使用省级或行业建设主管部门发布的计价依据，可不填定额编号、名称等。
2. 招标文件提供了暂估单价的材料，按暂估的单价填入表内"暂估单价"栏及"暂估合价"栏。

吊顶天棚综合单价分析表见表 9-17。

表 9-17　吊顶天棚综合单价分析表

综合单价分析表											
工程名称：食堂					标段：			第 16 页　共 16 页			
项目编码		011302001001		项目名称		吊顶天棚	计量单位	m^2	工程量	21.73	
清单综合单价组成明细											
定额编号	定额项目名称	定额单位	数量	单价/元				合价/元			
				人工费	材料费	机械费	管理费和利润	人工费	材料费	机械费	管理费和利润
13-1	天棚抹灰 混凝土天棚 一次抹灰(10mm)	$100m^2$	0.01	1299.23	207.28	38.58	512.85	12.99	2.07	0.39	5.13

续表

<table>
<tr><th rowspan="2">定额编号</th><th rowspan="2">定额项目名称</th><th rowspan="2">定额单位</th><th rowspan="2">数量</th><th colspan="4">单价/元</th><th colspan="4">合价/元</th></tr>
<tr><th>人工费</th><th>材料费</th><th>机械费</th><th>管理费和利润</th><th>人工费</th><th>材料费</th><th>机械费</th><th>管理费和利润</th></tr>
<tr><td>13-62</td><td>铝合金方板天棚龙骨（不上人型）嵌入式 规格 500mm×500mm</td><td>100m²</td><td>0.01</td><td>1095.99</td><td>2997.02</td><td>139.53</td><td>424.58</td><td>10.96</td><td>29.97</td><td>1.4</td><td>4.25</td></tr>
<tr><td colspan="2">人工单价</td><td colspan="6">小计</td><td>23.95</td><td>32.04</td><td>1.79</td><td>9.38</td></tr>
<tr><td colspan="2">高级技工 201 元/工日；
普工 87.1 元/工日；
一般技工 134 元/工日</td><td colspan="6">未计价材料费</td><td colspan="4"></td></tr>
<tr><td colspan="8">清单项目综合单价</td><td colspan="4">67.16</td></tr>
<tr><td rowspan="4">材料费明细</td><td colspan="5">主要材料名称、规格、型号</td><td>单位</td><td>数量</td><td>单价/元</td><td>合价/元</td><td>暂估单价/元</td><td>暂估合价/元</td></tr>
<tr><td colspan="5">干混抹灰砂浆 DP M10</td><td>m³</td><td>0.0113</td><td>180</td><td>2.03</td><td></td><td></td></tr>
<tr><td colspan="7">其他材料费</td><td>—</td><td>30.01</td><td>—</td><td></td></tr>
<tr><td colspan="7">材料费小计</td><td>—</td><td>32.04</td><td>—</td><td></td></tr>
</table>

注：1. 如不使用省级或行业建设主管部门发布的计价依据，可不填定额编号、名称等。
2. 招标文件提供了暂估单价的材料，按暂估的单价填入表内“暂估单价”栏及“暂估合价”栏。

注：完整投标报价表格和内容填写详见右侧二维码中“食堂宿舍装修-投标方”。

扫码查看文件

某食堂宿舍装修-投标方文件

参考文献

[1] 中华人民共和国住房和城乡建设部. 建设工程工程量清单计价规范：GB 50500—2013 [S]. 北京：中国计划出版社，2013.

[2] 中华人民共和国住房和城乡建设部. 房屋建筑与装饰工程工程量计算规范：GB 50854—2013 [S]. 北京：中国计划出版社，2013.

[3]《建设工程工程量清单计价规范》编制组. 建设工程计价计量规范辅导 [M]. 北京：中国计划出版社，2013.

[4] 中华人民共和国住房和城乡建设部. 建筑工程建筑面积计算规范：GB/T 50353—2013 [S]. 北京：中国计划出版社，2013.

[5] 全国造价工程师职业资格考试培训教材编审委员会. 建设工程技术与计量（土木建筑工程）[M]. 北京：中国计划出版社，2013.

[6] 河南省建筑工程标准定额站. 河南省房屋建筑与装饰工程预算定额：HA 01—31—2016. 北京：中国建材工业出版社，2016.